变频电量测试与计量技术 500 问

徐伟专　等编著

U0271230

国防工业出版社

·北京·

内容简介

为帮助读者迅速掌握变频电量以及与变频电量测试与计量相关的基础知识,本书采用问答形式,首先介绍变频电量的基本概念,然后对与变频电量测试与计量相关的技术——电压测量技术、电流测量技术、阻抗与功率等其他电学量测量技术、智能测量技术——进行了全面系统的介绍。在此基础上,对典型变频电量测试仪器的组成与功能、性能指标、工程应用、计量标准与装置等作了简明扼要的说明。

本书可供从事变频技术、变频电量测试与计量技术等领域相关的测试、生产和营销人员以及变频节能项目工作人员、客户等阅读使用。

图书在版编目(CIP)数据

变频电量测试与计量技术 500 问/徐伟专等编著.
—北京:国防工业出版社,2019.9
ISBN 978 - 7 - 118 - 11921 - 3

Ⅰ.①变… Ⅱ.①徐…②熊…③刘… Ⅲ.①变频电源 - 电量测量 - 问题解答②变频电源 - 电学计量 - 问题解答 Ⅳ.①TM933 - 44②TB971 - 44

中国版本图书馆 CIP 数据核字(2019)第 159832 号

※

国防工业出版社出版发行
(北京市海淀区紫竹院南路23号 邮政编码100048)
三河市德鑫印刷厂印刷
新华书店经售
*
开本 710×1000 1/16 印张 19 字数 335 千字
2019 年 9 月第 1 版第 1 次印刷 印数 1—2000 册 定价 70.00 元

(本书如有印装错误,我社负责调换)

国防书店:(010)88540777 发行邮购:(010)88540776
发行传真:(010)88540755 发行业务:(010)88540717

编委会名单

编委会主任：徐伟专

编委会委员：吴双双　刘国福　庞　林　杨炯明

　　　　　　刘永刚　黄　飚　刘　扬　尚　帅

　　　　　　熊　艳　熊九龙

序 1

对变频技术领域电学量的测试与计量,需要运用电气工程和计量科学等的相关理论和方法,具体地,是利用电工电子学、信息论以及物理学的理论和方法,去分析、测量和处理电功率传输或变换过程中出现的周期非正弦电学量的特点与相关性,为变频电器设备的设计、生产、运行以及性能指标的评价提供科学有效的技术手段。

为实现对变频技术领域电学量的测试与计量,就需要有变频电学量测量仪器及其校准溯源设备。在这个领域,湖南银河电气有限公司多年坚持技术创新与测量仪器设备研发,已成为领军者和开拓者,并在国家变频电量测量仪器计量站的建设中发挥了非常重要的作用。2018年,鉴于湖南银河电气有限公司在该领域的社会服务能力和影响力,国家变频电量测量仪器计量站工程技术中心在该公司成立,并由公司总工程师徐伟专担任工程技术中心首席科学家。

随着变频技术在现代科学技术、国防军工以及工农业生产中的应用日益广泛,迫切需要大量测试工程师、质检人员和其他技术人员,能够在对变频技术领域相关电学量开展测试与测量的质量评价时,采用合理可行的测试方法、专业的测量仪器设备以及正确的溯源途径。然而,在对变频技术领域电学量的测试与计量方面,截至目前,国内外还鲜有针对性强的专门论著和技术手册等可供参考,而从事变频技术研发与工程测试的科技人员又十分需要这方面的专业书籍。基于此,湖南银河电气有限公司、国防科技大学、湖南省计量检测研究院以及金风科技股份有限公司等单位的部分专家、学者及一线工程技术人员成立编写组,经过仔细论证和对相关知识内容的考证和梳理,历经一年多的努力,以问答形式编撰了此书,以飨从事变频技术领域电学量测试与计量工作的广大读者。

本书的作者根据多年从事相关工作积累的丰富经验,结合变频技术领域的特殊性,以及该领域存在着大量的电学量测试与计量需求,精心编撰了本书,以一问一答的生动形式,对变频技术领域需要用到的电压测试、电流测试、阻抗测试、电功率测试,以及其他电学量测试的经典方法、智能化方法和技术进行了系统、全面、清晰的阐述;并对典型变频电学量测试仪器设备的组成、功能、性能指标、工程应用、计量标准及计量装置等做了简明介绍。

该书不仅对相关知识的阐述系统性强，覆盖了变频技术领域所涉及电学量测试与计量的基础知识、基本概念和经典方法；并融入了作者多年积累的丰富经验；对相关问题的提炼准确，带有普遍性，对解决相关问题的原理和方法交代得清晰、简明，通俗易懂，有助于学习者迅速掌握相关知识要领，能帮助需求者尽快消除之前的困惑。

该书针对性强，对相关普适性知识很好地给予了系统性阐述和汇集。这些特色就决定了，它的出版无疑会对从事该领域工作的相关人员起到指引作用。不仅可供从事变频技术与工程应用领域的科研人员、工程师使用，可为该领域从事设备装置生产、测试及营销工作的人员参考，也可作为相关专业或学科的高年级大学生、研究生学习相关课程的参考书。

我对湖南银河电气有限公司、国防科技大学、湖南省计量检测研究院以及金风科技股份有限公司等单位联合编撰出版本书感到由衷的欣慰，并相信，该书的出版定会对推动我国变频技术领域电学量测试与计量工作起到积极的促进作用。

全国电磁计量技术委员会副主任委员
清华大学电机系教授赵伟
2018 年 12 月

序 2

亘古基础,源远流长;

工业制造,测试保障。

制造行业里,中国材料之父师昌绪院士有一段话:设计是灵魂,材料是基础,工艺是关键,测试是保证。

随着电力电子技术的迅猛发展,20 世纪 80 年代以来,变频技术在解决无级调速、高速驱动等控制问题过程中派生出对宽基频、富含谐波等变频电量的测量、溯源需求。很长一段时间,习惯于 50Hz 用电系统的人们,一般只能依赖于莱姆传感器、横河或福禄克等进口测试仪器,组合后粗略地实施变频电量的测试,对于测试的计量溯源几乎没有好的便捷手段。

系统梳理变频电量测试的基本问题主要有传感器部分、信号传输部分、数据采集处理及存储部分、仪表集成部分、计量溯源部分。

本着需求牵引、问题导向、技术推进的原则,湖南银河电气迎难而上,以变频电量测试为目标,历经十年深耕,几经反复迭代,终于超越国外,替代进口,填补了国内空白,系统提出了解决方案,为电工测试领域带来一缕新风,形成了由传感器、无干扰传输、数据处理存储、电压电流功率测试集成、计量标准溯源等组成的完整体系。

该系统目前已迭代至五代,先后应用于海工、湘电、中车、长电、上电科、金风、西门子、东芝三菱、福斯流体等单位,获得中国计量科学研究院和原质检总局的认可,并构建了国家变频电量计量标准及溯源体系,取得业界一致好评,尤其在宽基频、富含谐波、多相等特殊使用场合更显示其与众不同的特征。

寄祈银河电气,百尺竿头,不负行业期盼:继续专注深耕,朝着数字化、智能化、网络化、快速、高精度、海量储存、耐特殊环境、小型化、便携化、多领域应用等方向不断迭代前行,成为电测领域的一个符号。

湘潭电机集团有限公司王林
2018 年 12 月

前　言

变频电量一词,由我第一次提出,并形成了系列标准,而我们国家的专业计量站也以变频电量命名。于是,经常会有人会问我,什么是变频电量?

这个问题并不容易回答,因为变频电量早就存在,并一直有人研究,只不过之前大家没有用统一的、专有的名词去描述它。受一位大学老师的影响,我一直不太愿意用定义的方式去描述一个早就存在的事物。每个人对早就存在事物都有自己的认识,无论你如何定义,都难免与其他专家的观点冲突。在这里,我还是想用较为通俗的语言来描述这个名词,以便让大家能够更加清晰地体会到:我们为什么要建立变频电量相关标准体系?

部分专家认为,用宽频两字描述更加合适。因为某些研究对象的频率在被研究过程中并没有变化,只是我们的研究对象相比工频电量而言,其频带范围更宽。事实上,我很大程度上是赞成这个观点的,而之所以坚持采用变频两字,是因为,就绝对值而言,我们定义的频率范围(基波频率 DC~1500Hz 或更宽)在电学中是一个很窄的频带,宽频两字并不能帮助大家理解标准体系适用的主要研究对象。我一直认为,让大家明确主要研究或适用对象是一件非常重要的事情,明确了研究对象,相关定义可以由广大的、更有智慧的研究者自己去体会,他们的体会会更加深刻,而我们只做抛砖引玉的那块砖。

我们的主要研究对象是以变频器为代表的,或者说与变频器结构类似的、采用电力电子技术的各种功率变换及功率传输设备的电量,如各类整流器、变流器、逆变器、伺服驱动器、开关电源等。而该类设备,诸如变频洗衣机、变频空调、电动汽车、高铁、风电、光伏等几乎已经充斥我们生活的每一个角落。甚至,大国象征的航空母舰,未来要采用的电力推进技术、综合电力技术、电磁弹射技术所涉及的电量,都是我们的研究对象。于是,我想,变频两字或许可以更加准确地指向适用对象。

弄清楚了定义,又引出了下一个问题。一个早就存在的事物,我们为什么要专门去定义?难道银河电气研究出各类变频电量测量仪器之前,这类电量就没有办法测量吗?

当然不是! 我们的目的在于让广大测试工程师、质检人员和其他技术人员,能够在面对变频电量时候采用合理的测试方法、专业的测量设备、正确的溯源途径。

在与广大客户接触的过程中,我发现许多客户甚至并不清楚什么是合理的测试方法。当然,如果我对某个客户直接这么说,他会很难接受。测量是我们认知世界的过程,是我要认知,用什么方法,难道我不知道而你知道?我想说的是,许多国标都没有把这事说清楚,你还真的不一定清楚!

试想这么一个场景,某研究人员指示某工程师,"测一下这个电压多少伏?"是不是很熟悉呢?如果待测的是工频正弦电量,这句话没毛病!但是,如果待测的是一个交流 PWM 波的变频电量,如果工程师不理解你的意图,测量出来的"多少伏",很有可能就不是你要的"多少伏",并且两者可能相去甚远。

PWM 波相当于若干不同频率的正弦分量的组合,同样一个 PWM 波,如果驱动的负载不同,我们的研究目的不同,我们关心的"多少伏"也会不同。

"多少伏"泛指电压信号的幅值。作为交流电量,最常见的衡量幅值大小的特征值是有效值。从有效值的定义可以知道,有效值可以衡量信号施加在纯电阻负载上的做功能力。如果 PWM 波驱动的是类似电阻丝的加热设备,因为不同频率相同幅值的正弦波对于电阻负载的做功能力并没有区别,这时候,"多少伏"大概率是指包含 PWM 波所有频率分量的有效值(为了区别单一频率正弦分量的有效值,也称全波有效值);事实上,PWM 波更多地用于驱动电机负载。电机是电能和机械能的转换设备,我们一般关注的是其转换能力或转换效率,PWM 波的不同频率分量对电机的作用不同,而其中基波分量起主导作用,这时候,这个"多少伏"大概率指基波有效值。除了全波有效值和基波有效值,基于不同的研究目的,还有许多特征值可以表述 PWM 波的幅值大小,如果我们不弄清楚目的和相关特征值的含义,那么,就无法获取这个"多少伏"!

类似问题,在当下诸多行业内广泛存在。弄清楚这些问题,对于相关个体内部的产品评价、制造、研发、质检及行业内不同个体之间的交流都非常重要。而一旦弄清楚这些问题,我们就会对测量变频电量的仪器提出相关的要求,仪器必须具备相关的功能。相关功能执行结果是否准确,需要送到专业的机构溯源(严格讲,目前只有国家变频电量测量仪器计量站是具有相关计量能力并且具有法制授权的机构)。

合理的测量方法、专业的测量仪器、正确的溯源途径,似乎都给我们准确地获取变频电量相关特征值带来了相比传统工频电量更多的麻烦。可喜的是,世间万物,总是利弊相随!变频电量在给我们带来麻烦的同时,也能给我们提供便利!事实上,就像声音既能够传递信息,也能够传递能量一样。变频电量既能够传递能量,也蕴含了丰富的信息。基于专业的变频电量测量仪器,采用专业的方法,可以通过电信号挖掘相关设备的诸多特征信息。而我们知道,电信号的获取相对容易,并且获取过程不对设备的运行造成影响,通过变频电量测量与处理获取设备状态信息,是一件值得诸多行业科技工作者探索的工作。

本书以问答的形式,讲解写作团队对变频电量的相关认知,旨在为变频电量相关标准的宣贯承担我们应尽的义务,为电机、电力电子等相关行业的测试与计量工程师、质量人员等提供相关参考,并针对相关大学教程仅针对正弦稳态电路开展教学,为大学生提供变频电量相关知识拓展。然而,由于编者的学识与能力所限,书中不当之处在所难免,恳请广大读者海涵的同时,能够不吝批评指正!

最后,感谢国家变频电量测量仪器计量站吴双双总工程师为本书籍的第五章第二节提供了部分稿件,感谢金风科技股份有限公司杨炯明副总工程师为本书籍的撰写提供了大量的素材和指导。特别感谢清华大学赵伟教授、国防科技大学陈棣湘教授对全书进行了审阅并提出了许多宝贵的意见,感谢清华大学赵东芳博士对本书初稿做出的审阅与修正。此外,还要对湘潭电机集团有限公司王林先生给予的支持与肯定表示极大的感谢。同时,还要感谢国防工业出版社陈洁编辑为本书的出版提供的指导和帮助!

本书编写中参考了许多文献,在此谨向参考文献的作者们表示衷心感谢。

徐伟专

2018 年 10 月 18 日

目　录

第一章　变频电量测试与计量基本概念

本章主要介绍电功率测试与计量技术理论基础知识、变频电量技术基础知识以及与此相关的其他基础知识。其中计量是关于测量的科学,是保证测量准确可靠的基础,现代人类的发展和社会进步离不开准确的测量。变频电量测量技术是最新兴起的测试技术,是目前最为关注的变频节能技术的评定手段。

本章第一节回答有关测试计量技术基础方面的问题,第二节回答有关变频技术基础方面的问题。

第一节　测试计量技术基础知识

一、测量、测试及计量的定义与内涵

Q1-1　什么是测量?

JJF 1001—2017《通用计量术语及定义技术规范》定义:测量是指通过实验获得并可合理赋予某量一个或多个量值的过程。这个定义包括三层内涵:

(1)测量是操作,至于是什么样的操作,没有做具体规定。它可能是一项复杂的物理实验,如激光频率的绝对测量、地球至月球的距离测量、纳米测量等;也可能是一个简单的动作,如称体重、量体温、用尺量布等。这种操作可以是自动进行的,也可以是手动或半自动的。

(2)这里强调的是通过实验,意指实验的全过程,直到给出测量结果或报告。也就是从明确或定义被测量开始,包括选定测量原理和方法、选用测量标准和仪器设备、控制影响量的取值范围、进行实验和计算,一直到获得具有适当不确定度的测量结果。

(3)该组操作的"目的"在于确定量值,这里没有限定测量范围和测量不确定度。因此,这个定义适用于诸多方面和各种领域。

Q1-2　什么是测试?

测试是具有实验研究性质的测量。其主要含义为:

（1）测试的目的是为了解决科研和生产中的实际问题。

（2）测试具有探索性，是实验研究的过程。

（3）测试的本质是测量，最终要拿出数据。

（4）测试的范围十分广泛，包括定量测定、定性分析、实验等，可以是单项测试或综合测试。

Q1-3 什么是计量？

JJF 1001—2017《通用计量术语及定义技术规范》定义：计量是实现单位统一、量值准确可靠的活动。其主要含义为：

（1）计量属于测量，源于测量，而又严于一般测量，是测量的一种特定形式；是以实现单位统一、量值正确可靠为目的的测量，涉及整个测量领域；是保证单位统一、量值准确一致的测量，对整个测量领域起指导、监督、保证和仲裁作用。因此，计量是利用科学技术和监督管理手段实现测量统一和准确的一项事业。

（2）计量与其他测量一样，是人们理论联系实际，认识自然、改造自然的方法和手段。它是科技、经济和社会发展中必不可少的一项重要的技术基础。

（3）计量与测试是含义完全不同的两个概念。测试是具有实验性质的测量，也可理解为测量和实验的综合。它具有探索、分析、研究和实验的特征。

计量活动具备四个基本特性：一致性、准确性、溯源性、法制性。

Q1-4 测量、测试与计量之间有什么联系和区别？

测量、测试与计量三者有密切的关系。计量是搞好测量的保证，测量是计量效果的具体体现，计量为测试研究提供基础条件，测试为计量开拓新的领域，提供新的技术手段和方法。测试是测量工作的先导，测量是测试工作的成熟化和固定化。

在计量与测量的关系上有两点值得探讨。第一点，计量通常是测量的逆操作。测量是用测量工具去考查、认识未知量值，依据的是测量工具；计量是拿标准（已知的量值）来对测量工具进行测量，以考查测量工具是否准确，依据的是标准。例如，用卡尺测量钢棍的长度和截面直径是测量，是普通的操作；而以卡尺测量量块（长度标准），以考查卡尺的误差，则是计量。第二点，计量之所以有必要存在，其技术原因是通常的测量都存在系统误差。测量用工具、量具或测量仪器，需经检定，即履行计量手续，以保证其准确。测量者自身经多次测量可以发现并减小随机误差，但通常不能发现系统误差。计量中所使用标准的量值，对被检仪器来说相当于真值。有真值才能求得被检仪器的系统误差。

二、测量基础知识

Q1-5 测量有什么特点?

（1）测量总是有误差。误差反映测量结果与真值的差异。客观世界中,真值不可能准确知道,测量总是有误差,不同的只是误差的大小而已。

（2）测量五要素。观测者、被测对象、测量仪器、测量方法、测量条件,上述五个要素都会影响测量结果。

（3）测量一般只求取有限特征值。一般而言,某次测量只关注信号的部分特征。一般仪表也只能显示被测信号的部分特征值。对于数字化的电测仪表而言,合理的带宽,遵循采样定理,并将被测信号采样样本保存显得尤其重要。因为,通过这些样本,可以计算出该信号的任意特征值。数字样本是大数据时代的基础数据。

（4）测量与运算有时并无本质区别。许多模拟仪表内部包含运算放大器,运算放大器的主要作用就是运算。数字仪表几乎所有测量结果都需要经过简单的或复杂的运算获取。

（5）测量是有局限的。

① 由于测量误差的存在,测量总是有局限的。从大信号中分离出小信号的误差较大,误差大到一定程度,测量失去意义。同理,测量很难区别两个差异非常小的信号。

② 测量的局限性还受限于人们对被测信号的认知程度和当前技术水平。

Q1-6 什么叫测量结果?

测量结果是由测量所得到的赋予被测量的值,它可以是单次测得值,也可以是多次测得值经过一定的处理后形成。给出测量结果时应说明它是否是示值、未修正测量结果或已修正测量结果,还要说明它是否为几个值的平均。

测量结果的完整表述应包含测量不确定度,必要时还应说明有关影响量的取值范围。

Q1-7 测量方法是怎样分类的?

测量方法的正确与否是十分重要的,它直接关系到测量过程能否顺利进行,能否获得符合规定技术指标的测量结果。测量方法的分类有多种:

（1）按测量方式分类,可分为偏差式测量、零位式测量和微差式测量等。

（2）按测量手段分类,可分为直接测量、间接测量和组合测量。

（3）按被测量是否随时间变化,可分为静态测量和动态测量,其中,动态测量要求仪器的工作频带必须覆盖被测对象的带宽。

（4）根据测量精度要求的不同,可分为等精度测量和不等精度测量。

按传感器是否与被测对象接触,可分为接触式测量和非接触式测量;按测量系统是否向被测物体施加能量,可分为主动式测量和被动式测量;按被测量的性质,可分为连续测量、离散测量、确定性测量和随机测量等。

Q1-8　测量方法中直接测量法和间接测量法有什么区别?

直接测量法和间接测量法是根据量值取得的不同方式来进行分类的。

直接测量法是指不必测量与被测量有函数关系的其他量,而能直接得到被测量值的一种测量方法。换言之,是指可通过测量直接获得被测量量值的测量方法。大多数情况下采用直接测量法,测得量值是由测量仪器的示值直接给出,但在进行高准确度测量时,为了减小量值中所含的系统误差,通常需要做补充测量来确定其影响量的值,对所得量值加以修正,即使这样,这类测量仍属直接测量。

间接测量法是指通过测量与被测量有函数关系的其他量,从而得到被测量值的一种测量方法。也就是说,被测量的量值是通过其他量的测量,按一定函数关系计算出来的。如长方形面积是通过测量其长度和宽度用其乘积来确定的,固体密度是根据测量物体的质量和体积的结果,按密度定义公式计算的。间接测量法在计量学中有特别重要的意义,许多导出单位,如压力、流量、速度、重力加速度、功率等量的单位的复现是由间接测量法得到的。

Q1-9　测量方法中基本测量法和定义测量法有什么区别?

通过对一些有关基本量的测量,以确定被测量值的测量方法称为基本测量法,也称绝对测量法。

根据量的单位定义来确定该量的测量方法称为定义测量法,这是按计量单位定义复现其量值的一类方法,这种方法既适用于基本单位也用于导出单位。

Q1-10　测量方法中直接比较测量法和替代测量法有什么区别?

将被测量的量值直接与已知其值的同一种量相比较的测量方法称为直接比较测量法。这种测量方法在工程测试中广为应用,如在等臂天平上测量砝码等。这种方法有两个特点:一是必须是同一种量才能比较;二是要用比较式测量仪器。采用这种方法,许多误差分量由于与标准的同方向增减而相互抵消,从而获得较小的测量不确定度。

将选定的且已知其值的同种量替代被测量,使在指示装置上得到相同效应以确定被测量值的一种测量方法称为替代测量法。例如,在质量计量中常用波尔特法,将被测的物体置于天平的秤盘上,使之平衡,然后取下被测物体,代替砝码再使天平平衡,那么所加砝码的质量即为被测物体的质量,这种方法的优点在于能消除天平不等臂性带来的测量不确定度分量。

Q1–11　测量方法中微差测量法和符合测量法有什么区别?

将被测量与同它只有微小差别的已知同种量相比较,通过测量这两个量值间的差值以确定被测量值的测量方法称为微差测量法。例如,用量块在比较仪上测量活塞的直径或环规的孔径,比较仪上的示值差即为"两个量值之差"。由于两个相比较的量处于相同条件下比较,因此,各个影响量引起的误差分量可自动作局部抵消或基本上全部抵消。微差测量法的测量不确定度来源主要有两个分量:一是计量标准器的误差引入的不确定度分量;二是比较仪引入的不确定度分量。

用观察某些标记或信号相符合的方法,来测量出被测量值与作为比较标准用的同一种已知量值之间微小差值的一种测量方法称为符合测量法。例如,用游标卡尺测量零件尺寸就是利用这种测量方法,使游标上的刻线与主尺上的刻线相符合,确定零件的尺寸大小。

Q1–12　测量方法中补偿测量法和零值测量法有什么区别?

将测量过程作这样安排,使一次测量中包含有正向误差,而在另一次测量中包含有负向误差,因此所得量值中大部分误差能互相补偿而消去,把这种测量方法称为"补偿测量法"。如在电学计量中,为了消除热电势带来的系统误差,常常改变测量仪器的电流方向,取两次读数和的1/2为所得量值。

调整已知其值的一个或几个与被测量有已知平衡关系的量,通过平衡原理确定被测量值的一种测量方法称为零值测量法,也称为平衡测量法。例如,用电桥测量电阻就是采用这种方法。

Q1–13　测量程序与测量方法的区别是什么?

测量程序是测量方法的具体化,有具体的规定,详细的操作步骤(如操作方法、操作规程或操作规范等),通常以文件形式表述。而测量方法是测量原理的实际应用。

Q1–14　怎么理解测量误差?

测量误差是测量结果减去被测量的真值。这个定义从 20 世纪 70 年代以来没有发生过变化,以公式表示为

$$测量误差 = 测量结果 - 真值 \tag{1.1}$$

测量结果是由测量所得到的赋予被测量的值,是客观存在的量的试验表现,

仅是对测量所得被测量之值的近似或估计,显然它是人们认识的结果,不仅与量的本身有关,而且与测量程序、测量仪器、测量环境以及测量人员等有关。真值是量的定义的完整体现,是与给定的特定量的定义完全一致的值,它是通过完善的或完美无缺的测量,才能获得的值。所以,真值反映了人们力求接近的理想目标或客观真理,本质上是不能确定的,量子效应排除了唯一真值的存在,实际上用的是约定真值,须以测量不确定度来表征其所处的范围。因而,作为测量结果与真值之差的测量误差,也是无法准确得到或确切获知的。

误差按自身特征和性质分为系统误差、随机误差和粗大误差。

Q1-15 什么是系统误差?

在相同的观测条件下,对某量进行了 n 次观测,如果误差出现的大小和符号均相同或按一定的规律变化,这种误差称为系统误差。

系统误差产生的主要原因之一,是由于仪器设备制造不完善。例如,用一把名义长度为 50m 的钢尺去量距,经检定钢尺的实际长度为 50.005m,则每量一次就带有 +0.005m 的误差("+"表示在所量距离值中应加上),丈量的尺段越多,所产生的误差越大。所以这种误差与所丈量的距离成正比。系统误差具有明显的规律性和累积性,对测量结果的影响很大。

Q1-16 什么是随机误差?

在相同的观测条件下,对某量进行了 n 次观测,如果误差出现的大小和符号均不一定,则这种误差称为随机误差,又称为偶然误差。例如,用经纬仪测角时的照准误差,钢尺量距时的读数误差等,都属于偶然误差。

偶然误差,就其个别值而言,在观测前我们确实不能预知其出现的大小和符号。但若在一定的观测条件下,对某量进行多次观测,误差列却呈现出一定的规律性,称为统计规律。而且,随着观测次数的增加,偶然误差的规律性表现得更加明显。

偶然误差具有如下四个特征:

(1)一定的观测条件下,偶然误差的绝对值不会超过一定的限值。

(2)绝对值小的误差比绝对值大的误差出现的概率大。

(3)绝对值相等的正、负误差出现的机会相等。

(4)在相同条件下,同一量的等精度观测,其偶然误差的算术平均值,随着观测次数的无限增大而趋于零。

Q1-17 什么是粗大误差?

在一定条件下,测量结果明显偏离真值时所对应的误差,称为粗大误差。

产生粗大误差的原因有读错数、测量方法错误、测量仪器有缺陷、人为误差等。

可以通过增强测量人员的责任心和严谨的科学态度、采用多人测量、加强测量条件的稳定性、采用不等精度测量和互相校核等方式来避免粗大误差。

Q1 – 18　什么是相对误差？

相对误差指的是测量所造成的绝对误差与被测量（约定）真值之比，乘以100% 所得的数值，以百分数表示。

$$相对误差 = 绝对误差/真值 = 绝对误差/测量值 \tag{1.2}$$

由于真值是一个变量本身所具有的真实值，它是一个理想的概念，一般是无法得到。故在相对误差的计算中，可以用"测量值"代替"真值"。

例如：功率计电压量程为 0 ~ 1000V；实际电压为 10V，功率计测量为 9V。

那么，相对误差 = 1/10 ×100% = 10% 。

Q1 – 19　什么是引用误差？

引用误差是仪表中常用的一种误差表示方法，它是相对于仪表满量程的一种误差，测量的绝对误差与仪表的满量程值之比，称为仪表的引用误差，它常以百分数表示。

引用误差 = 绝对误差/量程（或测量范围）

引用误差可以用来度量仪表的准确度。

例如：功率计电压量程为 0 ~ 1000V；实际电压为 10V，功率计测量为 9V。

那么，引用误差 = 1/1000 ×100% = 0.1% 。

Q1 – 20　系统误差如何合成？

系统误差具有确定的变化规律，不论其变化规律如何，根据对系统误差的掌握程度，可分为已定系统误差和未定系统误差。由于这两种系统误差的特征不同，其合成方法也不相同。

（1）已定系统误差的合成。已定系统误差是指误差大小和方向均已确切掌握了的系统误差。对于已定系统误差，在处理测量结果时可根据各单项系统误差和其传递系数，按代数和法合成。

（2）未定系统误差的合成。

① 未定系统误差的特征及其评定。未定系统误差是指误差大小和方向未能确切掌握，或不必花费过多精力去掌握，而只需估计出其不致超过某一极限范围 $\pm e_i$ 的系统误差。也就是说，在一定条件下客观存在的某一系统误差，一定是落在所估计的误差区间 $(-e_i, e_i)$ 内的一个取值。当测量条件改变时，该系统误

差又是误差区间($-e_i, e_i$)内的另一个取值。而当测量条件在某一范围内多次改变时,未定系统误差也随之改变,其相应的取值在误差区间($-e_i, e_i$)内服从某一概率分布。对于某一单项未定系统误差,其概率分布取决于该误差源变化时所引起的系统误差的变化规律。理论上此概率分布是可知的,但实际上常常较难求得。目前对未定系统误差的概率分布,均是根据测量实际情况的分析与判断来确定的,并采用两种假设:一种是按正态分布处理;另一种是按均匀分布处理。但这两种假设,在理论上与实践上往往缺乏根据,因此未定系统误差的概率分布尚有待于作进一步研究。未定系统误差的极限范围 $\pm e_i$ 称为未定系统误差的误差限。对于某一单项未定系统误差的误差限,是根据该误差源具体情况的分析与判断而做出估计的,其估计结果是否符合实际,往往取决于对误差源具体情况的掌握程度以及测量人员的经验和判断能力。

未定系统误差的总误差可以用标准差来表示,也可以用极限误差来表示。

② 未定系统误差标准差的合成。在测量过程中,若有 p 个单项未定系统误差,其标准差分别为 $s_1, s_2, \cdots, s_p$,相应的误差传递系数为 $a_1, a_2, \cdots, a_p$,则按方和根法进行合成,求得总的未定系统误差为

$$s = \sqrt{\sum_{i=1}^{p}(a_i s_i)^2 + 2\sum_{1 \leq i < j}^{p} \rho_{ij} a_i a_j s_i s_j} \tag{1.3}$$

③ 未定系统误差极限误差的合成。各个单项未定系统误差的极限误差为

$$e_i = \pm t_i s_i \qquad i = 1, 2, \cdots, p \tag{1.4}$$

式中:s_i 为各单项未定系统误差的标准差;t_i 为各单项极限误差的置信系数。

总的未定系统误差的极限误差为

$$e = \pm ts \tag{1.5}$$

式中:s 为合成的总标准差;t 为总的未定系统误差的极限误差的置信系数。

综合式(1.3)~式(1.5),可得总的未定系统误差的极限误差为

$$e = \pm t \sqrt{\sum_{i=1}^{p}\left(\frac{a_i e_i}{t_i}\right)^2 + 2\sum_{1 \leq i < j}^{p} \rho_{ij} a_i a_j \frac{e_i}{t_i} \frac{e_j}{t_j}} \tag{1.6}$$

式中:ρ_{ij} 为任意两单项未定系统误差之间的相关系数。

Q1-21 随机误差如何合成?

随机误差的合成形式包括标准差合成和极限误差合成。

(1)标准差合成。合成标准差表达式:

$$\sigma = \sqrt{\sum_{i=1}^{q}(a_i \sigma_i)^2 + 2\sum_{1 \leq i < j}^{p} \rho_{ij} a_i a_j \sigma_i \sigma_j} \tag{1.7}$$

（2）极限误差的合成。单个极限误差：

$$\delta_i = k_i \sigma_i \qquad i = 1, 2, 3, \cdots, p \tag{1.8}$$

式中：σ_i 为单项随机误差的标准差；k_i 为单项极限误差的置信系数。

合成极限误差：

$$\delta = k\sigma \tag{1.9}$$

式中：σ 为合成标准差；k 为合成极限误差的置信系数。

合成极限误差计算公式：

$$\delta = k \sqrt{\sum_{i=1}^{q} \left(\frac{a_i \delta_i}{k_i} \right)^2 + 2 \sum_{1 \leqslant i \leqslant j}^{q} \rho_{ij} a_i a_j \frac{\delta_i}{k_i} \frac{\delta_j}{k_j}} \tag{1.10}$$

式中：ρ_{ij} 为第 i 个和第 j 个误差项之间的相关系数；根据已知的各单项极限误差和所选取的各个置信系数，即可进行极限误差的合成；各个置信系数 k_i、k_j 不仅与置信概率有关，而且与随机误差的分布有关。

各单项误差大多服从正态分布或近似服从正态分布，而且它们之间是线性无关或近似线性无关，是较为广泛使用的极限误差合成公式。

Q1-22 测量误差如何合成？

测量结果的总误差常用极限误差来表示，也可用标准差来表示。

（1）按标准差合成。若用标准差来表示测量结果的总误差，由于在一般情况下已定系统误差可以从测量结果中修正，因此只需考虑未定系统误差与随机误差的合成问题。

（2）按极限误差合成。对于单次测量的总极限误差合成中，不需严格区分各个单项误差是未定系统误差还是随机误差；而对于多次重复测量的总极限误差合成中，则必须严格区分各个单项误差是未定系统误差还是随机误差。

Q1-23 误差的来源有哪些？

误差的主要来源包括装置误差、环境误差、方法误差、人员误差。

（1）装置误差。装置误差包括标准器具误差、仪器仪表误差和附件误差。

① 标准器具误差。以固定形式复现标准量值的器具，如标准量块、标准电池、标准电阻等，它们本身体现的量值，不可避免地含有误差。如激光波长的长期稳定性、电池的老化等引起的误差。

② 仪器仪表误差。仪器仪表如传感器、记录器、电压表等本身都具有误差。由于工艺制造、加工和长期磨损而产生设备机构误差。

③ 附件误差。指仪器仪表或为测量创造必要条件的设备，在使用时没有调

整到理想的状态而产生的误差。另外,参与测量的各种附件,如电源、导线等都会引起误差。

（2）环境误差。环境误差是由于各种因素与要求的标准状态不一致,而引起的测量装置和被测量本身的变化所造成的误差,如温度、湿度、气压（引起空气各部分的扰动）、振动、电磁场、光线等引起的误差。通常仪器仪表在规定条件下使用产生的示值误差称为基本误差,超出此条件使用引起的误差称为附加误差。

（3）方法误差。方法误差有多种情况。例如由于采用近似的测量方法而造成的误差;又如测量圆轴直径 d 采用测其圆周长 s,然后用 $d = s/\pi$ 计算的方法,由于 π 取值不同会引起误差。另外,由于测量方法错误而引起的误差,如测量仪表安装使用方法不正确。方法误差还包括测量时所依据的原理不正确而产生的误差。

（4）人员误差。人员误差是由于测量值受分辨力的限制,因工作疲劳引起的视觉器官的生理变化、反应速度及固有习惯引起的误差,以及精神上的一时疏忽所引起的误差。

以上几种误差来源,有时是联合作用的,在给出测量结果时必须进行全面的分析,力求不遗漏、不重复。

Q1-24 什么是实验标准偏差?

对同一被测量作 n 次测量,表征测量结果分散性的量。

用符号 S 表示,可按下式算出:

$$S = \sqrt{\frac{\sum_{i=1}^{n}(X_i - \overline{X})^2}{n-1}} \tag{1.11}$$

式中:X_i 为第 i 次测量的测得值;n 是测量次数;$\overline{X}$ 为 n 次测量所得的测得值的算术平均值。

注:n 次测量测得值的算术平均值 $\overline{X}$ 的实验标准偏差为

$$S(\overline{X}) = S/\sqrt{n} \tag{1.12}$$

实验标准差是分析误差的基本手段,也是不确定度理论的基础。因此从本质上说不确定度理论是在误差理论基础上发展起来的,其基本分析和计算方法是共同的。但在概念上存在比较大的差异。

Q1-25 什么叫测量不确定度?

JJF 1001—2017《通用计量术语及定义技术规范》对测量不确定度定义如下:测量不确定度简称不确定度根据所用到的信息,表征赋予被测量量值分散性的非负参数。

测量不确定度包括由系统影响引起的分量,如与修正量和测量标准所赋量值有关的分量及定义的不确定度。有时对估计的系统影响未作修正,而是当作不确定度分量处理。此参数可以是诸如称为标准测量不确定度的标准偏差(或其特定倍数),或是说明了包含概率的区间半宽度。

测量不确定度一般由若干分量组成。其中一些分量可根据一系列测量值的统计分布,按测量不确定度的 A 类评定进行评定,并可用标准差表征。而另一些分量则可根据基于经验或其他信息所获得的概率密度函数,按测量不确定度 B 类评定进行评定,也是用标准差表征。

通常,对于一组给定的信息,测量不确定度是相应于所赋予被测量的值的。该值的改变将导致相应的不确定度的改变。

Q1－26 测量不确定度的 A 类评定方法是怎么进行评定的?

测量不确定度的 A 类评定简称 A 类评定,是指对在规定测量条件下测得的量值用统计分析的方法进行的测量不确定度分量的评定。

对被测量进行独立重复观测,通过所得到的一系列测得值,用统计分析方法获得实验标准偏差 $s(x)$,当用算术平均值 $\bar{x}$ 作为被测量估计值时,被测量估计值的 A 类标准不确定度按下式计算:

$$u_A = u(\bar{x}) = s(\bar{x}) = \frac{s(x)}{\sqrt{n}} \tag{1.13}$$

标准不确定度的 A 类评定的一般流程如图 1.1 所示。

(1) 贝塞尔公式法。在重复性条件或复现性条件下对同一被测量独立重复观测 n 次,得到 n 个测得值 $x_i(i=1,2,\cdots,n)$ 被测量 X 的最佳估计值时 n 个独立测得值的算术平均值 $\bar{x}$,按下式计算:

$$\bar{x} = \frac{1}{n} \sum_{i=1}^{n} x_i \tag{1.14}$$

单个测得值 x_k 的实验方差 $s^2(x_k)$ 按下式计算:

$$s^2(x_k) = \frac{1}{n-1} \sum_{i=1}^{n} (x_i - \bar{x})^2 \tag{1.15}$$

单个测得值 x_k 的实验标准偏差 $s^2(x_k)$ 按下式计算:

$$s(x_k) = \sqrt{\frac{1}{n-1} \sum_{i=1}^{n} (x_i - \bar{x})^2} \tag{1.16}$$

式(1.16)就是贝塞尔公式,自由度 ν 为 $n-1$。实验标准偏差 $s(x_k)$ 表征了

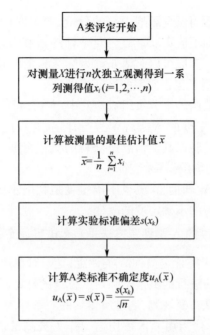

图 1.1 标准不确定度的 A 类评定流程图

测得值 x 的分散性,测量重复性用 $s(x_k)$ 表征。

被测量估计值 $\bar{x}$ 的 A 类标准不确定度 $u_A(x)$ 按下式计算:

$$u_A(\bar{x}) = s(\bar{x}) = \frac{s(x_k)}{\sqrt{n}} \qquad (1.17)$$

A 类标准不确定度 $u_A(x)$ 的自由度为实验标准偏差的自由度,即 $\nu = n - 1$。实验标准偏差 $s(x)$ 表征了被测量估计值 X 的分散性。

(2)极差法。

一般在测量次数较少时,可采用极差法评定获得 $s(x_k)$。

在重复性条件或复现性条件下,对 x_i 进行 n 次独立重复观测,测得值中的最大值与最小值之差称为极差,用符号 R 表示。在 x_i 可以估计接近正态分布的前提下,单个测得值 x_k 的实验标准差 $s(x_k)$ 可按下式近似地评定:

$$s(x_k) = \frac{R}{C} \qquad (1.18)$$

式中:R 为极差;C 为极差系数。

极差系数 C 及自由度 ν 可查表 1.1 得到。

表 1.1　极差系数 C 及自由度 ν

n	2	3	4	5	6	7	8	9
C	1.13	1.69	2.06	2.33	2.53	2.70	2.85	2.97
ν	0.9	1.8	2.7	3.6	4.5	5.3	6.0	6.8

被测量估计值的标准不确定度按下式计算：

$$u_A(\bar{x}) = s(\bar{x}) = \frac{s(x_k)}{\sqrt{n}} = \frac{R}{C\sqrt{n}} \tag{1.19}$$

（3）测量过程合并标准偏差的评定。

对一个测量过程,采用核查标准和控制图的方法使测量过程处于统计控制状态,若每次核查时的测量次数为 n_j（自由度为 ν_j）,每次核查时的实验标准偏差为 s_j,共核查 m 次,则统计控制下的测量过程的 A 类标准不确定度可以用合并实验标准偏差 s_p 表征。测量过程的实验标准偏差按下式计算：

$$s(x) = s_p = \sqrt{\frac{\left(\sum_{j=1}^{m} v_j s_j^2\right)}{\sum_{j=1}^{m} v_j}} \tag{1.20}$$

若每次核查的自由度相等（即每次核查时测量次数相同）,则合并样本标准偏差按下式计算：

$$s_p = \sqrt{\frac{\sum_{j=1}^{m} s_j^2}{m}} \tag{1.21}$$

式中: s_p 为合并样本标准偏差,是测量过程长期组内标准偏差的统计平均值; s_j 为第 j 次核查时的实验标准偏差; m 为核查次数。

在过程参数 s_p 已知的情况下,由该测量过程对被测量 x 在同一条件下进行 n 次独立重复观测,以算术平均值 $\bar{x}$ 为测量结果,测量结果的 A 类标准不确定度按下式计算：

$$u_A(x) = u(\bar{x}) = \frac{s_p}{\sqrt{n}} \tag{1.22}$$

（4）合并样本标准偏差的评定。例如,使用同一个计量标准或测量仪器在相同条件下检定或测量示值基本相同的一组同类被测件的被测量时,可以用该一组被测件的测得值作测量不确定度的 A 类评定。

若对每个被测件的被测量 x_j 在相同条件下进行 n 次独立测量,测得值为

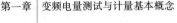

$x_{i1}, x_{i2}, \cdots, x_{in}$，其平均值为 x_i；若有 m 个被测件，则有 m 组这样的测得值，可按下式计算单个测得值的合并样本标准偏差：

$$s_p(x_k) = \sqrt{\frac{1}{m(n-1)} \sum_{i=1}^{m} \sum_{j=1}^{n} (x_{ij} - \bar{x}_i)^2} \tag{1.23}$$

式中：i 为组数，$i = 1, 2, \cdots, m$；j 为每组测量的次数，$j = 1, 2, \cdots, n$。

公式（1.23）给出的 $s_p(x_k)$，其自由度为 $m(n-1)$。

若对每个被测件已分别按 n 次重复测量算出了其实验标准偏差 s_i，则 m 组测得值的合并样本标准偏差 $s_p(x_k)$ 可按下式计算：

$$s_p(x_k) = \sqrt{\frac{1}{m} \sum_{i=1}^{m} s_i^2} \tag{1.24}$$

当实验标准偏差 s_i 的自由度均为 ν_0 时，公式（1.24）给出的 $s_p(x_k)$ 的自由度为 $m\nu_0$。

若对 m 个被测量 x_i 分别重复测量的次数不完全相同，设各为 n_i，而 x_i 的实验标准偏差 $s(x_i)$ 的自由度为 ν_i，通过 m 个 s_i 与 ν_i 可得 $s_p(x_k)$，按下式计算：

$$s_p(x_k) = \sqrt{\frac{1}{\sum_{i=1}^{m} \nu_i} \sum_{i=1}^{m} \nu_i s_i^2} \tag{1.25}$$

由下式给出的 $s_p(x_k)$ 的自由度为

$$v = \sum_{i=1}^{m} \nu_i \tag{1.26}$$

由上述方法对某个被测件进行 n' 次测量时，所得测量结果最佳估计值的 A 类标准不确定度为

$$u_A(\bar{x}) = s(\bar{x}) = \frac{s_p(x_k)}{\sqrt{n'}} \tag{1.27}$$

（5）预评估重复性的评定。

在日常开展同一类被测件的常规检定、校准或检测工作中，如果测量系统稳定，测量重复性无明显变化，则可用该测量系统以与测量被测件相同的测量程序、操作者、操作条件和地点，预先对典型的被测件的典型被测量值进行 n 次测量（一般 n 不小于 10），由贝塞尔公式计算出单个测得值的实验标准偏差 $s(x_k)$，即测量重复性。在对某个被测件实际测量时可以自测量 $n'(1 \leqslant n' < n)$，并以 n' 次独立测量的算术平均值为被测量的估算值，则该被测量估计值由于重复性导致的 A 类标准不确定度按下式计算：

$$u_A(\bar{x}) = s(\bar{x}) = \frac{s(x)}{\sqrt{n'}} \qquad (1.28)$$

用这种方法评定的标准不确定度的自由度仍为 $\nu = n - 1$。应注意,当怀疑测量重复性有变化时,应及时重新测量和计算实验标准偏差 $s(x_k)$。

Q1 – 27 怎么理解测量不确定度的 B 类评定方法?

测量不确定度的 B 类评定简称 B 类评定,是使用不同于测量不确定度 A 类评定的方法对测量不确定度分量进行的评定。

B 类评定的方法是根据有关的信息或经验,判断被测量的可能值区间 $[x - a, x + a]$,假设被测量值的概率分布,根据概率分布和要求的概率 p 确定 k,则 B 类标准不确定度 u_B 可由下式得到:

$$u_B = \frac{a}{k} \qquad (1.29)$$

式中:a 为被测量可能值区间的半宽度。

标准不确定度的 B 类评定的一般流程如图 1.2 所示。

（1）区间半宽度 a 的确定。区间半宽度 a 一般根据以下信息确定:

① 以前测量的数据;

② 对有关技术资料和测量仪器特性的了解和经验;

③ 生产厂提供的技术说明书;

④ 校准证书、检定证书或其他文件提供的数据;

⑤ 手册或某些资料给出的参考数据;

⑥ 检定规程、校准规范或测试标准中给出的数据;

⑦ 其他有用的信息。

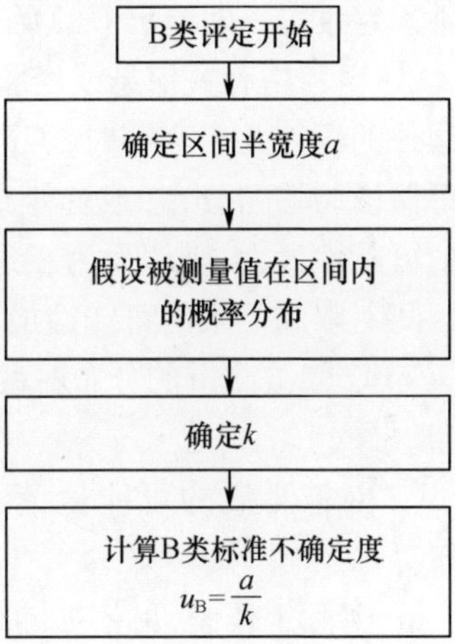

（2）K 的确定。

① 已知扩展不确定度是合成标准不确定度的若干倍时,该倍数就是包含因子 k。

② 假设为正态分布时,根据要求的概率查表 1.2 得到 k。

```
┌──────────────────┐
│    B类评定开始    │
└────────┬─────────┘
         ↓
┌──────────────────┐
│  确定区间半宽度a  │
└────────┬─────────┘
         ↓
┌──────────────────┐
│  假设被测量值在区间内 │
│     的概率分布     │
└────────┬─────────┘
         ↓
┌──────────────────┐
│      确定k        │
└────────┬─────────┘
         ↓
┌──────────────────┐
│ 计算B类标准不确定度 │
│    uB= a/k       │
└──────────────────┘
```

图 1.2　标准不确定度的 B 类评定流程图

表 1.2　正态分布情况下概率 p 与置信因子 k 间的关系

p	0.50	0.68	0.90	0.95	0.9545	0.99	0.9973
k	0.675	1	1.645	1.960	2	2.576	3

15

③ 假设为非正态分布时,根据概率分布查表 1.3 得到 k。

表 1.3 常用非正态分布的置信因子 k 及 B 类标准不确定度 $u_B(x)$

分布类别	$p(\%)$	k	$u_B(x)$
三角分布	100	$\sqrt{6}$	$a/\sqrt{6}$
梯形分布($\beta=0.71$)	100	2	$a/2$
矩形分布(均匀)	100	$\sqrt{3}$	$a/\sqrt{3}$
反正弦分布	100	$\sqrt{2}$	$a/\sqrt{2}$
两点分布	100	1	a

(3) 概率 p 分布的确定。

① 被测量受许多随机影响量的影响,当它们各自的效应同等量级时,不论各影响量的概率分布是什么形式,被测量的随机变化近似正态分布。

② 如果有证书或报告给出的不确定度是具有包含概率为 0.95、0.99 的扩展不确定度 U_p(即给出 U_{95}、U_{99}),此时除非另有说明,可按正态分布来评定。

③ 当利用有关信息或经验估计出被测量可能值区间的上限和下限,其值在区间外的可能几乎为零时,若被测量值落在该区间内的任一值处的可能性相同,则可假设为均匀分布(或称矩形分布、等概率分布);若被测量值落在该区间中心的可能性最大,则假设为三角分布;若落在该区间中心的可能性最小,而落在该区间上限和下限的可能性最大,可假设为反正态分布。

④ 已知被测量的分布时两个不同大小的均匀分布合成时,则可假设为梯形分布。

⑤ 对被测量的可能值落在区间内的情况缺乏了解时,一般假设为均匀分布。

⑥ 实际工作中,可依据同行专家的研究结果或经验来假设概率分布。

(4) B 类标准不确定度的自由度确定率 ν_i 分布的确定。

B 类标准不确定度的自由度可按下式近似计算:

$$\nu_i \approx \frac{1}{2} \frac{u^2(x_i)}{\sigma^2[u(x_i)]} \approx \frac{1}{2} \left[\frac{\Delta[u(x_i)]}{u(x_i)} \right]^{-2} \qquad (1.30)$$

根据经验,按所依据的信息来源的可信程度来判断 $u(x_i)$ 的相对标准不确定度,表 1.4 中列出了按公式计算出的自由度 ν_i 值。

除非用户要求或为获得 U_p 而必须求得 U_c 的有效自由度外,一般情况下,B 类评定的标准不确定度可以不给出其自由度。

16

表 1.4　$\Delta[u(x_i)]/u(x_i)$ 与 ν_i 关系

$\Delta[u(x_i)]/u(x_i)$	ν_i
0	∞
0.10	50
0.20	12
0.25	8
0.50	2

Q1-28　什么是扩展不确定度?

JJF 1001—2011《通用计量术语及定义技术规范》定义:扩展不确定度是指合成标准不确定度与一个大于1的数字因子的乘积。

在扩展不确定度的定义中,提到了与合成不确定度相乘的一个大于1的数字因子。当这个数字因子的取值方式不同时,扩展不确定度的符号不同,但是,都称扩展不确定度。

此外,这个数字因子取值方式不同时,不确定度的包含概率也不同。

当数字因子为2或3,并且未明确包含概率时,扩展不确定度符号采用大写的英文字母 U。

当明确包含概率,而数字因子通过查表(参见 JJF 1059—1999《测量不确定度评定与表示》附录 A)获得时,扩展不确定度的符号为大写的英文字母 U 加包含概率的数字部分构成,数字部分采用下标形式。例如,U_{95} 表示包含概率为95%的扩展不确定度。

Q1-29　不确定度的来源有哪些?

测量结果的不确定度一般来源于被测对象、测量设备、测量环境、测量人员和测量方法。

(1)被测对象。

① 被测量的定义不完善。被测量即受到测量的特定量,深刻全面理解被测量定义是正确测量的前提。如果定义本身不明确或不完善,则按照这样的定义所得出的测量值必然和真实之间存在一定偏差。

② 实现被测量定义的方法不完善。被测量本身明确定义,但由于技术的困难或其他原因,在实际测量中,对被测量定义的实现存在一定误差或采用与定义近似的方法去测量。

例如,器具的输入功率是器具在额定电压、正常负载和正常工作温度下工作时的功率。但在实际测量中,电压是由稳压源提供的,由于稳压源自身的精度影响,使得器具的工作电压不可能精确为额定值,故测量结果中应考虑此项不确定因素。故只有对被测量的定义和特点,仔细研究、深刻理解,才能尽可能减小采用近似测量方法所带来的误差或将其控制在一个确定范围内。

③ 测量样本不能完全代表定义的被测量。被测量对象的某些特征,如形状、温度膨胀系数、导电性、磁性、老化、表面粗糙度、重量等在测量中有特定要求,但所抽取样本未能完全满足这些要求,自身具有缺陷,则测量结果具有一定的不确定度。

④ 被测量不稳定误差。被测量的某些相关特征受环境或时间因素影响,在整个测量过程中保持动态变化,导致结果的不确定度。

（2）测量设备。计量标准器、测量仪器和附件以及它们所处的状态引入的误差。计量标准器和测量仪器校准不确定度,或测量仪器的最大允差或测量器具的准确度等级均是测量不确定度评定必须考虑的因素。

（3）测量环境。

① 在一定变化范围或不完善的环境条件下测量:

a. 温度、振动噪声、供给电源的变化。

b. 温度、空气组成、污染、热辐射。

c. 大气压、空气流动。

② 对影响测量结果的环境条件认识不足。由于对相关环境条件认识不足,致使测量中或分析中忽视了对某些环境条件的设定和调整,造成不确定度。

（4）测量人员。

① 模拟式仪器的人员读数误差即估读误差,读取带指针仪表或带标线仪器的示值,即读取非整数刻度值时,由于估读不准而引起的误差。

② 人员瞄准误差。采用显微镜或等光学仪器通过使视场中的两个几何图形重合来对线进行测量,对线准确度与操作者经验和对线形状有关。

③ 人员操作误差。如测量时间的控制、测点的布置。该项取决于人员的经验、能力、知识及工作态度、身体素质等。

（5）测量方法。

① 测量原理误差。测量方法本身就存在一定的原理误差,对被测量定义实现不完善。

例如在产品的电气强度实验中,由于耐压试验台自身内阻影响,使得加于样品两端的电压低于实际设定值。这样必然造成实验结果存在一定的不确定度。

② 测量过程。

a. 测量顺序。应严格按照测量规范规定的进行。遗漏或颠倒某一操作过程都有可能造成测量结果的误差,甚至使测量失去意义。

b. 测量次数。一般来说测量次数不同,测量精度也不同,增加测量次数,可以提高测量精度。但 $n > 10$ 以后,σ 已减少得非常缓慢。此外,由于测量次数越大,也越难保证测量条件的恒定,从而带来新的误差,因此一般情况下取 $n = 10$ 以内较为适应。

c. 测量所需时间。有的测量规定必须在一定条件下,一定时间内完成超出则结果不准确。如器具潮态实验后的泄漏电流测试必须在 5s 内完成。

d. 测量点数。操作规范规定测量若干点,但实际检测中,为节省时间或出于其他考虑减少或增加了测量点数,也对最终结果有影响,如在噪声测试中。

e. 瞄准方式。测量方法不同,采用的测量仪器不同,对应的瞄准方式也不同,如采取目测或用光学瞄准,其瞄准精度必然不同。

f. 方向性。测量结果须在一定稳态下获得,实验中以不同方向趋于稳态,对于有些测量设备,如具有滞后或磁滞性的仪器读数是不同的。

③ 数据处理。

a. 测量标准和标准物质的赋值不准。标准器具本身不可避免存在着制造偏差,它是由更高一级的标准来检定的,这些高一级的标准本身也存在着误差。

物理常数或从外部资料得到的数据不准,外部资料中提供的数据很多,是由以前的测量为基础或单纯凭经验得出的,不可避免地存在着误差。

b. 算法及算法实现。采用不同的算法处理数据,如计算标准差 σ,分别运用贝塞尔法和极差法,所得结果必然不同。

c. 有效位数。数据有效位数不同,精度不同,应根据测量要求或所采用的测量设备而定。

d. 舍入。由于数字运算位数有限,数值舍入或截尾造成不确定度。

e. 修正。有些系统误差是可以修正的,但由于对误差因素本身的认识不充分,修正值也必然存在着不确定度。

总结:须正确评定测量结果的不确定度,既不能过大,也不能过小,既保证产品质量,又不会造成误判。首先应充分考虑测量设备、测量人员、测量环境、测量方法等方面众多来源带来的不确定度分量,做到不遗漏、不重复、不增加,并正确评定其数值。其中设备来源不确定度可经过量值溯源,由上一级计量基标准的不确定度取得;也可利用所得到的检定校准证书,测试证书或有关规范所给的数据;方法不确定度经过研究和评定,其不确定度影响可能很小。评定不确定度的原则和框架,不能代替人的思维、理智和专业技巧。它取决于对测量和被测量的本质的深入了解和认识。因此,测量结果的不确定度评定的质量和实用性,主要取决于对不确定度影响量的认识程度和细致而中肯的分析。

Q1 – 30　测量不确定度与误差之间有什么联系和区别？

（1）定义上的区别：误差表示数轴上的一个点，不确定度表示数轴上的一个区间。

（2）评价方法上的区别：误差按系统误差与随机误差评价，不确定度按 A 类、B 类评价。

（3）概念上的区别：系统误差与随机误差是理想化的概念，不确定度只是使用估计值。

（4）表示方法的区别：误差不能以 ± 的形式出现，不确定度只能以 ± 的形式出现。

（5）合成方法的区别：误差以代数相加的方法合成，不确定度以方和根的方法合成。

（6）测量结果的区别：误差可以直接修正测量结果，不确定度不能修正测量结果；误差按其定义，只和真值有关，不确定度和影响测量的因素有关。

（7）得到方法的区别：误差是通过测量得到的，不确定度是通过评定得到的。

（8）操作方法的区别：系统误差与随机误差难于操作，不确定评定易于操作。

误差与测量不确定度是相互关联的，就是说，测量误差也包含不确定度；反之；评定得到的不确定度也还是有误差。

精度是按照误差的分类进行评价的，但在误差合成的方法上与测量不确定度是不同的，系统误差按照代数和合成，随机误差按方和根法合成，而系统误差与随机误差的合成则有按标准差合成的，有按极限误差合成的。因此，其合成的方法并不统一。

Q1 – 31　什么叫准确度、精密度以及精确度？

（1）测量准确度：测量结果与被测量真值之间的一致程度。见 JJF 1001—2017《通用计量术语及定义》5.5 条。测量准确度是测量结果中系统误差和随机误差的综合表示。

测量仪器准确度：测量仪器给出接近于真值的响应的能力（见 JJF 1001—2017《通用计量术语及定义》7.18 条）。通俗理解为测量仪器提供准确测量结果的能力。测量仪器准确度与系统误差相联系。

准确度等级：符合一定的计量要求，使误差保持在规定极限以内的测量仪器的等别、级别（见 JJF 1001—2017《通用计量术语及定义》7.19 条）。即按测量仪器准确度高低而划分的等别或级别，如电工测量指示仪表按仪表准确度等级分类可分为 0.1、0.2、0.5、1.0、1.5、2.5、5.0 七级。

(2) 精密度:表示一组测量值的偏离程度。或者说,多次测量时,表示测得值重复性的高低。如果多次测量的值都互相很接近,即随机误差小,则称为精密度高。精密度与随机误差相联系。在实验测量中,精密度高的、准确度不一定高;准确度高的,精密度不一定高;但精确度高的,则精密度和准确度都高。

(3) 精确度:仪器的精确度是个泛指的概念,有时指精密度,有时指准确度。当仪器的系统误差起主导作用而随机误差可以忽略时,它指准确度,如电流表;反之,指的是精密度,如游标卡尺。

测量的精确度是对测量的精密度和准确度的综合评价。测量的精密度和准确度都好,则测量精确度就高,即测量结果的系统误差和随机误差都小,测量值精确。测量精确度也称为测量精度。

Q1-32 重复性、复现性和稳定性有什么区别?

(1) 重复性。

① JJF 1059—2010(测量不确定度的评定与表示方法)中定义:在一组重复性测量条件下的测量精密度。

② JJF 1001—98 5.6 条定义:在相同测量条件下,对同一被测量进行连续多次测量,所得结果之间的一致性。

相同的测量条件是指:同样的测量步骤、同一观测者、同样的环境下使用同一个测量仪表、时间间隔比较短。

③ 测量仪器的重复性。

JJF 1001—98 7.27 定义:在相同的测量条件下重复测量同一个被测量,测量仪器提供相近示值的能力。

(2) 复现性。

在改变了的测量条件下,对同一被测量的测量结果之间的一致程度。改变了的测量条件是指测量原理、测量方法、测量仪表、参考标准、场地、观测者等。

(3) 稳定性。

定义为测量仪器保持其计量特性随时间恒定的能力。

注:若稳定性不是对时间而是对其他量而言,则应该明确说明。

稳定性可以用几种方式定量表示,例如:用计量特性变化某个规定的量所经过的时间;或者用计量特性经过规定的时间所发生的变化。

对于测量仪器,尤其是基准、测量标准或某些实物量具,稳定性是重要的计量性能之一,示值的稳定是保证量值准确的基础。测量仪器产生不稳定的因素很多,主要原因是元器件老化、零部件磨损、储存维护工作不仔细等所致。测量仪器之所以需要周期检定或校准就是针对其稳定性的一种考核。稳定性也是科学合理确定检定周期的重要依据之一。

三、计量基础知识

Q1-33 计量的目的是什么？计量有何特点？

计量的目的是实现单位的统一和量值准确可靠。计量的最终目的是为国民经济和科学技术的发展服务,维护国家和人民的利益。

计量的特点是:

(1)准确性:是指测量结果与被测量真值的接近程度。

(2)一致性:是指计量单位统一和单位量值一致。

(3)溯源性:指任何一个测量结果或计量标准的量值,都能通过一条具有规定不确定度的连续比较链,与计量基准联系起来。

(4)法制性:由政府纳入法制管理,确保计量单位的统一。

Q1-34 什么是计量学？计量学研究的内容是什么？

按 JJF 1001—2017《通用计量术语及定义》,计量学是"测量及其应用的科学",计量学涵盖有关测量的理论与实践的各个方面。

计量学研究的对象涉及测量的各个方面,例如:可测的量;计量单位和单位制;计量基准标准的建立、复现、保存和使用;测量理论及其测量方法;计量检测技术;测量仪器(计量器具)及其特性;量值传递和量直溯源;包括检定校准测试、检验和检测;测量人员及其进行测量的能力;测量结果及其测量不确定度的评定;基本物理常数标准物质及材料特性的准确测定;计量法制和计量管理,以及有关测量的一切理论和实际问题。

Q1-35 我国测量标准如何分类？

测量标准按照级别地位、性质、作用和用途不同,有多种分类方式。按照国际上的通用分类方式和 JJF 1001—2017《通用计量术语及定义》的规定,测量标准可分为国际测量标准、国家测量标准、原级测量标准、次级测量标准、参考测量标准、工作测量标准、搬运式测量标准、传递测量装置及参考物质等。

根据量值传递的需要,我国将测量标准分为计量基准、计量标准和标准物质三类。计量基准分为基准和副基准;计量标准分为最高等级计量标准(简称最高计量标准)和其他等级计量标准(简称次级计量标准);标准物质分为级标准物质和二级标准物质。

Q1-36 测量标准可以分为哪些不同的等级?

测量标准又称"计量标准"。为了定义、实现、保存或复现量的单位或一个或多个量值,用作参考的实物量具、测量仪器、参考物质或测量系统。

例如:(a)1kg 质量标准;(b)100Ω 标准电阻;(c)标准电流表。

测量标准按精度等级、适用范围与工作性质可分为以下几类:

(1)基准,又称"原级标准"。指定或被广泛承认的具有最高计量学特性的标准器,其值无须参考同类量的其他标准器即可采用。

例如在测量质量时,计量基准是一块保存在巴黎的铂铱合金,即国际千克原器。在其他方面,一些计量基准是基于自然不变的规律之上的,如光速度等。所以即使世界上所有计量实验室都不存在了,这些基准也可以重建。计量基准具有令人难以置信的高准确度。

(2)次级标准,又称"副标准",通过与基准器直接或间接比较确定其值和不确定度的标准器。

(3)参考标准,在指定区域或机构里具有最高计量学特性的标准器,该地区或机构的测量源于该标准。

(4)工作标准,经参考标准器校准的标准器,用于日常校准或检验实物量具、测量仪器仪表和参考物质。

(5)国际标准,经国际协定承认的标准器,作为国际上确定给定量的所有其他标准器的值和不确定度的基础。

(6)国家标准,经国家官方决定承认的,在一个国家内作为对有关其他计量标准定值的依据。一般在一个国家内,国家标准器也就是基准器。

(7)比对标准,用于同准确度等级的标准器之间相互比对的标准器。

Q1-37 计量标准的地位和作用是什么?

计量标准是指准确度低于计量基准、用于检定或校准其他计量标准或工作计量器具的测量标准。

计量标准在我国量值传递和量值溯源中处于中间环节,起着承上启下的作用,即计量标准将计量基准所复现的量值,通过检定或者校准的方式传递到工作计量器具,确保工作计量器具量值的准确可靠和统一,从而使工作计量器具进行测量得到的数据可以溯源到计量基准。

计量标准是将计量基准的量值传递到国民经济和社会生活各个领域的纽带,是确保量值传递和量值溯源,实现全国计量单位制的统一和量值准确可靠的必不可少的物质基础和重要保障。为了加强计量标准的管理,规范计量标准的考核工作,保障国家计量单位制的统一和量值传递的一致性准性,为国民经济发展以及计量监督管理提供公正准确的检定、校准数据或结果,国家对计量标准实行考核制度,并纳入行政许可的管理范畴。

计量标准中的社会公用计量标准作为统一本地区量值的依据,在社会上实施计量监督,具有公证作用。在处理计量纠纷时,社会公用计量标准仲裁检定后的数据可以作为仲裁依据,具有法律效力。

Q1 –38 什么是量值传递?

JJF 1001—2017《通用计量术语及定义技术规范》定义:

量值传递是指通过测量仪器的校准或鉴定,将国家测量标准所实现的单位量值通过各等级的测量标准传递到工作测量仪器的活动,以保证测量所得的量值准确一致。

量值传递可分为直接传递和间接传递。凡是可以直接传递者(如电压测量中的源和表),皆用直接传递;凡是不能直接进行传递者,则只好采用间接传递。间接传递是指传者与被传者不能直接进行量值传递,必须通过一个过渡指示器,通常将其称为过渡标准、传递标准或比对标准。

量值传递是一种法制行为,是自上而下的。

Q1 –39 什么是量值溯源?

JJF 1001—2017《通用计量术语及定义技术规范》定义:

量值溯源是指通过一条具有规定的不确定度的不间断的比较链,使测量结果或测量标准的值能够与规定的参考标准,通常是与国家测量标准或国际测量标准联系起来的特征。

由此看出,量值溯源是量值传递的逆过程,量值传递是自上而下地将国家计量基准复现的量值逐级传递给各级计量标准直至普通计量器具;而量值溯源则是自下而上地将测量值溯源到国家计量基准,只是这种溯源是自觉行为,而且不一定要通过一级一级依次溯源。

量值溯源一般目的为:
(1)确定示值误差,并确定是否在预期的或要求的范围内。
(2)得出标称值偏差的报告值,可调整测量器具或对示值加以修正。
(3)给任何标尺标记幅值,或确定其他特征值,或给参考物质特征幅值。
(4)提高用户对测量结果的信任度。

Q1 –40 量值传递与量值溯源的关系是什么?

量值传递是指"通过对测量仪器的校准或检定,将国家计量标准所实现的单位量值通过各等级的测量标准传递到工作计量器具的活动,以保证测量所得的量值准确一致"。计量溯源性是指"通过文件规定的不间断的校准链,测量结果与参照对象联系起来的特性,校准链中的每项校准均会引入测量不确定度"。

量值传递和量值溯源是同一过程的两种不同的表达,其含义就是把每一种可测量的量从国际计量基准或国家计量基准复现的量值通过检定或校准,从准确度高到低地向下一级计量标准传递,直到工作计量器具。量值溯源和量值传递互为逆过程。

量值传递是自上而下逐级传递。在每种量的量值传递关系中,国家计量基准只允许有一个。

量值溯源是一种自下而上的自愿行为,溯源的起点是计量器具测得的量值即测得值通过工作计量器具、各级计量标准直至国家基准。溯源的途径允许逐级或越级送往计量技术机构检定或校准,从而将测得值与国家计量基准的量值相联系,但必须确保溯源的链路不能间断。

Q1-41 目前都有哪些量值传递方式?

(1)用实物标准进行逐级传递。这是一种传统的量值传递方式,也是目前我国在长度、温度、力学、电学等领域常用的一种传递方式。根据《计量法》的有关规定,由计量检定机构或授权有关部门或企事业单位计量技术机构进行。

(2)用发放标准物质(CRM)进行量值传递。标准物质就是在规定条件下具有高稳定的物理、化学或计量学特征,并经正式批准作为标准使用的物质或材料。

标准物质一般分为一级标准物质和二级标准物质。一级标准物质主要用于标定二级标准物质或检定高精度计量器具,二级标准物质主要用于检定一般计量器具。

企业或法定计量检定机构根据需要均可购买标准物质,用于检定计量器具或评价计量方法,检定合格的计量器具才能使用,这种方式主要用于理化计量领域。

(3)用发播标准信号进行量值传递。通过无线电台用发播标准信号进行量值传递是最简便、迅速和准确的方式。目前,我国主要用于时间频率计量和无线电计量领域。用户可直接接受并现场校准时间频率计量器具。

Q1-42 量值传递的主要方法有哪些?

(1)检定/校验:主要是对通用仪器和专用仪器中通用部门的检定/校验,依据的方法是国家或行业的检定规程,或者是部门编制的校验规程。检定/校验人员应由国家计量授权部门或授权人员进行。无论通用还是专用仪器,多数能由政府授权的检定机构进行检定/校验,即使是实验室编制的校验规程,其校验项目也可由政府授权的检定机构完成。

（2）自校：主要是对专用仪器的行业检定规程或实验室自编的专用仪器校验规程中政府授权检定机构无法检定/校验的部分进行自校。

（3）能力验证：属于同类实验室进行的相关项目、相关参数的共同测试，其结果可以间接验证量值的准确性。

（4）比对：属于无法直接实现量值溯源时的一种计量方式，是对不同计量器具进行的同参数、同量程的相互比对。

Q1-43 校准和检定有什么区别？

（1）校准。JJF 1001—2017《通用计量术语及定义技术规范》定义：

校准是指在规定条件下的一组操作，其第一步是确定有测量标准提供的量值与相应示值之间的关系，第二步则是用此信息确定由示值获得测量结果的关系，这里测量标准提供的量值与相应示值都具有测量不确定度。

校准结果既可赋予被测量以示值，又可确定示值的修正值。校准也确定其他计量特性，如影响量的作用。校准结果可以记录在校准证书或校准报告中。

校准的目的是通过与标准比较来确定测量装置的量值。

可以认为，校准的实质意义是为了给被测量寻求一种与标准量值间的关系。

（2）检定。GB/T 27025—2008《检测和校准实验室能力的通用要求》定义：

检定是指通过校验提供证据来确认符合规定的要求。

查明和确认计量器具是否符合法定要求的程序。

包括检查、测试、加标记和（或）出具检定证书。

（3）检定主要用于有法制要求的场合，对无法制要求的场合可根据条件自由选用；校准主要用于准确度要求较高，或受条件限制，必须使用较低准确度计量器具进行较高测量要求的地方；校验主要用于无检定规程场合的新产品、专用计量器具，或准确度相对要求较低的计量检测仪器及用于检验的实验硬件或软件。新产品、专用计量器具也可用于虽有检定规程，但不需或不可能完全满足规程要求但能满足使用要求的场合。

Q1-44 计量检定规程和计量技术规范有什么区别？

（1）JJG 国家计量检定规程。在计量检定时对计量器具的适用范围、计量特性、检定项目、检定条件、检定方法、检定周期以及检定数据处理等所做出的技术规定。

计量检定规程是判定计量器具是否合格的法定技术条件，也是计量监督人员对计量器具实施计量监督、计量检定人员执行检定任务的法定依据。

例如 JJG 780—1992《交流数字功率表检定规程》。

（2）JJF 计量技术规范。指国家计量检定系统和国家计量检定规程所不能包含的其他具综合性、基础性的计量技术要求和技术管理方面的规定。

例如 JJF 1001—2017《通用计量术语及定义》。

四、测量仪器基础知识

Q1－45　什么是测量仪器？测量仪器按输出形式特点是如何分类的？

测量仪器又称计量器具，是指"单独或与一个或多个辅助设备组合，用于进行测量的装置"。一台可单独使用的测量仪器是个测量系统；测量仪器可以是指示式测量仪器，也可以是实物量具。

测量仪器按其输出形式特点可分为指示式测量仪器、显示式测量仪器、记录式测量仪器、模拟式测量仪器、数字式测量仪器。湖南银河电气有限公司的产品属于数字式测量仪器。

Q1－46　怎么理解仪器仪表的概念与作用？

仪器是人类认识物质世界的工具，是人们用来对物质（自然界）实体及其属性进行观察、监视、测定、验证、记录、传输、变换、显示、分析处理与控制的各种器具与系统的总称；仪表是用于测量各种自然量（如压力、温度、速度、电压、电流等）的一种仪器。

在科学研究中，仪器仪表是"先行官"；在军事上，仪器仪表是"战斗力"；在国民经济运行中，仪器仪表是"倍增器"；现代仪器仪表还是当今社会的"物化法官"。

Q1－47　仪器仪表一般由哪些部分组成？各部分分别有什么作用？

如图 1.3 所示，仪器仪表一般由传感器、信号调理、数据显示和记录、被测对象、观察者五部分组成。各部分的作用可简单描述如下：

图 1.3　典型仪器仪表的组成

（1）传感器是测试系统的第一个环节，用于从被测对象获取信息或能量，并将其转换为适合测量的变量或信号，如弹簧秤、水银温度计、热敏电阻、磁电式传感器等。

（2）信号调理部分是对从传感器所输出的信号做进一步的加工和处理，包括对信号的转换、放大、滤波、储存、重放和一些专门的信号处理。

（3）显示和记录部分是将经信号调理部分处理过的信号用便于人们观察和

分析的对象和手段进行记录或显示。

（4）被测对象和观察者也是仪器仪表系统的组成部分,它们同传感器、信号调理部分以及数据显示和记录部分一起构成了一个完整的测试系统。这是因为在用传感器从被测对象获取信号时,被测对象通过不同的连接或耦合方式也对传感器产生了影响和作用。同样地,观察者通过自身的行为和方式也直接或间接地影响着系统的传递特性。因此,在评估一个测试系统的性能时也必须考虑这两个因素的影响。

Q1-48 满足不失真测量的条件是什么?

设测试系统的输出 $y(t)$ 与输入 $x(t)$ 满足关系:

$$y(t) = A_0 x(t - t_0) \tag{1.31}$$

该系统的输出波形与输入信号的波形精确地一致,只是幅值放大了 A_0 倍,在时间上延迟了 t_0 而已。这种情况下,认为测试系统具有不失真的特性。

做傅里叶变换:

$$y(t) = A_0 x(t - t_0) \longrightarrow Y(\omega) = A_0 e^{-j\omega t_0} X(\omega) \tag{1.32}$$

$$H(\omega) = \frac{Y(\omega)}{X(\omega)} = A_0 e^{-jt_0\omega} = A(\omega) e^{j\varphi(\omega)} \tag{1.33}$$

不失真测试系统条件的幅频特性和相频特性应分别满足:

$$A(\omega) = A_0 = 常数 \tag{1.34}$$

$$\varphi(\omega) = -t_0\omega \tag{1.35}$$

其幅频特性和相频特性为

$$\begin{cases} A(\omega) = A_0 = 常数 \\ \varphi(\omega) = -t_0\omega \end{cases} \tag{1.36}$$

测试系统在频域内实现不失真测试的条件:

（1）幅频特性曲线是一条平行于横轴的直线。

（2）相频特性曲线是斜率为 $-t_0$ 的直线。

任何一个测试系统不可能在非常宽广的频带内满足不失真的测试条件。

Q1-49 什么是测量仪器的参考工作条件?

参考工作条件简称参考条件,是指"为测量仪器或测量系统的性能评价或测量结果的相互比较而规定的工作条件"。为了使对不同测量仪器的性能评价或对不同测量结果进行相互比较,需要规定使它们具有可比性的一致的工作条件。

测量仪器具有自身的基本计量性能技术指标,如准确度等级和最大允许误差。测量仪器的计量性能是否符合这些要求,是在有定影响量的情况下考核的。严格规定的考核同类测量仪器计量性能的工作条件就是参考条件,一般包括作用于测量仪器的影响量的参考值或参考范围。它将影响量对各测量仪器评价或测量结果的影响差异控制在足够小的范围内。只有在参考条件下才能反映测量仪器的基本计量性能和保证测量结果的可比性。每一次对一批测量仪器的性能评价或对几个测量结果的相互比较的参考条件可以是不同的。

检定和校准通常要给出对一类测量仪器具有可比性的量值结果和结论,其参考条件就是计量检定规程或校准规范上规定的工作条件。

Q1-50 什么是测量仪器的额定工作条件?

额定工作条件是指"为使测量仪器或测量系统按设计性能工作,在测量时必须满足的工作条件"。额定工作条件就是指测量仪器的正常工作条件。预定工作条件一般要规定被测量和影响量的范围或额定值,只有在规定的范围和额定值下使用,测量仪器才能达到规定的计量特性或规定的示值允许误差值,满足规定的正常使用要求。如工作压力表测量范围上限为10MPa,则其上限只能用于10MPa,额定电流为10A的电能表,其电流不得超过10A;有的测量仪器的影响量的变化对计量特性具有较大的影响,而随着影响量的变化,会增大测量仪器的附加误差,则还需要规定影响量如温度、湿度、振动及其环境的范围和额定值的要求,通常在仪器使用说明书中应做出规定。在使用测量仪器时,搞清楚额定工作条件十分重要。只有满足这些条件时,才能保证测量仪器的测量结果的准确可靠。当然在额定工作条件下,测量仪器的计量特性仍会随着测量或影响量的变化而变化。但此时变化量的影响,仍能保证测量仪器在规定的允许误差极限内。

Q1-51 什么是测量仪器的极限工作条件?

极限工作条件是指"为使测量仪器或测量系统所规定的计量特性不受损害也不降低,其后仍可在额定工作条件下工作,所能承受的极端工作条件"。这是指测量仪器能承受的极端条件。承受这种极限工作条件后,其规定的计量特性不会受到损坏或降低,测量仪器仍可在额定操作条件下正常运行。极限工作条件应规定被测量和影响量的极限值。例如,有些测量仪器可以进行测量上限10%的超载实验;有的允许在包装条件下进行振动实验;有的考虑到运输、储存和运行的条件,进行(-40~+50)℃的温度实验或相对湿度达95%以上的湿度试验,这些都属于测量仪器的极限工作条件。在经受极限工作条件后,在规定的正常工作条件下,测量仪器仍能保持其规定的计量特性而不受影响和损坏。通常测量仪器所进行的型式实验,其中有的项目就属于是一种极端条件下对测量仪器的考核。湖南银河电气有限公司的变频功率传感器电压可过载 1.5 倍,电流可过载 2 倍。

Q1-52 什么是测量仪器的稳态工作条件?

稳态工作条件是指"为使由校准所建立的关系保持有效,测量仪器或测量系统的工作条件,即使被测量随时间变化"。经校准的测量仪器或测量系统在此条件下工作,可保持校准结果有效,即使用于对随时间变化的被测量的测量。该术语中稳态应理解为保持校准特性有效。

Q1-53 仪器仪表的技术评价内容有哪些?

评价仪器仪表时,通常是用一组体现产品特点的统一标准尺度,对其技术经济效果进行全面考核。其主要评价内容有:

(1)功能指标。其是仪器仪表的主要技术参数。它反映仪器仪表在参比条件下所能达到的功能指标。

(2)可靠性与寿命。可靠性是仪器仪表的综合质量指标,它是仪器仪表在规定条件下和规定的时间内,完成规定功能的能力。可靠性指标选用平均无故障时间(Mean Time Between Failures,MTBF)来表示,它是指仪器仪表产品发生故障时,两次相邻故障之间的平均工作时间。寿命是指开始使用到其丧失规定功能所经历的时间。

(3)运行性能。其是仪器仪表在规定的环境条件下工作的适应能力。它反映了仪器仪表在运行时所承受各种环境条件的能力。

(4)人机关系。主要指如何使仪器仪表的设计适合人的心理、生理条件,使仪器仪表与人很好地配合。既保持人的主导地位,使人与仪器仪表的总体达到最优化,又使人在操作仪器仪表时产生安全感和舒适感。

(5)结构性和工艺性。结构性和工艺性指标随着科学技术的发展和仪器仪表生产条件的不同而变化。结构性是指在不同的生产方式及生产条件下,零部件规格化和通用化、工艺通用性、用材合理性和结构继承性等的程度。工艺性是反映仪器仪表结构在一定生产条件下,制造和维修的可行性和经济性。

(6)电磁兼容性。测量控制与仪器仪表的电磁兼容性(Electromagnetic Compatibility,EMC)是所有用电设备质量指标中的一个共性问题,主要是指测控仪器仪表在共同的电磁环境中能一起执行各自功能的共存状态,即该仪器仪表不会受到处于同一电磁环境中其他仪器仪表的电磁发射导致或遭受不允许的降级;也不会使同一电磁环境中其他仪器仪表,因受其电磁发射而导致或遭受不允许的降级。随着用电设备大量增加,电磁环境日恶化,而电子设备的灵敏度日益提高,因而更易受到干扰信号的干扰而导致工作不正常。所以仪器仪表的电磁兼容性,已引起世界各国的严重关注,并制定严格标准进行规范。

(7)服务性和成套性。服务性是指产品售后技术服务,是随产品复杂程度的提高而发展起来的,是产品质量的组成部分。成套性是指为保证产品在运行过程中的质量、性能和发挥一定功能而必须提供的配套产品、备品备件及有关技术资料的完备程度。

Q1-54 什么是测量仪器的基值测量误差? 什么是测量仪器的零值误差?

测量仪器的基值测量误差是指"在规定的测得值上测量仪器或测量系统的测量误差"。为了检定或校准测量仪器,人们通常选取某些规定的示值或规定的被测量值,在该值上测量仪器的误差称为基值误差。

湖南银河电气有限公司的功率分析仪是唯一标称全局精度的功率分析仪,全局精度是指在仪器的适用范围内,变频功率分析仪均能满足标称的精度指标。而部分进口的高精度功率分析仪采用最佳精度点的精度作为标称精度,同时标称了很宽的适用范围,标称精度与适用范围脱节。

测量仪器的零值误差是指"测量值为零值时的基值测量误差"。零值误差是指测得值为零值时,测量仪器或测量交流的测量误差。在实际应用中,常用输入量为零的示值作为其近似。通常在测量仪器通电情况下,称为电气零位;在不通电的情况下,称为机械零位。

Q1-55 什么是测量仪器的示值误差?

示值误差是指"测量仪器示值与对应输入量的参考量值之差",也可简称为测量仪器的误差。示值是由测量仪器所指示的被测量的测得值。示值的获取方式可能因测量仪器的种类而异。如测量仪器指示装置标尺上指示器所指示的量值,即标尺直接示值或乘以测量仪器常数所得到的示值。对实物量具,量具上标注的标称值就是示值:对模拟式测量仪器而言,示值概念也适用于相邻标尺标记间的内插估计值;对于数字式测量仪器,其显示的数字就是示值;示值也适用于记录仪器,记录装置上的记录元件位置所对应的被测量值就是示值。示值误差是测量仪器的最主要的计量特性之一,其实质反映了测量仪器准确度的高低,示值误差绝对值大则其准确度低,示值误差绝对值小则其准确度高。

确定测量仪器示值误差的参考量值,实际上使用的是约定真值或已知的标准值。为确定测量仪器的示值误差,当其接受高等级的测量标准器检定或校准时,则标准器复现的量值即为约定真值,通常称为标准值或实际值,即满足规定准确度的用来代替真值使用的量值。所以指示式测量仪器的示值误差示值标准值:实物量具的示值误差 = 标称值 - 标准值。

通常测量仪器的示值误差可用绝对误差表示,也可以用相对误差表示。确定测量仪器示值误差的大小,是为了判定测量仪器是否合格,或为了获得其示值的修正值。

在日常计算和使用时要注意示值误差、偏差和修正值的区别,不要相混淆。偏差是指"一个值减去其参考值",对于实物量具而言,偏差就是实物量具的实际值(即标准值或约定真值)对于标称值偏离的程度,即偏差 = 实际值 − 标称值;而示值误差 = 示值(标称值) − 实际值,修正值 = − 示值误差。

Q1–56 什么是测量仪器的最大允许测量误差? 有哪些表示形式?

最大允许测量误差简称最大允许误差,是指"对给定的测量、测量仪器或测量系统,由规范或规程所允许的,相对于已知参考量值的测量误差的极限值"。它是某一测量、测量仪器或测量系统的技术指标或规定中所允许的,相对于已知参考量值的测量误差的极限值;是表示测量或测量仪器准确程度的一个重要参数。最大允许误差也可称为误差限。在对测量仪器或测量系统的检定中,通常将其技术指标中的最大允许误差作为检定的参考条件下所规定的最大允许误差。

最大允许误差的表示形式有:

(1) 用绝对误差表示的最大允许误差。

(2) 用相对误差表示的最大允许误差:其绝对误差与相应示值之比的百分数。

(3) 用引用误差表示的最大允许误差:是绝对误差与特定值之比的百分数。

(4) 组合形式表示的最大允许误差:用绝对误差相对误差引用误差几种形式组合起来的仪器技术指标。

Q1–57 什么是测量仪器的固有误差?

测量仪器的固有误差是指"在参考条件下确定的测量仪器或测量系统的误差"。它是指测量仪器在参考条件下所确定的测量仪器本身所具有的误差。固有误差的大小直接反映了该测量仪器的准确度。主要来源于测量仪器自身的缺陷,如仪器的结构、原理使用、安装、测量方法及其测量标准传递等造成的误差。

Q1–58 什么是测量仪器的准确度等级?

准确度等级是指"在规定工作条件下,符合规定的计量要求,使测量误差或仪器不确定度保持在规定极限内的测量仪器或测量系统的等别或级别"。这里说的规定的工作条件,通常是额定工作条件,也可能是规定的其他工作条件。准确度等级对应的规定极限值所限定的是测量误差或仪器不确定度。对测量误差的限定是限定相对于参考量值的偏差,不含参考量值本身的可靠程度,也就是根据最大允许误差的数值确定准确度等级;对仪器不确定度的限定是限定对测得值与被测的量值(真值)之差的范围,它包含了参考值的不确定度的贡献,其范围的大小与分布的概率有关。

对于分体式分析仪,其测量准确度等级取决于数字量输出变频电量变送器的准确度等级,可只对数字量输出变频电量变送器的准确度等级进行标称。在标称该类变送器准确度等级时,需与数字量输入的二次仪表配合才能完成准确度等级实验过程。同时,数字量输入二次仪表的运算正确性一并得到验证。

Q1-59 什么是测量仪器的漂移?

漂移是指"由于测量仪器计量特性的变化引起的示值在一般时间内的连续或增量变化"。在漂移过程中,示值的连续变化既与被测量的变化无关也与影响量的变化无关。如有的测量仪器的零点漂移,有的线性测量仪器静态特性随时间变化的量程漂移。产生漂移的原因,往往是由于温度、压力湿度等变化引起,或由于仪器本身性能的不稳定。

湖南银河电气有限公司产品关于漂移方面的优化包括:

(1)外置供电的先进电源技术。

(2)更高稳定度的晶振。

(3)更低温漂的精密电阻。

(4)更先进的屏蔽技术。

Q1-60 测量仪器的漂移和零值误差有何区别?

仪器漂移是指"由于测量仪器计量特性的变化引起的示值在一般时间内的连续或增量变化"。产生漂移的原因往往是由于温度、压力、湿度等变化引起,或由于仪器本身性能的不稳定。测量仪器使用时采取预热预先放置段时间与室温等温,就是减少漂移的一些措施。

零值误差是指"测得值为零值的基值测量误差"。产生原因:与测量仪器的指示装置结构有关。处理方法:检定、校准或使用时对测量仪器零位进行调整。当测量仪器零位不能进行调整时,则此时的零值误差应作测量仪器的基值误差进行检定、校准,应满足最大允许误差要求。

Q1-61 什么是测量仪器的偏移?

测量仪器的偏移是指"重复测量示值的平均值减去参考量值"。人们在用测量仪器测量时总希望得到真实的被测量值,但实际上多次测量同一个被测量时,往往得到不同的示值,这说明测量仪器存在着误差,这些误差由系统误差和随机误差组成。形成测量仪器示值的系统误差分量的估计值称为测量仪器的偏移。

Q1-62 什么是测量仪器的稳定性?

测量仪器的稳定性简称稳定性,是指"测量仪器保持其计量特性随时间恒定的能力"。通常稳定性是指测量仪器的计量特性随时间不变化的能力。稳定性可以进行定量表征,主要是确定计量特性随时间变化的关系。一般可用下列两种方式表示:用计量特性变化到某个规定的量所经过的时间间隔表示用特性在规定时间间隔内发生的变化表示。

Q1-63 什么是测量仪器的测量不确定度?

仪器的测量不确定度简称仪器不确定度,是指"由所用的测量仪器或测量系统引起的测量不确定度的分量"。原级计量标准的仪器不确定度通常是通过不确定度评定得到的。而其他测量仪器或测量系统的不确定度是通过对测量仪器或测量系统校准得到的。

用某测量仪器或测量系统对被测量进行测量可以得到被测量估计值,所用测量仪器或测量系统的不确定度在被测量估计值的不确定度中是一个重要的分量。关于仪器的测量不确定度的有关信息可在仪器说明书中获得。如果仪器说明书中给出的是最大允许误差或准确度等级,仪器的不确定度通常要按 B 类测量不确定度评定进行估计。在仪器的技术指标中,有采用仪器不确定度替代准确度等级和最大允许误差的趋势。

Q1-64 量程、自动量程以及量程比是什么? 测量仪器为什么要进行量程转换?

(1)量程:能够测量或者输出的信号数值的连续带。在双极性仪器中,量程包括正值和负值。

(2)自动量程:仪器自动地在各个量程之间切换,以确定给出最高分辨率的量程的能力。各个量程通常是按十进制步进的。

(3)量程比是最大测量范围和最小测量范围之比。

量程比大,调整的余地就大,可在测试条件改变时,便于改变变送器的测量范围,而不需要更换仪表,所以变送器的量程比是一项十分重要的技术指标。

在 DB43/T 879.1—2014《变频电量测量仪器测量用变送器》的标准中规定,普通级的量程比应不小于 5,S1 级的量程比应不小于 20,S2 级的量程比应不小于 100,S3 级的量程比应不小于 200,S4 级的量程比应不小于 500。

(4)对于测量仪器来说,精度越高,得到的数据越真实,为了保证满量程范围内的测量精度,除了提升传感器的精度外,量程转换是目前测量采用的主要技术。自动量程转换可以使仪器在很短的时间内自动选定在最合理的量程下,从而使仪器获得高精度的测量,并简化操作。自动量程转换由最大量程开始,逐级比较,直至选出最合适的量程。

测量仪器的特性都是在满量程具有最佳测量精度,如果不进行量程转换,当被测对象幅值下降至半量程及以下时,仪器的相对误差逐渐增大,测量精度大幅下降,很难保证标称的测试精度。实际应用中也有采用多组不同量程的传感器通过切换开关的方式来实现量程转换,但这种方式造价高、占地面积大,且转换过程中会造成数据的丢失,给测量带来误差,因此建议采用无缝量程转换方式,保证测量数据的准确性和完整性。

Q1-65 示值、示值区间,标称量值、标称量值区间,标称示值区间的量程和测量区间的区别是什么?

示值:指由测量仪器或测量系统给出的量值。示值可用可视形式或声响形式表示,也可传输到其他装置。示值通常由模拟输出显示器上指示的位置、数字输出所显示或打印的数字、编码输出的码形图、实物量具的赋值给出。示值与相应的被测量值不必是同类量的值。

示值区间:指极限示值界限内的一组量值。示值区间可以用标在显示装置上的单位表示,例如 $1 \sim 1000A$。在某些领域中,本术语也称"示值范围"。

标称量值:简称为标称值,是指测量仪器或测量系统特征量的经化整的值或近似值,以便为适当使用提供指导。比如标在标准电阻器上的标称量值 100Ω、标在单刻度量杯上的量值 1000ml、恒温箱的温度为 $-20℃$。

标称量值区间:简称标称区间,是指当测量仪器或测量系统调节到指定位置时获得并用于指明该位置的化整或近似的极限示值所界定的一组量值。标称示值区间常以它的最小和最大量值表示,在某些领域,此术语也称"标称范围"。在我国,此术语也简称"量程",例如银河电气 SP103102 变频功率传感器,SP103102 额定测量电压 10000V,测量范围为 0.75% ~150%,其标称范围为 0 ~ 15000V。

标称示值区间的量程:标称示值区间的两极限量值之差的绝对值。例如银河电气 SP103102 变频功率传感器,SP103102 额定测量电压 10000V,其标称示值区间的量程为 14925V(75 ~ 15000V)。

测量区间:又称工作区间,是指在规定条件下,由具有一定的仪器不确定度的测量仪器或测量系统能够测量出的一组同类量的量值。在某些领域,此术语也称"测量范围或工作范围",测量区间的下限不应与检测下限相混淆,例如银河电气 SP103102 变频功率传感器,SP103102 额定测量电压 10000V,其测量区间 75 ~ 15000V。

Q1–66 什么叫分辨力,什么是鉴别阈,两者有何区别?

显示装置的分辨力是指"能有效辨别的显示示值间的最小差值"。也就是说,显示装置的分辨力是指指示或显示装置对其最小示值差的辨别能力。分辨力高可以降低读数误差,从而减少由于读数误差引起的对测量结果的影响。

鉴别阈是指"引起相应示值不可检测到变化的被测量值的最大变化"。它是指在确定的行程方向给予测量仪器一定的输入,使其处于某一示值,这时在同行程方向平缓地改变激励,当测量仪器的输出产生有可觉察的响应变化时,此输入的激励变化称为鉴别阈,同样可在反行程进行。

分辨力和鉴别阈是两个不同概念。分辨力是测量仪器或显示装置的设计参数,其数值不需要测量来确定;而鉴别阈是性能参数,要通过测量才能确定。分辨力对相同设计的同一型号的每一台均是一样的,而鉴别阈可能每台不同。两者都对被测量值的可探测的最小变化形成制约。对于数字式显示测量仪器,其鉴别阈不可能小于显示分辨力。

Q1–67 什么是测量系统的灵敏度?

测量系统的灵敏度简称灵敏度,是指"测量系统的示值变化除以相应的被测量值变化所得的商"。灵敏度反映测量系统被测量值(输入)变化引起测量系统的示值(输出)变化的程度。它用输出量(响应)的增量与相应输入量被测量值的增量即(激励)的微小增量之比来表示。如被测量值变化很小,而引起的示值(输出量)改变很大,则该测量系统的灵敏度就高。

Q1–68 什么是死区?

死区是指"当被测量值双向变化时,相应示值不产生可检测到的变化的最大区间"。测量仪器由于机构零件的摩擦零部件之间的间隙弹性材料的变形阻尼机构的影响等原因产生死区。死区可能与被测量的变化速率有关。当正在测量的量双向快速变化改变时,死区可能增大。

Q1–69 测量仪器的非线性度如何计算?

在通常情况下,总是希望测量仪表的输出量和输入量之间呈线性对应关系。测量仪表的非线性误差就是用来表征仪表的输出量和输入量的实际对应关系与理论直线的吻合程度。

通常非线性误差用实际测得的输入–输出特性曲线(也称为校准曲线)与理论直线之间的最大偏差和测量仪表量程之比的百分数来表示:

$$\delta_f = \frac{\Delta'_{\max}}{\text{测量范围上限} - \text{测量范围下限}} \times 100\% \tag{1.37}$$

非线性误差实际测得与理论对比图如图 1.4 所示。

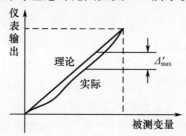

图 1.4　非线性误差实际测得与理论对比图

Q1-70　测量仪器的带宽是怎么定义的?

测量仪器的带宽是指仪器可测量的信号频率宽度,比如 WP4000 变频功率分析仪的带宽是 200kHz,指的是,WP4000 在信号频率在 200kHz 范围内是可以测量的。如果仪器的带宽的最高频率没有达到被测信号的最高频率,那么测量是无效的。因此,测量仪器的带宽必须全覆盖被测信号的变化频率。

当然,测量仪器的带宽也不是越宽越好,我们需要关心的是仪器的"真实带宽"。

Q1-71　什么是测量仪器的响应特性?

响应特性是指在确定条件下,激励与对应响应之间的关系。激励是输入量或输入信号,响应就是输出量或输出信号,而响应特性就是输入输出特性。对一个完整的测量仪器来说,激励就是测量仪器的被测量,而响应就是它对应地给出的示值。显然,只有准确地确定了测量仪器的响应特性,其示值才能准确地反映被测量值。因此,可以说响应特性是测量仪器最基本的特性。

Q1-72　什么是测量仪器的阶跃响应时间?

阶跃响应时间是指"测量仪器或测量系统的输入量值在两个规定常量值之间发生突然变化的瞬间,到与相应示值达到其最终稳定值的规定极限内时的瞬间,这两者间的持续瞬间"。这是测量仪器计量特性的重要参数之一。这是指对输入、输出关系的响应特性中,考核随着激励的变化其阶跃响应时间反应的能力,当然越短越好。阶跃响应时间短,则反应指示灵敏快捷,有利于进行快速测量或调节控制。

DB43/T 879.1—2014《变频电量测量仪器测量用变送器》中规定阶跃信号

应当用带宽高于被检变送器 10 倍以上的信号源产生，以保证阶跃信号本身的上升时间可以忽略不计。

Q1-73 测量电路中主要的电磁干扰都有哪些？

（1）电磁泄漏。泄漏是指仪器设备内部的电能对周围其他仪器设备的干扰。在仪器设备的设计阶段，应当考虑到电磁泄漏问题，包括印制电路版、电源与信号接口的高频滤波器、屏蔽电缆、屏蔽外壳等方面的设计问题。

（2）电源干扰。电源干扰的形式多样，如瞬态过程、电平漂移、脉冲冲击或断电等。其中，瞬态过程、电平漂移和断电对工业自动化设备的危害最为严重。再如，频率为 50Hz 或 60Hz 的杂散电流、尤其是地线回路电流，对模拟电路的干扰最大。

（3）射频干扰。射频干扰（RFI）主要涉及无线电频段的干扰问题。在工业环境中，射频干扰也是一种常见的干扰源，特别是手持无线电器材和手机的普遍使用，使这一问题变得更加严重。同样，无线局域网也是一个射频干扰源。因此，在一些场合，如在飞机的升降过程中，普遍禁止使用手机和笔记本电脑。

（4）静电放电。静电放电（ESD）是指在电荷逐渐积累之后突然喷发的放电现象。在工业系统中，内部静电放电现象是相当普遍的，如纸张、塑料等的移动都会引起设备内部的静电放电。此外，人为因素如触摸控制开关或键盘，也是产生静电放电现象的原因。

Q1-74 测量仪器手册封面宣传的精度就是实际的测量精度吗？

我们在选择测量仪器时，最先接触到的可能是其宣传手册，如"基本精度：读数的 0.01%"，基本功率精度：读数的 0.02% 等字样，那么这是否代表仪器在任何工况下电压和电流的测量精度就是 0.01 级的？答案是否定的，因为这里没有标注计量参比条件。

我们可以在技术手册的内页看到，封面的精度数值其实是在频率为 50Hz、功率因数等于 1、额定输入等条件下得到的测量准确度（也是最好准确度），而在其他频段点或其他幅值范围内，仪器的测量精度指标都有相应的变化。也就是说，我们不能以宣传样本封面的精度来作为这台仪器的唯一精度指标，而应根据实际测试工况，对应查看仪器在该计量参比条件下的测试精度，再判断是否满足要求。在不标注计量参比条件下的精度指标，对于用户来说，都是没意义的。

Q1-75 影响测量仪器精度的主要因素有哪些？

影响测量仪器最终测试结果精度的因素有很多，概括起来主要有如下几种：

（1）传感器的比差和角差。比差是指比值误差,目前各类传感器的精度指标反映的就是比差,角差对于交流信号来说,是一次输入和二次输出信号的相位差值。角差直接影响仪器的功率测量精度,相同角差时,功率因数越低,功率测量误差越大。

（2）传感器与分析仪的阻抗匹配。对测量仪器来说,阻抗匹配主要是指传感器的输出阻抗与分析仪的输入阻抗的匹配,对于电压输出型传感器,当分析仪的输入阻抗远大于传感器的输出阻抗时,一般认为阻抗匹配。对于电流输出型传感器,当分析仪的输入阻抗远小于传感器的输出阻抗时,一般认为阻抗匹配。但目前用户在选用测试设备时,很少考虑阻抗匹配,对测量精度会有一定的影响。

（3）量程匹配。假设分析仪的精度为 0.05% rd + 0.05% fs,当输入信号在满量程附近时,精度为 0.1% rd,当输入信号为满量程的 10% 时,精度为 0.55% rd,由此可以看出,传感器与分析仪的量程匹配对测量精度影响很大。

（4）传输线路的损耗。对于电压信号传输,当线路较长或信号频率较高时,传输线路损耗不容忽视。

（5）传输线路引入干扰。模拟量的传输线路是电磁干扰的重要入侵途径,会影响测试精度。

第二节　变频电量基础知识

一、变频电量的定义与内涵

Q1-76　什么是变频?

简单来说,变频就是改变供电频率,从而调节负载,起到降低功耗,减小损耗,延长设备使用寿命等作用。

变频技术的核心是变频器,通过对供电频率的转换来实现电动机运转速率的自动调节,把 50Hz 的固定电网频改为变化频率。通过改变交流电频率的方式实现交流电控制的技术就称为变频技术。

Q1-77　什么是电量?

电量一词单独使用时,一般表示物体所带电荷的数量。电量也可以指电功的数量,如无功电量、有功电量等。电量还可以作为电参量的简称,如交流电量、直流电量及变频电量等。下面给出电量的三种定义。

（1）电荷的数量。

电量英文：Quantity of electric charge

电量表示物体所带电荷的数量。电量用符号 Q 表示，单位是库（仑）（符号是 C）。库仑是一个很大的单位。一个电子 e 的电量为 1.60×10^{-19} C。任何带电粒子所带电量，或者等于电子或质子的电量，或者是它们的电量的整数倍，所以把 1.60×10^{-19} C 称为基元电荷。

（2）电功的数量。

电量英文：Electricity

电量指的是电功的数量，电量包括有功电量和无功电量。有功电量的常用单位为千瓦·时（kW·h），无功电量的常用单位为千乏·时（kVar·h）。

（3）电参量或电参数的简称。

例如：国家标准 GB/T 13850—1998《交流电量转变为模拟量或数字信号的电测量变送器》中描述的交流电量就包括电压、电流、频率、有功功率、无功功率、功率因数、相角等。

① 交流电量。

交流电量：a. c. electrical quantities

交流电量指交流电的相关参量：电压、电流、频率、相角、有功功率、无功功率、有功电能（有功电量）、无功电能（无功电量）等。交流电量又包括正弦交流电量和非正弦交流电量。正弦交流电量根据频率不同又分为工频正弦交流电量和非工频正弦交流电量。非正弦交流电量或非工频正弦交流电量又称变频电量。

② 直流电量。

直流电量：d. c. electrical quantities

直流电量指直流电的相关参量，主要为电压、电流和功率。

Q1-78　什么是变频电量？

DB43/T 879. 2—2014《变频电量测量仪器分析仪》定义：

变频电量是指满足下述条件之一，并以传输功率为目的的交流电量。

（1）信号频谱仅包含一种频率成分，而频率不局限于工频的交流电信号。

（2）信号频谱包含两种及以上被关注频率成分的电信号。

变频电量包括电压、电流以及电压电流引出的有功功率、无功功率、视在功率等。

Q1-79　变频电量有什么样的特点？

工频电量具有显著的规律，可以用简单的正弦或余弦函数表达，并且由于频率单一固定,测量或记录都非常简单、方便。

变频电量除了具备周期性之外,没有明显的规律可循。

根据傅里叶变换原理,非正弦的周期信号可以分解为不同幅值、频率、相位的正弦信号的线性组合,并且,这些正弦波的频率均为信号频率(基波频率)的整数倍。这样,我们可以用系列幅值、频率、相位的量化数值来表征任意复杂的周期信号。

从信号处理的角度看,任意非正弦周期电量的完整分析,目前主要处理手段都是基于傅里叶变换。

简单来说,变频电量具备以下特点:

(1)变频电量包含丰富信息,占据较宽的频带。

(2)变频电量用于传递电能量,电压高,电流大。

(3)变频电量通常由变频器、整流器、开关电源直接产生或引起。

(4)变频电量的测量行为往往在复杂电磁环境下完成。

二、变频器基础知识

Q1-80 变频器的工作原理是什么?

变频器的系统通常可以分成四个部分:整流电路、直流中间电路、逆变电路和控制电路部分。其中控制电路完成对主电路的控制,整流电路将交流电变换成直流电;直流中间电路对整流电路的输出进行平滑滤波,储能和缓冲无功功率;逆变电路为将直流电再逆转成交流电。其简化结构框图如图1.5所示。

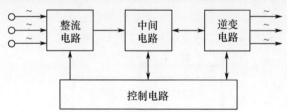

图1.5　变频器的结构框图

交流电动机的转速表达式为

$$n = 60f \frac{(1-s)}{p} \tag{1.38}$$

式中:n为异步电动机的转速;f为异步电动机的频率;s为电动机转差率;p为电动机极对数。由式(1.38)可知,转速n与频率f成正比。变频器通过改变变频器调制频率来达到改变电动机转速的目的。

Q1-81 **变频器输入电压、电流和输出电压、电流的典型波形是什么形状?**

随着变频调速技术的发展,变频器已经在各行各业中得到广泛的应用。通用变频器的网侧输入电压波形基本上是正弦波,但输入电流是脉冲式的充电电流,含有丰富的谐波,如图1.6所示。变频器输出电压波形是正弦调制的SPWM波形,如图1.7所示。由此可知,通用变频器的电压和电流含有大量的谐波和畸变量。

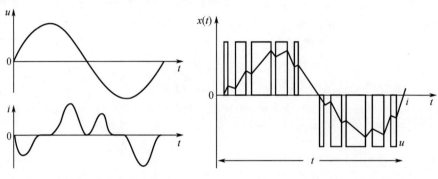

图1.6 变频器输入电压和电流波形   图1.7 变频器输出电压和电流波形

Q1-82 **PWM 的基本原理是什么?**

通过对逆变电路开关器件的通断进行控制,使输出端得到一系列幅值相等的脉冲,用这些脉冲来代替正弦波所需要的波形。也就是在输出波形的半个周期中产生多个脉冲,使各脉冲的等值电压为正弦波形,所获得的输出平滑且低次谐波少。按一定的规则对各脉冲的宽度进行调制,即可改变逆变电路输出电压的大小,也可改变输出频率。脉宽调制(PWM)如图1.8所示。

图1.8 脉宽调制(PWM)

Q1-83 **什么是 SPWM?**

所谓SPWM,就是在PWM的基础上改变了调制脉冲方式,脉冲宽度时间占空比按正弦规律排列,这样输出波形经过适当的滤波可以做到正弦波输出。它广泛地用于直流交流逆变器等,比如高级一些的UPS就是一个例子。三相SP-WM是使用SPWM模拟市电的三相输出,在变频器领域被广泛地采用。典型的SPWM波形如图1.9所示。

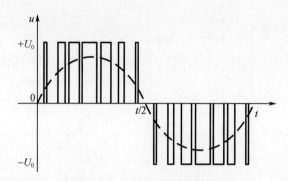

图 1.9　典型的 SPWM 波形

Q1 –84　什么是调制比？

调制比是指调制信号与载波信号幅值的比。

其定义如下：

$$K = \frac{V_m}{V_c} \qquad (1.39)$$

式中：K 为调制比；V_m 为调制波幅值；V_c 为载波幅值。

一般情况下，$K < 1$，若 $K > 1$，则称为过调。

Q1 –85　什么是载波比？

在调制中每周基波（正弦调制波）与所含正弦调制波输出的脉冲总数之比。

由于载波比定义为每周基波与所含正弦调制波输出脉冲之比，即载波比为载波频率与调制频率之比。如下式：

$$N = \frac{f_t}{f_s} \qquad (1.40)$$

式中：N 为载波比；f_t 为载波频率；f_s 为调制波频率。

Q1 –86　为什么电磁噪声与载波频率有关？

变频器的输出电流中，存在着与载波同频率的谐波分量，电动机的磁路中就有谐波磁通，并在硅钢片中感应出涡流。涡流与涡流之间的电动力使硅钢片振动而产生电磁噪声。

噪声的"大小"又和人耳对声音的灵敏度有关。当载波频率很高时，人耳的灵敏度较低，噪声就"小"；载波频率较低时，人耳的灵敏度较高，噪声就"大"。

如图 1.10 所示，当载波频率为 4kHz 时，噪声可达 66dB；而当载波频率为 14kHz 时，噪声可降低为 56.5dB。

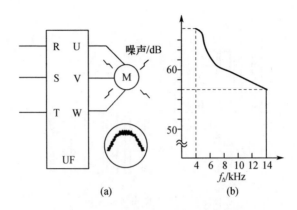

图 1.10　载波频率对噪声的影响

(a) 变频器的输出电流；(b) 噪声与载波频率的关系。

Q1-87　什么是变频调速技术？

通俗来说，变频调速技术是一种以改变电机频率和改变电压来达到电机调速目的的技术，变频调速具有效率高、调速范围宽、精度高、调速平稳、无级变速等优点。

变频调速是通过改变供给电动机的供电频率，来改变电机的转速，从而改变负载的转速。

Q1-88　为什么要变频？

主要从两个方面考虑：

（1）变频节能。变频器是通过轻负载降压实现节能，在某些情况下可以节电 40% 以上。变频调速系统启动大都是从低速开始，频率较低。加、减速时间可以任意设定，故加、减速时间比较平缓，启动电流较小，可以进行较高频率的启停。

（2）变频技术易于实现智能化。变频调速很容易实现电动机的正、反转。只需要改变变频器内部逆变管的开关顺序，即可实现输出换相，也不存在因换相不当而烧毁电动机的问题。容易实现过流、过压、过载、过热、欠压等保护功能，可以保证电机安全、稳定运行，减少事故等。

Q1-89　变频节能基于什么原理？

变频可以节能，但并不是所有的变频都可以节能，变频节能基本基于以下三种原理。

（1）调速节能。由流体力学可知，P（功率）$= Q$（流量）$\times H$（压力），流量 Q 与转速 N 的一次方成正比，压力 H 与转速 N 的平方成正比，功率 P 与转速 N 的立方成正比,如果水泵的效率一定,当要求调节流量下降时,转速 N 可成比例地下降,而此时轴输出功率 P 成立方关系下降。即水泵电机的耗电功率与转速近似成立方比的关系。例如:一台水泵电机功率为55kW,当转速下降到原转速的4/5 时,其耗电量为 28.16kW,省电 48.8%;当转速下降到原转速的1/2 时,其耗电量为 6.875kW,省电 87.5% 。

（2）无功补偿节能。无功功率不但增加线损和设备的发热,更主要的是功率因数的降低导致电网有功功率的降低,大量的无功电能消耗在线路当中,设备使用效率低下,浪费严重,由公式 $Q = S \times \sin\Phi$,其中 S 为视在功率,P 为有功功率,Q 为无功功率,$\cos\Phi$ 为功率因数,可知 $\cos\Phi$ 越大,有功功率 P 越大,普通水泵电机的功率因数在 0.6 ~ 0.7 之间,使用变频调速装置后,由于变频器内部滤波电容的作用,$\cos\Phi \approx 1$,从而减少了无功损耗,增加了电网的有功功率。

（3）软启动节能。由于电机为直接启动或 Y/Δ 启动,启动电流等于 4 ~ 7 倍额定电流,这样会对机电设备和供电电网造成严重的冲击,而且还会对电网容量要求过高,启动时产生的大电流和振动时对挡板和阀门的损害极大,对设备、管路的使用寿命极为不利。而使用变频节能装置后,利用变频器的软启动功能将使启动电流从零开始,最大值也不超过额定电流,减轻了对电网的冲击和对供电容量的要求,延长了设备和阀门的使用寿命,节省了设备的维护费用。

Q1 –90 目前变频测量仪器是怎么一个现状?

变频测量仪器属于高端测量仪器仪表,对测量仪器的性能要求非常高。高端测量仪器仪表的生产和研发主要集中在日本、美国、德国等发达国家,主要生产企业有日本横河、美国福禄克、德国 zimmer 等。国外功率测量设备从实践到理论均有较长的摸索过程,日本横河和美国福禄克都有近百年的测试设备研发历史,在长期的摸索过程中积累了丰富的经验。国内测量仪器起步较晚,以前高端的测量仪器严重依赖进口。随着中国制造业的发展,仪器仪表行业也得到发展,迅速缩小与发达国家的差距。

我国仪器仪表测量技术的起步较晚,随着"十二五""十三五"等政策颁布,变频节能技术迅速发展,变频测量技术作为其中一个重要的环节,也开始迅速发展。银河电气作为变频测量技术的领导者,是国内最先进行变频电量测量研究的单位,并且在变频测量领域积累了广泛的经验。由于身处变频调速技术的高速发展期间,我国针对变频测量的研发更加贴近实际应用,并且在实际应用中研发出了具有中国特色的高精度测量仪器。

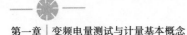

目前,国内进行变频电量测量研究的企业还包括:青岛艾诺智能仪器有限公司、青岛青智仪器有限公司、广州致远电子有限公司、杭州远方光电信息股份有限公司等。国内企业经过这些年的快速发展,在高端仪器研发领域已经缩小了与国外企业的差距。

第二章 电压、电流及其他电学量测量基础知识

本章主要回答电压、电流以及与此相关的其他电学量的测量问题。其中,电压测量是电测量与非电测量的基础,许多电量的测量可以转化为电压的测量,如表征电信号的三个基本参数(电压、电流、功率)。电流作为一个基本的量值其重要性也是显而易见的,对其检测有非常广泛的应用场合。如果能对一个系统的电压、电流精确测量,则与此系统有关的其他电学量就能够间接地获得(如功率、阻抗、相位差等)。因此,目前电压测量与电流测量,已成为电磁测量技术领域中不可缺少的独立部分。

本章第一节回答有关电压测量方面的问题,第二节回答有关电流测量的问题,第三节回答有关功率、相位差、阻抗等电学量的测量问题。

第一节 电压测量

一、电压定义、分类及表征

Q2-1 什么是电压?

电压(voltage),也称为电势差或电位差,是电路中自由电荷定向移动形成电流的原因。其定义为:电荷 q 在电场中从 A 点移动到 B 点,电场力所做的功 W_{AB} 与电荷量 q 的比值,称为 A、B 两点间的电势差(电位差),用 V_{AB} 表示,则有

$$V_{AB} = \frac{W_{AB}}{q} \tag{2.1}$$

同时也可以利用电势这样定义

$$V_{AB} = \varphi_A - \varphi_B \tag{2.2}$$

式中:φ_A 为 A 点的电势;φ_B 为 B 点的电势。

电压的概念与水位高低所造成的"水压"相似。需要指出的是,"电压"一词一般只用于电路当中,"电势差"和"电位差"则普遍应用于一切电现象当中。

Q2-2 电压的单位是什么？

电压在国际单位制中的主单位是伏特（V），简称伏，用符号 V 表示。1 伏特等于对 1 库仑的电荷做了 1 焦耳的功，即 $1V = 1J/C$。强电压常用千伏（kV）为单位，弱小电压的单位可以用毫伏（mV）或微伏（μV）。它们之间的换算关系是 $1kV = 1000V, 1V = 1000mV, 1mV = 1000μV$。

Q2-3 什么是直流电压和交流电压？

直流电压是指方向不随时间变化的电压，通常又分为脉动直流电压和稳恒（恒定）电压。脉动直流电压中有交流成分，如彩电中的电源电路中大约 300V 的电压就是脉动直流电压；稳恒电压则是比较理想的，大小和方向都不变。

交流电压是指大小和方向都随时间作周期性变化的一种电压。对电路分析来说，一种最为重要的交流电压是正弦交流电压，其大小及方向均随时间按正弦规律作周期性变化。

电力系统中正弦交流电压的频率一般是 50Hz，即每秒变化 50 次。有些国家的正弦交流电压的频率是 60Hz，即每秒变化 60 次。当然也有其他频率的交流电压，如电子线路中有方波、三角波等，但这些波形的交流电不是导体切割磁力线产生的，而是电容充放电、开关晶体管工作时产生的。

Q2-4 表征交流电压大小的三个基本参量是什么？

表征交流电压大小的三个基本参量是峰值、平均值和有效值。

Q2-5 什么是交流电压的峰值？

如图 2.1 所示，峰值表示以零电平为参考的最大电压幅值（用 V_p 表示），以直流分量为参考的最大电压幅值则称为振幅（通常用 U_m 表示）。对理想的正弦交流电压 $u(t) = U_m\sin(\omega t)$，由于 $V_p = U_m$，故理想正弦交流电压常用 $u(t) = V_p\sin(\omega t)$ 表示。

Q2-6 什么是交流电压的平均值？

如图 2.1 所示，交流电压的平均值在数学上定义为

$$\overline{U} = \frac{1}{T}\int_0^T u(t)\,\mathrm{d}t \tag{2.3}$$

式中：T 为交流电压的周期；$\overline{U}$ 相当于交流电压 $u(t)$ 的直流分量。

在交流电压测量中，平均值通常指经过全波或半波整流后的波形（一般若无特指，均为全波整流）为

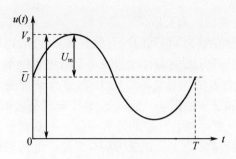

图 2.1　根据交流电压波形计算基本参量

$$\overline{U} = \frac{1}{T}\int_0^T |u(t)| \mathrm{d}t \tag{2.4}$$

对理想的正弦交流电压 $u(t) = V_p\sin(\omega t)$，若 $\omega = 2\pi/T$，则

$$\overline{U} = \frac{2}{\pi}U_m = \frac{2}{\pi}V_p \approx 0.637V_p \tag{2.5}$$

Q2-7　什么是交流电压的有效值?

交流电压 $u(t)$ 在一个周期 T 内,通过某纯电阻负载 R 所产生的热量,与一个直流电压 V 在同一负载上产生的热量相等时,则该直流电压 V 的数值就表示了交流电压 $u(t)$ 的有效值。下面给出有效值的具体定义。

直流电压 V 在 T 内电阻 R 上产生的热量为

$$Q_{DC} = \frac{V^2}{R}T \tag{2.6}$$

交流电压 $u(t)$ 在 T 内电阻 R 上产生的热量为

$$Q_{AC} = \int_0^T \frac{u^2(t)}{R}\mathrm{d}t \tag{2.7}$$

由 $Q_{DC} = Q_{AC}$，得

$$V = \sqrt{\frac{1}{T}\int_0^T u^2(t)\mathrm{d}t} \tag{2.8}$$

有效值在数学上即为均方根值,是表征交流电压的重要参量。对理想的正弦交流电压 $u(t) = V_p\sin(\omega t)$，若 $\omega = 2\pi/T$，则

$$V = \frac{1}{\sqrt{2}}V_p \approx 0.707V_p \tag{2.9}$$

Q2-8　真有效值和基波有效值的区别在哪里?

所有正弦分量及直流分量的均方根值(有效值)的方和根就是全波有效值。

全波有效值也称真有效值。真有效值更简单的计算是原始信号在一个周期内的等间隔采样(采样频率足够高)得到的所有数据的方均根值。

长期以来,人们已习惯使用有效值表示交流电量的幅值大小,然而,对于非正弦交流电而言,有效值的意义不是很大,如富含谐波的 SPWM 电压的有效值,同时包含了基波和谐波的影响。问题是,对于电机负载而言,真正有效的,主要是其中的基波分量,即用基波分量的均方根值——基波有效值衡量 SPWM 电压的幅值,具有更大的现实意义。IEC60349 - 2 规定电机端电压为端电压的基波有效值。

Q2 - 9   什么是信号的波峰因数?

波峰因数定义为波形的峰值与有效值之比,用 K_p 表示

$$K_p = \frac{V_p}{V} \tag{2.10}$$

对理想的正弦交流电压 $u(t) = V_p \sin(\omega t)$,若 $\omega = 2\pi/T$,则

$$K_p = \frac{V_p}{V} = \frac{V_p}{V_p/\sqrt{2}} = \sqrt{2} \approx 1.41 \tag{2.11}$$

其他常见波形的波峰因数为:正负对称方波,$K_p = 1$;三角波,$K_p = 1.73$;锯齿波,$K_p = 1.73$;脉冲波,$K_p = \sqrt{T/\tau}$,其中 T 为脉冲周期,τ 为脉冲宽度;白噪声,$K_p = 3$。

波峰因数会影响交流测量的精度。一般数字万用表都提供一张波峰因数影响表,说明较高波峰因素带来的误差。通常波峰因数高于 3 时,就会引入显著的误差。

Q2 - 10   什么是信号的波形因数?

波形因数定义为波形的有效值与平均值之比,用 K_F 表示,即

$$K_F = \frac{V}{\bar{U}} \tag{2.12}$$

对理想的正弦交流电压 $u(t) = V_p \sin(\omega t)$,若 $\omega = 2\pi/T$,则

$$K_F = \frac{V}{\bar{U}} = \frac{V_P/\sqrt{2}}{2V_P/\pi} = \frac{\pi}{2\sqrt{2}} \approx 1.11 \tag{2.13}$$

其他常见波形的波形因数为:方波,$K_F = 1$;三角波,$K_F = 1.15$;锯齿波,$K_F = 1.15$;脉冲波,$K_F = \sqrt{T/\tau}$,其中 T 为脉冲周期,τ 为脉冲宽度;白噪声,$K_F = 1.25$。

了解上述参数的实际意义,对于解释从模拟表和数字表读出的值,特别是在

测量非正弦的波形的情况下,有着巨大的帮助。

Q2-11　我国的电压等级是如何划分的?

电压等级的分法较为复杂,不仅应用场合不同有可能存在差异,而且交流电和直流电的等级也有不同。如在电气工程中,220V 和 380V 都属于低压。而在安全用电方面,220V 和 380V 则都属于高压。至于中压,其界限相对较为模糊。

在我国电力系统中,把标称电压 1kV 及以下的交流电压等级定义为低压,把标称电压 1kV 以上、330kV 以下的交流电压等级定义为高压,把标称电压 330kV 及以上、1000kV 以下的交流电压等级定义为超高压,把标称电压 1000kV 及以上的交流电压等级定义为特高压。通常还有一个"中压"的名称,美国电气和电子工程师协会(IEEE)的标准文件中把 2.4~69kV 的电压等级称为中压,我国国家电网公司的规范性文件中把 1kV 以上至 20kV 的电压等级称为中压。

在安全用电方面,高压和低压的概念与电力工业或电气工程中的概念有一定的区别,通常将最高安全电压以下对人体比较没有伤害的电压称为低压,将高于安全电压及以上称为高压。我国规定,安全电压则根据发生触电危险的环境条件不同,将安全电压分为三个等级:

(1)特别危险(潮湿、有腐蚀性蒸气或游离物等)的建筑物中,安全电压为 12V。

(2)高度危险(潮湿、有导电粉末、炎热高温、金属品较多)的建筑物中,安全电压为 36V。

(3)没有高度危险(干燥、无导电粉末、非导电地板、金属品不多等)的建筑物中,安全电压为 65V。

二、电压测量基础知识

Q2-12　电压测量的重要性体现在哪些方面?

(1)电压测量是电测量与非电测量的基础电压。

(2)许多电量的测量可以转化为电压的测量,如表征电信号能量的三个基本参数(电压、电流、功率)。其中,电流、功率可转换为电压再进行测量。电路的工作状态,如饱和与截止、线性度、失真度均是电压的派生量。

(3)非电量测量中,将非电量转化为电压信号,再进行测量,如温度、压力、振动、(加)速度的测量等。

Q2-13　电压测量有什么特点?

(1)频率范围宽。要测量的电压信号的频率范围相当广,除直流外,交流电

压的频率从 10^{-6}（甚至更低）到 10^9 Hz（甚至更高），频段不同，测量方法手段也各异。

（2）测量范围广。待测电压的大小，低至 10^{-9} V（甚至更低），高到 10^7 V。信号电压幅度低，就要求电压分辨率高，而这些又会受到干扰、内部噪声等的限制；电压幅度高，就要考虑在电压表输入级加接分压网络，而这又会降低电压表的输入阻抗。

（3）信号波形多样化。待测电压的波形，除正弦波外，还包括失真的正弦波以及各种非正弦波（如脉冲电压等），不同波形电压的测量方法及对测量准确度的影响不一样。

（4）输入阻抗高。测量电压时，电压表等效为输入电阻 R_i 和输入电容 C_i 的并联，其输入阻抗 $\left(R_i // \dfrac{1}{j\omega C_i}\right)$ 是被测外电路的额外负载。为使被测电路的工作状态少受影响，电压表应具有足够高的输入阻抗，即 R_i 应尽量大，C_i 应尽量小。

（5）测量精度高。由于被测电压的频率、波形等因素的影响，电压测量的准确度有较大差异。电压值的基准是直流标准电压，直流测量时分布参数等的影响也可以忽略，因而直流电压测量的精度较高。由于交流电压须经交流/直流变换电路变成直流电压，交流电压的频率和电压大小对交流/直流变换电路的特性都有影响，同时高频测量时分布参数的影响很难避免和准确估算，因而交流电压测量的精度比直流电压测量的精度低。

（6）测量速度的要求差异大。静态测量，一般要求每秒采样几次；瞬态测量，则可能高达每秒采样数亿次。

（7）抗干扰性能要求高。电压测量易受外界干扰影响，当信号较小时，干扰往往成为影响测量精度的主要因素，相应要求高灵敏度电压表必须具有较高的抗干扰能力，测量时也要特别注意采取相应措施（如正确的接线方式，必要的电磁屏蔽），以减少外界干扰的影响。

Q2-14 电压测量是怎么分类的？

（1）按对象分类，有直流电压测量和交流电压测量两种。

（2）按技术分类，有模拟测量技术和数字测量技术两种。

Q2-15 常用的测量电压的方法有哪些？

一般地，用来测量电压的方法主要有两种：

（1）示波器和万用表测量法。示波器测量电压时，由于其测量精度较低、误差较大、读数需要转换等原因，一般只能用来作波形的监视和定性测量。万用表主要用来测量直流电压,有时也用它来完成工频(50Hz)交流电压的测量。但万用表的结构决定了其交流电压挡,无论是频率范围,还是测量精度都远远不能满足交流电压测量的需要。

(2)电压表测量法。电子电路中电压的测量选用的是电子电压表,它能完成对各种波形、各种频率的交流电压的测量。

Q2-16 如何表示电压测量的准确度?

(1)满度值的百分数 $\pm\beta\% U_{\mathrm{m}}$。具有线性刻度的模拟式电压表一般采用这种表示方法,其中 $\pm\beta\%$ 为满度相对误差,U_{m} 为电压表满刻度值。

(2)读数值的百分数 $\pm\alpha\% U_x$。具有读数刻度的电压表一般采用这种表示方法,其中 $\pm\alpha\%$ 为读数相对误差,U_x 为电压表测量读数值。

(3)混合表示方式 $\pm(\alpha\% U_x + \beta\% U_{\mathrm{m}})$。数字电压表一般采用这种表示方法。

Q2-17 传统的模拟式电压表有哪些种类? 各类仪表的工作原理是什么?

传统的模拟式电压表根据工作原理一般分为磁电式仪表、整流式仪表、电磁式仪表、电动式仪表四类。

(1)磁电式仪表。

磁电式仪表是由通电线圈在磁场(永久磁铁产生)中受到电磁力而发生偏转来指示被测电流的大小。该仪表可动线圈的旋转角与流过线圈的电流成正比,即

$$\alpha = S_1 I \tag{2.14}$$

式中:α 为指针偏转角度;S_1 为电流灵敏度;I 为流过线圈的电流。由于磁电式仪表的偏转部分是线圈,故测量电压时,不能像电磁式仪表那样大量增加线圈的匝数,而必须依靠串联一个阻值很大的附加电阻来减小取用电流。磁电式仪表不能用来测量交流电,只有配上整流器组成整流式仪表后,才能用于交流测量。

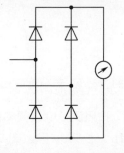

(2)整流式仪表。

整流式仪表是把交变电压经整流后再通入磁电式仪表,是用磁电式仪表测量交流电的一种方式。整流式仪表电路如图2.2所示。该仪表指针的偏转角与被测量的电流平均值成正比,即

图2.2　整流式仪表电路

$$\alpha = kI_{\mathrm{a}} \tag{2.15}$$

式中:α 为指针偏转角度;k 为常数;I_{a} 为流过线圈电流的平均值。

测量正弦量时,由于正弦量的波形因数为常数,故仪表的刻度可以按比例地刻成为有效值;测量非正弦量时,就平均值而言,测量的结果是准确的,但由于非正弦量的波形因数与正弦量不同,故其指针的读数不一定准确。

(3)电磁式仪表。

电磁式仪表是测量交流电压与交流电流时最常用的一种仪表,在工程应用中应用得比较普遍。该仪表的指针偏转角与流过线圈电流的平方成正比,即

$$\alpha = kI^2 \tag{2.16}$$

电磁式仪表的基本测量是电流有效值的平方,存在频率范围、准确度和灵敏度及抗外磁能力差等缺点。

(4)电动式仪表。

电动式仪表由两组线圈构成:固定线圈①和偏转线圈②。针③与偏转线圈同轴,如图2.3(a)所示。当两个线圈中分别通入电流时,两者的磁场相互作用,使偏转线圈受力而旋转,偏转角与两线圈内电流的乘积成正比。电动式仪表的偏转角为

$$\alpha = kI_1I_2\cos\varphi \tag{2.17}$$

电动式仪表通常用来制作成功率表。一般情况下,固定线圈①为电流线圈,导线较粗,串联在被测电路中;偏转线圈②为电压线圈,导线较细,经串联附加电阻后跨接在被测电压两端,如图2.3(b)所示。

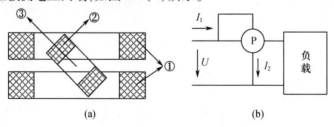

图2.3 电动式仪表结构

(a)线圈示意图;(b)测量功率示意图。

Q2-18 **按照测量电压频率范围的不同,交流电压表是怎么分类的?**

按照测量电压频率范围的不同,交流电压表还可分为超低频电压表(低于10MHz)、低频电压表(低于1MHz)、视频电压表(低于30MHz)、高频或射频电压表(低于300MHz)和超高频电压表(高于300MHz)。

Q2-19 **整流式模拟交流电压表有哪些结构形式?**

为满足不同测量对象的要求,整流式模拟式交流电压表有检波—放大式、放

大一检波式和外差式三种不同的结构形式。

（1）检波—放大式电压表的组成框图如图2.4所示,先检波再放大,这种电压表的频率范围和输入阻抗主要取决于检波器,特点是通频带宽很宽、灵敏度较高。

图2.4　检波—放大式电压表组成框图

（2）放大—检波式电压表的组成框图如图2.5所示,先放大再检波,这种电压表的输入阻抗比较高、通频带较窄、灵敏度较低,测量的最小幅值为几百微伏或几毫伏。

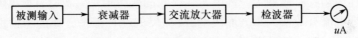

图2.5　放大—检波式电压表组成框图

（3）外差式电压表又称为选频电压表或测量接收机,其组成框图如图2.6所示。虽然外差式电压表也属于放大—检波式,但因外差式电压表利用混频器,将输入信号变为固定中频信号后进行交流放大,可以较好地解决交流放大器增益与带宽的矛盾,其灵敏度可以提高到微伏级。

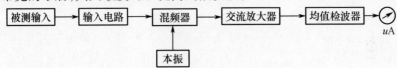

图2.6　放大—检波式电压表组成框图

Q2–20　电磁式仪表有何特点？

（1）既可测量交流,又可测量直流。当动片、静片选用优质坡莫合金为导磁材料时,可以制成交直流两用仪表。

（2）仪表结构简单、价格低廉。由于测量机构的活动部分不通过电流,其过载能力大,制造成本也低。

（3）有指示滞后现象。例如,当测量缓慢增加的直流时,电磁式仪表给出的指示值偏低;当测量缓慢减少的直流时,仪表给出的指示值又偏高。这均是由于电磁式仪表的结构中,含有具有磁滞特性的铁磁材料所造成的。滞后现象的存在,一方面使电磁式仪表的准确度降低,另一方面因交直流下的磁化过程不同,促使交流的电磁式仪表不宜在直流下应用,但不等于不能用。对于铁芯不是坡莫合金材料的电磁式仪表,拿去测量直流电时,不仅指示值不稳定,而且误差将增大 10% 左右。

(4)与磁电式仪表相比较,受外磁场影响大。因为电磁式仪表的磁场是由固定线圈流过被测电流所形成的,其磁场较弱,又几乎全部处在空气之中,虽然采取了相应的防止外磁场影响的措施,但还是比磁电式仪表受外磁场的影响严重得多。

(5)受频率影响。电磁式电压表是由固定线圈通过电流建立磁场的,为了能测量较高的电压,而又不使测量机构超过容许的电流值,它的固定线圈的匝数较多,内阻较大,感抗也较大,并随频率的变化而变化,因此影响了仪表的准确度。所以,电磁式仪表只适用于频率在 800Hz 以下的电路中。

(6)标尺刻度不够均匀。因电磁式仪表的偏转角是随被测直流电流的平方或被测交变电流有效值的平方而改变,故标尺刻度具有平方律的特性。当被测量较小时,分度很密,读数困难又不准确,一般用于测量精度要求不高的场所;当测量较大时,则分度较疏,读数容易又准确。

(7)电磁式仪表可以测量非正弦交流电路中的电流或电压的有效值。但当非正弦电流或电压的谐波频率过高时,受频率影响将带来较大的误差。

(8)与磁电式仪表相比较,电磁式仪表的灵敏度低,功耗大。

(9)电磁式仪表的测量机构,可以用来制成不同用途的比率表、相位表和同步指示器等。

由上述技术特性看出,电磁式仪表虽然存有一些缺点,但由于其结构简单、造价低廉、过载能力强等优点,在电力系统中,常用的安装式交流电流表和交流电压表几乎全是电磁式仪表,应用相当广泛。

Q2-21 电磁式仪表与磁电式仪表有何区别?

电磁式仪表与磁电式仪表是两种不同类型的仪表。它们有很多不同之处,突出地表现在性能、结构和表盘上。

(1)从表盘上就可区分开这两种仪表。除它们的图形符号不同外,磁电式电流表和电压表的刻度基本上是均匀的,而电磁式仪表的刻度则由密变疏。

(2)从性能上看,磁电式仪表反映的是通过它的电流的平均值,因此它的直接被测量只能是直流电流或电压;而电磁式仪表反映的是通过它的电流的有效值,因此,不加任何转换,电磁式仪表就可用于直流、交流,以及非正弦电流、电压的测量。但其测量灵敏度和精度都不及磁电式仪表高,而功耗却大于磁电式仪表。

(3)结构和工作原理的不同是两种仪表的根本区别。虽然它们都分为固定和可动两大部分,但其具体组成内容不同。磁电式仪表的固定部分是永久磁铁,用来产生均匀、恒定的磁场;可动部分的核心是一线圈,被测电流流经线圈时,利用通电导线在磁场中受力的原理(即电动机原理),实现可动部分的转动。电磁式仪表的固定部分是被测电流流经的线圈,有电流通过即可形成较强的磁场;可动部分的核心是一片可被及时磁化的软磁性材料(如铁片、坡莫合金等),利用被磁化的动铁片与通电线圈(或被磁化的静铁片)磁极之间的作用力,实现可动部分的偏转。由于电磁式仪表构造简单、成本低廉,在电工测量中获得了广泛应用,尤其是开关板式交流电流、电压表,基本上都采用这种仪表。

Q2 – 22 什么是交流电压表的刻度特性?

除了脉冲电压表等特殊情况外,电压表在出厂时均以正弦波形的有效值进行刻度。

(1) 有效值电压表的刻度特性。理论上不存在波形误差,因此也称为真有效值电压表(读数与波形无关)。

(2) 峰值电压表的刻度特性。当输入 $u(t)$ 为正弦波时,读数 V_{rd} 即为 $u(t)$ 的有效值 V(而不是该纯正弦波的峰值 V_p);对于非正弦波的任意波形,读数 V_{rd} 没有直接意义(既不等于峰值 V_p,也不等于其有效值 V),但可由读数 V_{rd} 换算出峰值和有效值。换算关系如下:

$$(任意波)峰值 \ V_p = 1.41 V_{rd}$$

$$(任意波)有效值 \ V = \frac{1.41 V_{rd}}{K_p}$$

式中:V_{rd} 为峰值电压表读数;K_p 为波形的波峰因数。

(3) 均值电压表的刻度特性。当输入 $u(t)$ 为正弦波时,读数 V_{rd} 即为 $u(t)$ 的有效值 V(而不是该纯正弦波的均值 $\overline{U}$);对于非正弦波的任意波形,读数 V_{rd} 没有直接意义(既不等于均值 $\overline{U}$,也不等于其有效值 V),但可由读数 V_{rd} 换算出均值和有效值。换算关系如下:

$$(任意波)均值 \ \overline{U} = 0.9 V_{rd}$$

$$(任意波)有效值 \ V = K_F \times 0.9 V_{rd}$$

式中:V_{rd} 为均值电压表读数;K_F 为波形的波峰因数。

Q2 – 23 什么是数字式电压表?

数字式电压表是利用模数变换器(ADC)将模拟量变换成数字量,并以十进制数字形式显示被测电压值的一种电压测量仪器。

最基本的数字电压表是直流数字电压表。直流数字电压表配上交直流变换器即构成交流数字电压表。如果在直流数字电压表的基础上,配上交流电压/直流电压变换器、电流/直流电压变换器和电阻/直流电压变换器,就构成数字万用表。

Q2-24 数字式电压表由哪几部分组成?

数字电压表由模拟电路、数字逻辑电路和显示电路三大部分组成,如图 2.7 所示。图中 ADC 是数字电压表的核心,它将被测模拟电压变换成数字量,然后由数字逻辑电路进行计数,并由显示电路显示出被测电压的数值。ADC 与数字逻辑电路、显示电路一起构成数字电压表表头。

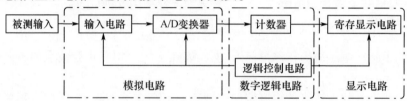

图 2.7 数字电压表组成框图

Q2-25 数字式电压表有哪些优点?

数字电压表具有测量准确度高、分辨力强、测速快、输入阻抗高、过载能力强、抗干扰能力强等优点。由于微处理器的应用,目前中高档数字电压表已普遍具有数据存储、自检等功能,并配有标准接口,可以方便构成自动测试系统。

而模拟式电压表具有结构简单、价格低廉、频率范围宽等特点,并且还可以更直观地观测信号电压变化情况,因此数字式电压表还不能完全代替模拟式电压表。

Q2-26 什么是实物电压基准? 实物基准有什么弱点?

电学的计量标准,在建立量子电压基准之前,保存、复现和传递电压基本单位(伏特)的方法是采用一组饱和式惠斯登标准电池的端电压的平均值来实现的。惠斯登电池两端的电动势约为 1.018V,我们称这种由标准电池组构成的电压基准为实物基准。

随着工业水平的提高,对计量工作准确度的要求也越来越高,而电压实物基准由于受制作工艺、使用材料、技术条件的限制,很难将它所保存的电压标准的不确定度水平进一步提高。同时,电压实物基准的弱点也越来越突出,主要有电池的保存环境和电池自身的稳定性。

对实物基准的保存,除了要考虑到实物基准免受各种(如战争、地震、运输等)可能因素产生的机械损害之外,对大气压、湿度和温度等实验室的保存条件也提出了更高的要求。惠斯登电池的温度系数大约为 $40\mu V/℃$。当存放电池的

环境温度变化 $0.001℃$ 时,由惠斯登电池所保存的电压标准将改变 $4×10^{-8}$。电池自身的不稳定性可以用年变换量的指标来描述。用高稳定性的量子电压基准对惠斯通电池所保存的 1V 电压标准进行观测发现,1.018V 电压值随时间缓慢漂移,对所观测的一个电池组的平均值进行统计处理后得到年变化量约为 $1×10^{-7}$ 量级。

我国于 1993 年和 1999 年先后建立了 1V 和 10V 约瑟夫森量子电压基准,在电学计量领域里完成了电压单位伏特从实物基准到自然基准的过渡。自然基准比较实物基准不仅稳定性好、易复现,其不确定度的技术指标可以达到 $1×10^{-8}$ 的数量级。

Q2-27 什么是约瑟夫森效应?

1962 年约瑟夫森曾经预言,当库珀电子对从一个超导体穿过一层极薄的绝缘体到另一个超导体时,将会有如下现象发生:

(1) 超导电流穿过绝缘体时不会有电压降,产生这一现象时所能流过的最大电流称为临界电流。

(2) 在限定的电压范围内,除了有正常的传导电流外,还有交流超导电流存在并使绝缘层两端产生电压降,AC 电流的频率 f 与绝缘层两端的电压 U 正比。

$$f = \frac{2e}{h} × U \qquad (2.18)$$

式中:e 为电子电荷;h 为普朗克常量。

以上预言很快为以后的实验所证实。(1)称为直流约瑟夫森效应;(2)称为交流约瑟夫森效应。其中,交流约瑟夫森效应成为建立现代量子电压自然基准的基础。

Q2-28 什么是量子电压基准?

由于普朗克常量 h 和基本电荷 e 是物理学中的普适常量,按照目前的物理知识,这些常量是恒定不变的,而频率是很容易测量准的物理量。因此用量子电压作为直流电压的基准将具有极好的稳定性和复现性。用 K_J 表示 $\frac{2e}{h}$,可以得到约瑟夫森结电压 V_n 与频率的关系为

$$V_n = n × \frac{f}{K_J} \qquad (2.19)$$

式中:K_J 为约瑟夫森常量;n 为正整数,所以原则上讲量子电压的不确定度与频率的测量不确定度一致。

国际计量委员会下属电学咨询委员会建议,自 1990 年 1 月 1 日起,在世界

范围内采用统一的 K_J 值,即 $K_{J90} = 483597.9\mathrm{GHz/V}$,以此来复现伏特单位量值,保证国际范围内溯源性的一致。这一建议为国际计量委员会和国际计量大会批准。在实际实验中,频率 f 一般在 70～80GHz 的量级,一个量子电压 150μV 左右,单个约瑟夫森结所能产生的电压台阶个数有限。因此,初期的约瑟夫森结阵电压标准,只能产生毫伏级的阶梯电压,经过 100：1 或更大比例的传递与 1V 量级的标准电池进行比对。目前利用微电子技术可以在一个芯片上制作数千或数万个串连在一起的约瑟夫森结,即约瑟夫森结阵。在符合一定条件的微波辐射下,约瑟夫森结阵可以直接产生稳定的 1～10V 的电压。这种约瑟夫森结阵成为新一代电压自然基准。

三、变频系统中的电压测量

Q2-29 什么是电压互感器? 其工作原理是什么?

电压互感器是隔离高电压,供继电保护、自动装置和测量仪表获取一次电压信息的传感器,它是一种特殊形式的变换器,作用是将一次高电压变换为二次低电压。其工作原理如图 2.8 所示:原边直接接到被测高压电路,副边接电压表或功率表的电压线圈,利用原、副边不同的匝数比可将线路上的高电压变为低电压来测量。

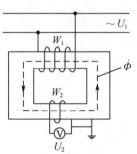

图 2.8 电压互感器工作原理

Q2-30 电压互感器有什么特点和要求?

(1) 容量小(通常只有几十伏安或几百伏安)。

(2) 一次绕组与高压电路并联,一次电压(即电网电压)不受二次电压的影响。

(3) 正常运行时近似空载,二次电压基本上等于二次感应电动势(近似为一个电压源)。

(4) 二次绕组不允许短路(电压互感器的二次回路的阻抗接近于零,如果短路将导致二次电流非常大从而烧毁互感器),两侧需装有熔断器。

（5）二次绕组有一点直接接地,且只能有一点接地。

（6）对于测量用电压互感器的标准准确度等级有 0.1、0.2、0.5、1.0、2.0 五个等级。

Q2-31 电压互感器是怎么分类的?

电压互感器的类型多种多样,按工作原理分有电磁式电压互感器、电容式电压互感器、新型的光电式电压互感器。其中电磁式电压互感器在结构上又有三相式和单相式两种。在三相式电压互感器中又有三相三柱式和三相五柱式两种。从使用绝缘介质上又可分为干式、油浸式及六氟化硫等多种。

Q2-32 电磁式电压互感器有哪些优缺点?

电磁式电压互感器的优点是结构简单、有长时间的制造和运行经验、产品成熟;暂态响应特性较好。其缺点是因铁芯的非线性特性,容易产生铁磁谐振,引起测量不准确和造成电压互感器的损坏。

Q2-33 电容式电压互感器的工作原理是什么?

电容式电压互感器的工作原理是:利用串联电容进行分压,即大的容抗上承受高电压,小的容抗上获得较低的电压。将较低的电压施加在一个电磁装置上,通过电磁感应装置感应出标准规定的电压互感器的二次电压。其原理示意图如图 2.9 所示。若有载波要求,电容分压器低端还需要接有载波附件。

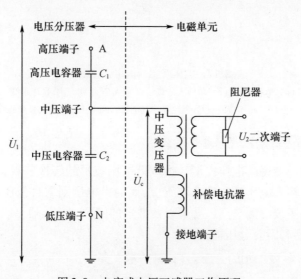

图 2.9 电容式电压互感器工作原理

Q2 – 34 电压互感器主要有哪些接线方式？

为了满足不同的测量要求，以及继电保护及安全自动装置的使用，电压互感器有多种配置及接线方式。如图 2.10 所示，其主要接线方式有单相接线、单线电压接线、V/V 接线、星形接线、开口三角形接线、中性点接有消弧线圈电压互感器的星形接线。

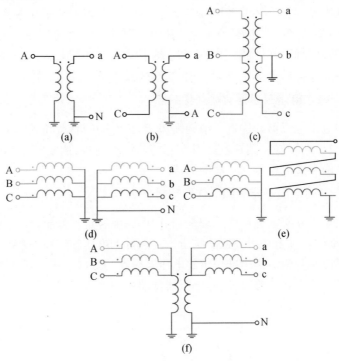

图 2.10　电压互感器的主要接线方式

(a) 单相接线；(b) 单线电压接线；(c) V/V 接线；(d) 星形接线；
(e) 开口三角形接线；(f) 中性点接有消弧线圈电压互感器的星形接线。

Q2 – 35 分压器法的测量原理是什么？

分压器是一种将高电压波形转换成低电压波形的转换装置，它由高压臂和低压臂组成。输入电压加在整个装置上，而输出电压则取自低压臂。通过分压器可以解决低压仪器测量高压峰值以及波形的问题。分压器可以分为电阻分压器、电容分压器和阻容分压器。

Q2 – 36 对于测量工频的分压器，有哪些基本要求？

对于测量工频的分压器，一般有以下的基本要求：

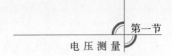

（1）分压器接入被测电路基本不影响被测电压的幅值和波形。

（2）分压器所消耗的电能不能太大。在一定的冷却条件下,分压器消耗的电能所形成的温升不应引起分压比的变化。

（3）由分压器低压臂所测得的电压波形与被测电压波形相同,分压比在一定的频带范围内应与被测电压的频率和幅值无关。

（4）分压器中应无电晕及绝缘泄漏电流,或者说即使有极微量的电晕和泄漏,它们应对分压比的影响很小。

Q2-37 电容分压器法测量高电压的原理是什么?

用电容分压器测量高电压的原理是,将被测电压通过串联的电容分压器进行分压,测出其中低阻抗电容器上的电压,再用分压比算出被测电压,如图2.11

所示图中 C_1 与 C_2 分别代表高电压臂和低电压臂的电容,测量仪表接在 C_2 两端,可以用高阻抗的交流电压表或静电电压表测量电压的有效值,也可以用峰值表测量电压的峰值,还可以用示波器观察波形和测量电压的峰值。R 为并联在 C_2 上的一个高电阻,可以用它防止 C_2 在加压前或加压后所存在的残余电压。假设被测电压为 U_1 , C_2 两端电压为 U_2 ,根据电流连续性原理有

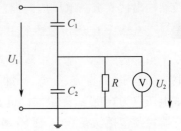

图2.11 电容式分压原理图

$$U_1 = \frac{C_1 + C_2}{C_1} U_2 = K_C U_2 \tag{2.20}$$

Q2-38 光测高电压技术有哪些优点? 其工作过程是什么?

光测高电压技术具有许多优点,例如:信号传输媒介为光纤,绝缘能力强;信号通道不受电磁场的干扰,使光测系统具有很强的抗电磁干扰性能;造价低且造价不强烈依赖被测电压等级等。

如图2.12所示,光测高电压系统可分为传感和信号处理两大部分。

（1）传感部分:包括泡克尔斯盒(Pockels Cell,以下简称P.C.)、光源、叠层介质分压器和传递光信号的光纤、光电转换器件等。

（2）信号处理部分:包括放大电路和单片微机部分。

系统工作过程简述如下:高压电网经一定比例分压后,部分电压加在P.C.上,该电压对穿过盒中晶体的光强产生调制使P.C.的出射光强随被测电压按确定的函数关系变化。出射光强经光纤传到光电转换器并把光强信号转化为电流、电压信号。该信号经A/D转换变为数字信号,并由单片机根据被测电压与

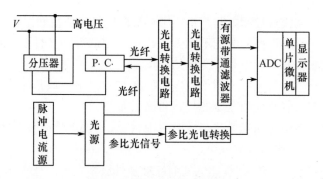

图 2.12　光测高电压系统框图

光信号之间的函数关系计算出被测电压,并以数字方式显示。同时,由 D/A 转换器输出代表被测电压的模拟信号。

Q2-39　霍耳电压传感器的主要原理是什么?

霍耳传感器是基于霍耳效应原理而制造的传感器,它可以测量任意波形的电流和电压,如直流、交流、脉冲波形等,甚至可以测量瞬态峰值。缺点是最高测试电压仅为 6400V,测量准确度通常只能做到 1%。如图 2.13 所示,霍耳电压传感器主要包括初级线圈、磁环、次级线圈、放大电路及与初级线圈串联的限流电阻 R_1。抛开限流电阻 R_1,剩余部分相当于一个闭环霍耳电流传感器。不同之处在于该传感器的初级电流非常小,一般为毫安级。

直观分析:小信号测量难度大,测量精度低,因此,同样基于霍耳效应的霍耳电压传感器的性能远远低于霍耳电流传感器。

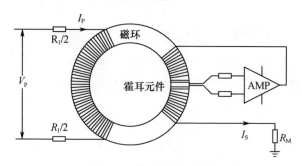

图 2.13　霍耳电压传感器原理

显然,初级线圈的电流越大,电阻 R_1 的功率越大。过大的电流会带来如下的弊端:

(1)传感器消耗较大功率,并对被测回路造成影响。

(2)电阻发热量大,温度高,温漂对测量精度的影响大。

（3）为了散发这些热量，必然增大霍耳电压传感器的体积，同时对绝缘不利。

上述原因决定了实际霍耳电压传感器的输入限流电阻较大，且测试电压越高，其阻值越大。

Q2-40 霍耳式电压互感器的带宽能满足变频器电压测量要求吗?

如果仅仅用于变频器输出电压的基波测量，一般可以满足；如果需要分析谐波或需要测量功率，一般不能满足要求。不能用于分析谐波的原因是霍耳电压传感器带宽较窄，一般低于 5kHz，较高的可达 15kHz，不能满足变频器输出 PWM 信号丰富的高次谐波的测量带宽需要。

不能用于功率（准确）测量的原因是霍耳电压传感器一般不提供相位误差指标，并且实际相位偏移较大，对功率测量的准确度有较大影响。

Q2-41 用普通仪器仪表测量变频器中的电压、电流，需要注意什么?

变频器中很多的电压、电流已不再是单纯的直流或工频正弦波信号，而是含有大量的谐波、畸变或是非工频的电量。虽然变频器中电压、电流可以使用变频器自身的输出直接显示或者间接显示，而且变频器面板显示出变频器的电压、电流，经过硬件上的滤波和软件上的运算比较准确，但是在很多情况下，如变频调速系统发生故障，仍然需要用仪表对变频器中电压、电流进行测量。

准确的测量方法是采用具有 FFT 功能的仪器，这些仪器价格昂贵，如谐波表需 2 万~3 万元。绝大多数工厂没有这些先进仪器，希望采用普通工频仪表能够测量变频器各部分电量，进行日常简单维护。不同种类的普通电气仪表，其测量原理及其适用范围也不一样，测量仪表和测量回路不同，所得到的数据也不同。若测量仪表选择不当，测量结果就会出现很大的误差，以致无法进行日常简单维护和故障诊断；若测量方法不当，甚至会毁坏变频器。

Q2-42 如何使用普通仪表测量变频器各部分电压?

（1）电源电压。电源电压即变频器的交流输入电压，该量的基本特征是工频正弦波，含少量的高次谐波。测量的主要目的是判断电源电压的质量，看其是否在允许的交流电压波动范围之内。有时也用来计算输入功率。测量要素为（基波）有效值。除磁电式仪表（又称动圈式）不能采用外，其他类型仪表均可采用。但由于电磁式仪表对高频成分具有天然的抑制，采用电磁式仪表效果较好。

（2）整流桥输出电压。即直流环节的电压，一般较稳定，只注意其平均值可采用磁电式仪表（指针式万用表等），一般为 1.35 倍线电压，三相 380V 变频器在电动机再生中最大为 760V。

（3）变频器输出电压。在变频器的所有电量中，输出电压是最常用的一个，也是使用普通工频仪表最难测的一个。这是因为输出电压的频率会大范围变化，同时又含有大量谐波和高 dU/dt 变化的 PWM 电压脉冲，使得对基波的测量非常困难。

万用表等一般普通工频测试仪表无法正确测定，不能获得精确值。准确地测定输出电压，只有使用具有 FFT 功能的仪器。但是这类仪器一般价格昂贵，使用不便。因此在大部分场合，仍不得不使用普通仪表来测量。

在不得不使用普通仪表来测量变频器输出电压时，电磁式仪表（又称动铁式）不能使用。这是因为当载波频率超过 5kHz 时，仪表内金属部分中产生的涡流损耗会增大，有可能烧坏仪表。普通数字万用表由于无法有效抑制变频器的共模和差模干扰，测量很不准，也不能采用。由于变频器输出电压是高频载波，普通不具备防干扰的数字表根本无法采用。这种情况下，推荐采用整流式电压表，因变频器输出电压含有高次谐波，通过整流式仪表，可以测量出输出电压的平均值。

当然，简易数字表经过电路处理也是可以测量的。如用电感平波（不能用电容）作一个单相整流电路，然后测量直流，所得值除以 1.35～1.42 之间其值，即可得到变频器的当前输出电压。尽管这个值也不是很准确，但足可以应付一般的安装、调试和维修。

Q2-43 为什么用整流式仪表测量变频器的输出电压时比较准确的？

所谓整流式仪表，就是把交流电压经整流后再通入磁电式仪表，是用磁电式仪表来测量交流电的一种方式。

由于整流式仪表的线圈匝数不多，故电感量小。当用来测量交流电压时，因为串联了阻值很大的附加电阻，故整个测量电路基本上呈纯电阻性质。所以，利用它来测量变频器的输出电压时，流入线圈的电流波形基本上和电压波形相同。利用这一特点，由整流式仪表来测量变频器的输出电压是比较准确的。由于变频器的输出电压中含有高次谐波成分，故测量结果与基波电压相比，略大一些。

需要注意的是，磁电式仪表的读数和电流的平均值成正比，要得到有效值，须进行必要的校准。

Q2-44 校准平均值是采用什么原理进行校准？

校准平均值是利用特定波形的整流平均值与有效值的固定关系，测量出其整流平均值，再乘以该波形的波形因数，即可得到信号的校准平均值。这种算法的局限性在于，一般只对已知波形因数的信号有效。均值检波万用表就是利用这个原理，测量出信号的整流平均值，再乘以正弦波的波形因数得到测量结果，因此,均值检波万用表只能用于测量正弦波,不适用于其他非正弦波,特别是变频器输出的脉宽调制波形。

Q2-45 修正值平均值与基波有效值有什么区别?

修正值平均值也称校准到有效值的整流平均值,简称校准平均值(mean)。顾名思义,就是将整流平均值乘以一个系数,使其结果等于该信号的有效值。这个系数是 $K_F = 1.11$。由于其修正系数是基于正弦波获取的,因此,适合正弦波信号。换言之,该方法不能适用于所有信号。

除了正弦波外,标准平均值在数值上还接近正弦调制 PWM 的基波有效值。也正因为这个原因,有人提出可以用标准平均值取代变频器电压波形的基波有效值。需要注意的是:

(1)"取代"仅指电压信号。电流信号则无此规律。比如,PWM 信号经过某非线性的、感性的负载,电流信号包含了较大的低次谐波,而高次谐波含量非常小,此时,标准平均值与基波有效值差距较大。

(2)校准平均值应用与变频器的 PWM 测试,若精度要求高,有若干前提:①正弦调制;②开关频率足够高;③开关频率是基波频率的整倍数;等等。显然,许多情况下,上述条件并不能完全满足。尤其是第一条,如今,变频调速技术发展迅速,非正弦调制的变频器越来越多,对于一般用户,可能根本不知道其变频器采用何种调制方式,此时,贸然的采用标准平均值去替代基波有效值测试,可能会带来较大的误差。尤其是应用于电机试验,很可能造成对电机质量的误判及对设计验证的误导。

Q2-46 方均根值、真有效值与校准平均值有什么区别?

由于有效值在数值上等于瞬时值的方均根(root mean square),也称方均根值,通常采用符号 rms 表示。就定义角度看,有效值的"有效"有等效的意思。因为交流电的瞬时幅值是变化的,用有效值可以反映交流电对电阻负载的平均做功能力。

然而,有效值的方均根计算方式电路实现较为复杂。为了简化电路,某些仪器仪表往往利用正弦波的峰值或整流平均值与有效值的换算关系,采用峰值检波电路或均值检波电路,先测量出峰值,再乘以对应的系数转变为有效值。传统的毫伏表、微安表、电压表、电流表、万用表等大多采用这种方法。其中峰值转变为有效值的系数为 0.707,而整流平均值转变为有效值的系数为 1.11。采用均值检波法得到的有效值,也称校准到有效值的整流平均值,简称校准平均值。

峰值检波法或均值检波法利用了正弦波的峰值、整流平均值与有效值的换算关系,因此,这类方法只适合正弦信号的有效值测量。对于非正弦信号,测量得到的"有效值"不准确。为了区分这种有效值与严格依照有效值定义得到的有效值的区别,后者也称为真有效值,采用 Trms 表示,其中,T 是 Ture 的缩写,意为"真正的"。

长期以来,人们已经习惯用有效值表示交流电量的幅值大小。然而,对于非正弦交流电而言,有时,有效值的意义不是很大,例如,富含谐波的 SPWM 电压的有效值,同时包含了基波和谐波的影响。问题是,对于电机负载而言,真正有效的主要是其中的基波分量,即用基波分量的方均根值——基波有效值衡量 SPWM 电压的幅值,具有更大的现实意义。IEC60349 - 2 规定电机端电压为端电压的基波有效值。

为了区分有效值和基波有效值,有时也称有效值为全波有效值或全有效值。

对于正弦波而言,基波有效值、有效值、真有效值、全波有效值及校准平均值在数值上全部相等,可不作区分。对于 SPWM 波而言,其校准平均值与基波有效值非常接近,在要求不高的场合中,可替代基波有效值。对于其他非正弦电量,上述几个概念需要慎用!

Q2-47 如何测量变频器系统中各部分电压中的谐波?

近年来,为了进一步考核变频器本身的谐波质量指标,定量地分析变频器的使用对电网及其他设备的影响,以便充分发挥变频器的功能,变频器的谐波测量日益受到重视。目前定量分析谐波,测量各次谐波电压和电流,较为方便的是使用电力谐波分析仪或电能质量分析仪,一般要求电压综合畸变率小于等于 5% ,电流综合畸变率小于等于 3% 。

Q2-48 如何实现变频器电量的精确测量?

在变频器的研发和生产阶段,要准确地测量出变频器的细微的效能改善,建议采用功率测量仪器。功率测量仪器集功率测量、效率评价、谐波测量功能于一体。部分功率测量仪器,如 WP4000 变频功率分析仪,还具备实时波形、波形数据记录及谐波分析等功能。

第二节 电 流 测 量

一、电流基础知识

Q2-49 什么是电流? 电流的单位是什么?

单位时间里通过导体任一横截面的电量称为电流强度,简称电流。电流的载体称为载流子,载流子的宏观流动产生电流。载流子既包括电子,也包括离子等其他带电粒子。对金属导体来说,载流子是电子;对液态的溶液或气态等离子体来说,载流子是离子。

电流的单位是安培(安德烈·玛丽·安培,1775—1836,法国物理学家、化学家,在电磁作用方面的研究成就卓著,对数学和物理也有贡献。电流的国际单位安培即以其姓氏命名),简称"安",符号"A"。

电流的单位安培是国际单位制(SI)七个基本单位之一,它定义为:在真空中相距1m的两无限长而圆截面可忽略的平面直导线内通以相等的恒定电流,当每米导线上所受作用力为 2×10^{-7}N 时,各导线上的电流为1A。

Q2–50　导体、绝缘体、半导体的区别是什么?

导体内载流子的密度很高,易导电。绝缘体内载流子密度很低,几乎不导电。半导体内载流子密度相对导体来说,低很多;但相对绝缘体来说,又高很多。半导体的载流子密度可通过掺杂等工艺,在很大范围内变化,可获得一系列神奇的性质,可用作放大器、传感器等电子元器件,这些特性是电子工业的基础。

导体、半导体和绝缘体之间的界限不是一成不变的,如空气或惰性气体等,通常情况下是绝缘体,但在电离的情况下,转变为导体。

Q2–51　电流有什么效应?

(1)电效应。电流流过导体或电阻,产生电压降(欧姆定律):$U = I \cdot R$。

(2)热效应。导体通电时会发热,把这种现象称为电流热效应。例如,比较熟悉的焦耳定律 $P = I^2 \cdot R$,是定量说明传导电流将电能转换为热能的定律。

(3)磁效应。电流的磁效应(动电会产生磁):奥斯特发现,任何通有电流的导线,都可以在其周围产生磁场的现象,称为电流的磁效应。(毕奥–萨法尔定律)

(4)化学效应。电的化学效应主要是电流中的带电粒子(电子或离子)参与而使得物质发生了化学变化。化学中的电解水或电镀等都是电流的化学效应。(法拉第电解定律)

除此之外,电流还有其他效应,如可转换为电磁波和电磁辐射等。

Q2–52　电流的应用场景有哪些?

基于电流的各种效应,电流的应用场景主要有:

(1)电效应:电流信号转换为电压信号,用于测量等。

（2）热效应：电阻等发热，电能转换为热能。

（3）磁效应：电动机，输出机械动力，电能转换为机械能。

（4）化学效应：电解、电镀等，电能转换为化学能。

Q2-53　电流的大小范围？

电流的大小范围十分宽泛，微弱电流信号可低至飞安量级，而雷电可高达兆安量级，中间横跨超过 20 个量级。

1A 电流为中等量级的电流，对指示信号而言，偏大；对功率信号而言，偏小。

通常情况下，微弱电流在纳安~微安量级，电路电流多在毫安~安量级，小功率电机在安~几十安量级，大功率电机在百安量级甚至数千安。

Q2-54　电流是如何分类的？

电流可以有多种分类方式，根据随时间的变化规律可分为直流电流、交流电流、脉冲电流、任意波形电流等。根据幅值大小的不同可分为微弱电流、小电流、中电流、大电流等。根据频率高低的差异可分为低频电流、中频电流、高频电流等。它们之间又可以组合出更多的状态，如直流小电流等。

根据电流相数的不同可分为单相电流、三相电流、多相电流等。电流还可以按照具体的应用场景分类，如驱动器电流、逆变器电流等。

Q2-55　电流有哪些指标？

直流电流的衡量指标比较简单，一个电流幅值就可以了。

交流电流就需要同时考察幅度和频率相位信息，衡量幅度的指标分为有效值、均方值、峰值、峰峰值等多种。衡量频率相位的指标分为频率、带宽、频谱、延时、上升沿时间、下降沿时间等。

电流信号同时伴随着电压信号，经常会有绝缘隔离，即隔离耐压要求。

二、电流测量基础知识

Q2-56　电流如何测量？

电流测量可利用电流的各种效应，电效应、磁效应、热效应、化学效应等都可以。其中，最方便、用的最多的还是电效应和磁效应。

电效应主要是应用欧姆定律，将电流信号通过电阻转换为电压信号。

磁效应则可以有多种形式，可以直接应用磁效应导致的机械力，如模拟指针式电流表，也可以利用霍耳效应、磁光效应等其他效应。

磁效应有一个重要优势就是可以实现隔离测量。因此，在高电压、大电流场合下,磁效应是主要的应用方式。

Q2-57　电流测量有哪些指标?

(1) 测量结果:准确度、幅值、频率、比差(比例误差或幅值误差)、角差(角度误差或相位误差)等。

(2) 测量时间、测量带宽。

(3) 分辨率。

Q2-58　电流测量的技术基础有哪些?

(1) 电效应。电阻、分流器。

(2) 磁效应。(磁的力学作用)指针式电流计;(电磁感应)电流互感器、罗氏线圈、皮尔逊线圈;(磁光效应)光纤式电流互感器;(霍耳效应)霍耳电流传感器(开环/闭环);(铁磁效应)磁调制式、磁通门式。

应用磁效应有一个很大的优点,是可以方便做成隔离测量形式。除指针式电流计外,其余均为隔离形式。

(3) 热效应。交流电流的有效值是定义在热效应基础上的,即若相同时间内交流电流和直流电流产生的热量相同,则有效值相同。交直流差法,一般用于交流电流的计量和溯源,其他场合下应用很少。

(4) 化学效应。可通过生成或消耗的化学元素的质量,推算总电荷量,再间接计算电流。使用不便且需换算,这种方式很少采用。

Q2-59　有哪些常用的电流测量技术?

常用的电流测量技术多是基于电效应和磁效应,如图2.14所示。电效应是应用欧姆定律,通过电阻或分流器将电流信号转变为电压信号,这是最广泛的应用形式。但这种方式只能做成非隔离形式,在某些场合如高压、大电流情况下会受到限制。电流的隔离测量是一个重要的应用方向,基本都是应用磁效应来实现的。隔离测量又分为交流测量和直流测量。交流测量相对简单,直接应用电磁感应定律(变压器效应)即可,如互感器、罗氏线圈、皮尔逊线圈等。直流电流为稳恒电流,产生的恒定磁场无法直接耦合,无法应用变压器效应。直流电流的隔离测量,可进一步细分为直接式和间接式,直接式是将磁信号直接转换为电信号,如应用霍耳效应、磁阻效应等,间接式不直接转为电信号,如应用磁光效应、磁通门效应等。

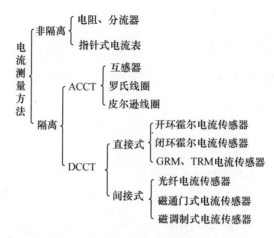

图 2.14 常用电流测量技术

三、电流测量元器件

Q2-60 电阻、分流器如何应用于电流测量中?

传统上,将测量中小电流的称为电阻,测量大电流的电阻称为分流器。电阻、分流器是应用最广泛的电流测量方式,让电流通过电阻,测量电阻两端的电压降。它直接应用欧姆定律,将电流信号转换为电压信号。该方式应用简单,操作方便,成本低廉。

这种测量方式的精度取决于电阻的精度、温度系数、时间稳定性。受限于电阻材料特性,电阻的阻值并不是一成不变的,而是随着温度、频率、时间等发生变化。比如普通电阻的温度系数约 100ppm/℃,温度变化 10℃,可导致电阻约 1‰的变化,这是一个重要的误差来源。另外,电阻也会随着时间的推移,不断发生变化,这种变化是随机的,普通电阻的年变化率(老化率)也在 1‰/年量级。

高精度测量系统就需要高精度电阻或分流器,要求具备低温度系数、高时间稳定性(年老化率)。铜材料的温度系数约为 4‰/℃,低温度系数的锰铜、康铜材料一般可以做到 10~50ppm/℃,德国 Isabellenhuette 公司或美国 Vishay 公司的电阻材料可以实现 ppm/℃ 量级甚至低于 1ppm/℃。用于计量的标准电阻则小于 0.1ppm/℃。

电阻或分流器需直接串入电流回路,只能是非隔离测量形式(不包括后级的电路隔离),一般情况下都没有问题,因为后级的手持式或台式万用表都是隔离的。

主要应用领域:低电压(不要求隔离)、中低电流场合。

一般适用于 10A 及以下电流测量,10A 以上分流器发热将对性能产生影响,分流器的最大测量能力约在 1kA。

Q2-61 电阻、分流器测量有什么优缺点?

优点:原理易懂,结构简单,易实现,成本低,带宽高。

缺点:被测电流回路和测量回路之间电气非隔离,两者之间会相互干扰,特别是高电压场合有严重影响,极易损坏测量回路;分流器电阻会损耗和发热,大电流场合尤其严重。电阻的值会随温度而变化,影响测量精度;分流器发热可能需要风冷、水冷等散热措施,体积大,使用不便;高性能分流器(高精度、低温度系数)价格昂贵;电阻上的压降一般较小,需要进一步放大后才便于使用,放大电路的零位、增益、温度特性等都影响最终的精度;大电流测量需要配套极小的电阻,本身的精度很难做高。

Q2-62 为什么精密小值电阻都是四线形式的?

在电阻、分流器自身阻值较小的情况下,结构多为四线形式,2 个电流端子用于通过电流,2 个电压端子用于测量压降。四线形式可免去电阻或分流器引出导线上电阻的影响,进一步提升电阻、分流器的精度。

另外,连接电阻的触点会存在接触电势及热电势等,在小信号、高精度测量场景下会产生影响。四线形式可平衡热电势等,方便接线和使用。

因此,精密小值电阻都是四线形式的。

Q2-63 高频分流器有什么特点?

电阻、分流器,并不是一个严格数学意义上的纯电阻,而是存在电感、电容等寄生参数,这些寄生参数,对直流和低频测量影响较小,可忽略,但对中高频,尤其是高频来说,影响就比较大。适合高频应用的形式为同轴分流器,典型的如 Fluke A40B 系列等。

Q2-64 什么是软磁材料?

应用电流的磁效应离不开各式磁材料。能对磁场做出某种方式反应的材料称为磁性材料,通常所说的磁性材料指的是强磁性材料。铁磁性材料一般是 Fe、Co、Ni 元素及其合金,稀土元素及其合金,以及一些 Mn 的化合物。磁性材料按照其磁化的难易程度,一般分为软磁材料及硬磁材料。

磁化后容易去掉磁性的物质称为软磁性材料,不容易去磁的物质称为硬磁性材料。一般来讲,软磁性材料剩磁较小,硬磁性材料剩磁较大。

一般测量场合下,都是使用软磁材料,常用的软磁材料有硅钢、坡莫合金、铁氧体、非晶纳米晶等。

它们的主要特性如表 2.1 所列。

表 2.1 常用软磁特性表

材料	标号	饱和磁通密度 $Bs(T)$	初始磁导率 μ_i	矫顽力 $Hc(A/m)$	电阻率 $(10^{-8}\Omega m)$	磁致伸缩系数 $\lambda_s(10^{-6})$	居里温度/℃
硅钢		$1.8 \sim 2.1$	$\sim 10^3$	>8	45	27	750
铁氧体	MnZn	$0.35 \sim 0.4$	$1 \sim 15 \times 10^3$	$15 \sim 60$	$10^3 \sim 10^4$	$10 \sim 20$	$130 \sim 250$
	NiZn	$0.2 \sim 0.3$	$1 \sim 2 \times 10^3$	$40 \sim 150$	10^6	$10 \sim 20$	$110 \sim 350$
坡莫合金	1J50	1.55	4×10^4	5	45	25	450
	1J80	0.75	10^5	0.5	45	<1	450
铁基非晶	1K101	$1.3 \sim 1.8$	$10^3 \sim 10^4$	3	$135 \sim 140$	32	415
钴基非晶		$0.5 \sim 0.8$	$10^4 \sim 10^5$	$0.3 \sim 0.5$	$136 \sim 142$	~ 0	330
铁基纳米晶	1K107	1.2	$>8 \times 10^4$	$0.5 \sim 1$	120	<2	570

Q2 –65 电流产生的磁场形状?

电流产生的磁场遵循毕奥－萨法尔定律。

电流产生的磁场遵循毕奥－萨法尔定律(Biot – Savart Law):电流元 Idl 在空间某点 P 处产生的磁感应强度 dB 的大小与电流元 Idl 的大小成正比,与电流元 Idl 所在处到点 P 的位置矢量和电流元 Idl 之间的夹角的正弦成正比,而与电流元 Idl 到点 P 的距离的平方成反比。

$$d\boldsymbol{B} = \frac{\mu_0}{4\pi} \frac{Id\boldsymbol{l} \times \boldsymbol{r}}{r^3} \qquad (2.21)$$

式中:μ_0 为真空磁导率,$\mu_0 = 4\pi \times 10^{-7} H/m$。

常见的电流形式有长直导线、环形、直螺线管、环形螺线管、扁导线(母排)、平行双导线、亥姆霍兹线圈等。

如图 2.15 所示,长直导线形成的磁场为围绕导线的环形,距离电流 I 中心 r 处的磁感应强度为

$$B = \frac{\mu I}{2\pi r} \qquad (2.22)$$

式中:μ 为磁导率。

图 2.16 为圆环形电流产生的磁场。

如图 2.17 所示为理想长直螺线管。理想长直螺线管内为均匀磁场,实际有限长度的直螺线管近似为均匀磁场,该特性获得众多实际应用。长直螺线管内的磁场强度为

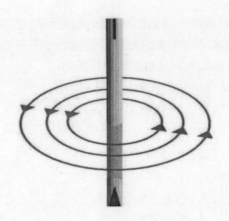

图 2.15　长直导线产生的磁场

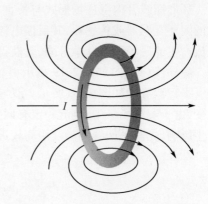

图 2.16　圆环形电流产生的磁场

$$B = \mu n I \tag{2.23}$$

式中:n 为单位长度上的匝数。

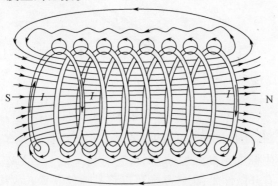

图 2.17　理想长直螺线管

环形螺线管形式是电流传感器的一种重要应用形式,内部磁场为环形,当螺线管直径远大于卷绕直径时,内部磁场近似为均匀磁场,如图 2.18 所示。

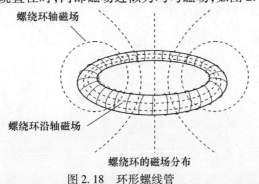

螺绕环轴磁场

螺绕环沿轴磁场

螺绕环的磁场分布

图 2.18　环形螺线管

75

环形螺线管内部磁场形式与长直导线产生的磁场高度相似,圆环形磁芯做成的闭环互感器或传感器,其反馈电流在环内产生的磁场形状与居中圆形母线电流产生的磁场形状基本等同,是获得极高的测量精度的理论基础。

扁导线(母排)如图2.19所示,它大量应用于大电流传输的场合。

平行双导线如图2.20所示。双导线与单导线情形比较,其磁场形状会发生改变,由于实际场景中,电流一定有回线,而回线电流的磁场会对母线电流磁场产生影响,尤其是回线和母线距离较近时。

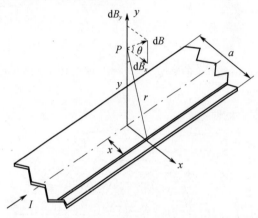

图 2.19 扁导线(母排)

亥姆霍兹线圈(Helmholtz coil)是一种制造小范围区域均匀磁场的器件(图 2.21),可用作产生标准磁场强度的器具,它可为一维、二维或三维形式。由于亥姆霍兹线圈具有开敞性质,很容易地可以将其他仪器置入或移出,也可以直接做视觉观察,所以,是物理实验常使用的器件。

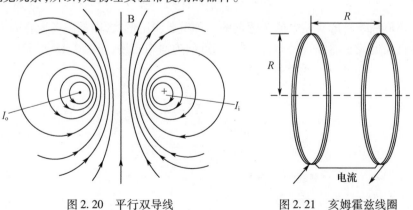

图 2.20 平行双导线   图 2.21 亥姆霍兹线圈

亥姆霍兹线圈绕组圆环半径 R 等于两个线圈之间的距离,此时,获得的磁

场分布最为均匀。其中心位置场强为其中心位置场强为

$$B = \left(\frac{4}{5}\right)^{3/2} \frac{\mu n I}{R} \qquad (2.24)$$

Q2-66 安培环路定理是什么？

安培环路定理

$$\oint \boldsymbol{H} \cdot \mathrm{d}\boldsymbol{l} = I \qquad (2.25)$$

该定理是磁电法测电流的主要理论依据。该定理指出,磁场强度 H 沿环绕电流的封闭路径 l 的环路积分等于该封闭路径包围电流 I 的大小,而与具体路径无关。这大大方便了工程应用。

电流互感器、传感器等均直接应用该定理,应用时,只需要将被测电流穿过互感器或传感器的测量孔径即可,一般对母线位置没有要求。

Q2-67 什么是电流互感器？

电流互感器(Current Transformer, CT)是依据电磁感应原理将一次侧大电流转换成二次侧小电流来测量的仪器。电流互感器仅可用于测量交流电流。

电流互感器是由闭合的铁芯和绕组组成。铁芯由软磁材料构成。

它经常有线路的全部电流流过,一次侧绕组匝数很少,串在需要测量的电流的线路中。二次侧绕组匝数比较多,串接在测量仪表和保护回路中,电流互感器在工作时,它的二次侧回路始终是闭合的,因此测量仪表和保护回路串联线圈的阻抗很小,电流互感器的工作状态接近短路。电流互感器是把一次侧大电流转换成二次侧小电流来测量,二次侧不可开路,如图 2.22 所示。

电流互感器一次绕组电流 I_1 与二次绕组 I_2 的电流比,称为实际电流比 $K = I_1/I_2 = N_2/N_1$。

励磁电流是误差的主要根源。

电流互感器可分为测量用电流互感器和保护用电流互感器。

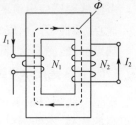

图 2.22 电流互感器

优点:可靠性高。

无源元件,无须供电电源。

缺点:不能测量直流电流。

测量带宽有限。

测量精度与负载相关,通常精度等级不高。

电流互感器应用需避免磁饱和。

应用领域:电力、电网。

Q2-68 **电流互感器和电流传感器的区别是什么?**

电流互感器是一种无源元件,不需要供电,利用电磁感应原理工作,仅可以测量交流电流,不能测量直流电流。

电流传感器是有源元件,需要外部供电才可以工作,它可以测量交流、直流等电流。

Q2-69 **什么是罗氏线圈电流互感器? 其主要优缺点和应用领域有哪些?**

罗氏线圈,即 Rogowski 线圈,它相当于多匝的空气线圈,如图 2.23 所示。罗氏线圈可以方便地做成柔性的、开合式的。罗氏线圈也属于电流互感器的范畴,仅可用于测量交变电流。

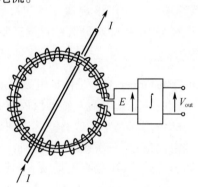

图 2.23 亥姆霍兹线圈

多匝线圈感应电流的变化,通过积分器积分得到电流信号。

优点:柔性、开合,安装方便,可用于高压场合、成本较低。

缺点:只能测交流,低频带宽受限、易受干扰,精度不高。

Q2-70 **什么是皮尔逊线圈电流互感器? 其主要优点和应用领域有哪些?**

皮尔逊线圈(Pearson coil)是一种特殊的电流互感器,它的带宽很宽,可以测量很高的频率,不能测量直流信号。

其优点是可以实现电流的高频率、高带宽、隔离测量。它可以测量很大的脉冲电流,如雷电波形等。

Q2-71 **霍耳效应是什么?**

霍耳效应是电磁效应的一种,这一现象是美国物理学家霍耳(E. H. Hall,1855—1938)于 1879 年在研究金属的导电机制时发现的。当电流垂直于外磁场通过半导体时,载流子发生偏转,垂直于电流和磁场的方向会产生一个附加电场,从而在半导体的两端产生电势差,这一现象就是霍耳效应,这个电势差也被称为霍耳电势差(图2.24)。

固体材料中的载流子在外加磁场中运动时,因为受到洛仑兹力的作用而使轨迹发生偏移,并在材料两侧产生电荷积累,形成垂直于电流方向的电场,最终使载流子受到的洛仑兹力与电场斥力相平衡,从而在两侧建立起一个稳定的电势差即霍耳电压。正交电场和电流强度与磁场强度的乘积之比就是霍耳系数。

设载流子密度为 ρ,速度为 v,导体厚度为 t,宽度为 d,则平衡时

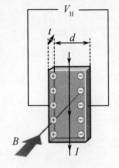

图 2.24 霍耳效应图

$$q\check{E} = q\check{v} \times \check{B} \qquad (2.26)$$

霍耳电压

$$V_{\mathrm{H}} = -\frac{BI}{\rho t} \qquad (2.27)$$

显然,霍耳电压与外磁场强度和电流呈正比,载流子密度成反比,与导体厚度成反比。金属导体由于载流子密度很大,导致霍耳效应微弱。现在,实用的霍耳器件都是用半导体材料制成的。为进一步增大霍耳系数,多种不同禁带宽度的半导体材料形成多层结构,制成二维电子气(2DEG)形式,可使载流子禁锢在一个很薄的层内。

霍耳电阻:

$$R_{\mathrm{H}} = \frac{V_{\mathrm{H}}}{I} = -\frac{B}{\rho t} \qquad (2.28)$$

Q2-72 霍耳器件是什么?

霍耳器件或霍耳电阻是直接利用霍耳效应做成的器件,它可以直接测量磁场强度,大量应用在磁信号测量领域。

霍耳器件分为线性霍耳器件和开关霍耳器件两种。

霍耳效应被发现100多年以来,它的应用发展经历了三个阶段:

第一阶段:从霍耳效应的发现到20世纪40年代前期。最初由于金属材料中的电子浓度很大而霍耳效应十分微弱,因此没有引起人们的重视。这段时期也有人利用霍耳效应制成磁场传感器,但实用价值不大,到了1910年有人用金属铋制成霍耳元件,作为磁场传感器。但是,由于当时未找到更合适的材料,研究处于停顿状态。

第二阶段：从 20 世纪 40 年代中期半导体技术出现之后，随着半导体材料、制造工艺和技术的应用，出现了各种半导体霍耳元件，特别是锗的采用推动了霍耳元件的发展，相继出现了采用分立霍耳元件制造的各种磁场传感器。

第三阶段：自 20 世纪 60 年代开始，随着集成电路技术的发展，出现了将霍耳半导体元件和相关的信号调节电路集成在一起的霍耳传感器。进入 20 世纪 80 年代，随着大规模超大规模集成电路和微机械加工技术的进展，霍耳元件从平面向三维方向发展，出现了三端口或四端口固态霍耳传感器，实现了产品的系列化、加工的批量化、体积的微型化。霍耳集成电路出现以后，很快便得到了广泛应用。

人类日常生活中常用的很多电子器件都来自霍耳效应，仅汽车上广泛应用的霍耳器件就包括信号传感器、ABS 系统中的速度传感器、汽车速度表和里程表、液体物理量检测器、各种用电负载的电流检测及工作状态诊断、发动机转速及曲轴角度传感器等。

Q2-73 霍耳电流传感器是什么？其主要优点和应用领域有哪些？

霍耳电流传感器利用霍耳器件作为感测元件，通过测量被测电流产生的磁场强度大小，进行电流测量。它主要有两种结构形式：开环式、闭环式。其中，开环式包括芯片式。

霍耳电流传感器可实现对电流的隔离测量，安全性好；可同时测量直流、交流电流，带宽较高；使用方便，可用于大电流测量，闭环霍耳传感器精度较高。

霍耳电流传感器在许多领域，特别是在电力行业、工业领域、轨道交通领域得到了广泛的应用。

Q2-74 霍耳电流传感器工作原理是什么？

霍耳电流传感器，工作原理上可分为开环式和闭环式两大类。开环式直接测量电流形成磁场的磁场强度，闭环式通过引入一个反馈补偿电流，来抵消掉被测电流产生的磁场，使霍耳电阻总是工作在接近零磁通的状态。

Q2-75 开环霍耳与闭环霍耳的区别是什么？

霍耳电流传感器的感测元件霍耳电阻，开环式工作于一个磁场强度区间，而闭环式则工作于一个点。

由于霍耳电阻是一个半导体器件，本身对温度非常敏感，半导体内的载流子浓度与温度大体是指数变化的关系。这导致霍耳系数随温度变化非常大。为平衡温度等变化的影响，霍耳电阻都是做成桥式形式。

即使采用了桥式补偿，霍耳电阻的线性度、温度系数仍不够好。开环式工作于一个磁场强度区间,导致其线性度不高。闭环式工作于一个点,避开了线性度问题,但温度系数问题仍然存在。

通过闭环反馈,引入补偿电流抵消母线电流的影响,霍耳电阻工作在接近零磁通的状态,尽量避免磁材料的强非线性等产生的影响。

引入的补偿电流需要一定功耗,产生对应的发热。霍耳电阻本身的温度漂移特性仍然存在。

缺点:

(1)霍耳电阻灵敏度较差。

(2)铁芯开口导致有效磁导率严重下降,两者都导致灵敏度不理想。

(3)开口处有漏磁,磁力线分布不均匀,导致母线位置对测量有相当影响。

(4)霍耳电阻具备较大的温度系数,使得温度特性不佳,即使进行温度补偿,精度也很难达到1‰,一般最好的结果为2‰~3‰。

Q2-76　什么是芯片式开环霍耳电流传感器?

芯片式传感器分为封装内不集成电流母线和集成电流母线两种(图2.25),前者多为早期型号,由于母线外置,母线形状位置都会影响磁场分布,从而导致测量偏差。后者,母线集成在封装内,就会规范磁场的分布,可获得更好的一致性和测量精度。另外,母线封装在内部,感应芯片离母线的距离更近,信号更强,灵敏度更高。

A:SOIC-8 封装　　　B:SOIC-16 封装　　　C:QFN 封装

图 2.25　芯片式传感器

芯片式传感器,将霍耳感测元件和处理电路集成在同一个硅芯片衬底上,对大规模集成电路来讲,集成温度传感器、信号补偿电路的代价不大。因此,芯片式传感器普遍集成温度补偿电路,可很大程度上补偿温度变化对测量精度的负面影响。

不使用磁性材料,直接测量电流产生的磁场。

芯片离电流线很近,对芯片封装技术要求高。

优点:体积小、重量轻、成本低、带宽高、工作温度宽、使用方便。

缺点:精度一般、线性度一般;易受干扰;测量电流最大值受限。

在量程 1～100A,精度要求 1% 以上的场合,非常具备竞争力。

新趋势:数字校正技术,即预先测量霍耳电阻的温度特性等并存储,使用时再进行相应补偿校正。

缺点是成本较高。

可以补偿霍耳电阻的磁非线性和温度特性等,但磁材料特性很难补偿(使用磁材料的情况)。

即使采用了数字校正,精度也难以达到 3‰,一般均超过 1%。

Q2-77 霍耳电流传感器会发生磁饱和现象吗?

霍耳电流传感器包括开环式和闭环式两种。

(1)开环式霍耳电流传感器也称直放式霍耳电流传感器,其工作原理如图 2.26 所示。

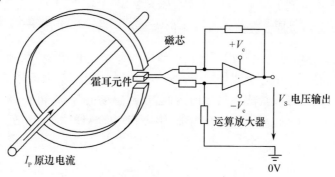

图 2.26 开环式霍耳电流传感器工作原理图

当原边电流 I_P 流过一根长导线时,在环形磁芯中产生一磁场,这一磁场的大小与流过导线的电流成正比,产生的磁场聚集在磁环内,通过磁环气隙中霍耳元件进行测量并放大输出,其输出电压 V_S 按比例的反映原边电流 I_P。

由于环形磁芯中的磁感应强度与原边电流成正比,只要原边电流足够大,环形磁芯必然饱和。

(2)闭环式霍耳电流传感器也称零磁通互感器或磁平衡电流传感器,其工作原理如图 2.27 所示。

原边电流 I_P 在磁芯中所产生的磁场通过副边补偿线圈电流所产生的磁场进行补偿,从而使霍耳器件处于检测零磁通的工作状态,其补偿电流 I_S 按比例的反映原边电流 I_P。具体工作过程为:当主回路有一电流通过时,在导线上产生的磁场被磁芯聚集并感应到霍耳器件上,所产生的信号输出用于驱动功率管并使其导通,从而获得一个补偿电流 I_S。这一电流再通过多匝绕组产生磁场,该磁场与被测电流产生的磁场正好相反,因而补偿了原来的磁场,使霍耳器件的输出

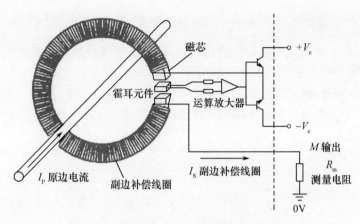

图 2.27　闭环式霍耳电流传感器工作原理图

逐渐减小。当与 I_P 与匝数相乘所产生的磁场相等时,I_S 不再增加,这时的霍耳器件起到指示零磁通的作用,此时可以通过 I_S 来测试 I_P。当 I_P 变化时,平衡受到破坏,霍耳器件有信号输出,即重复上述过程重新达到平衡。被测电流的任何变化都会破坏这一平衡。一旦磁场失去平衡,霍耳器件就有信号输出。经功率放大后,立即就有相应的电流流过次级绕组以对失衡的磁场进行补偿。从磁场失衡到再次平衡,所需的时间理论上不到 $1\mu s$,这是一个动态平衡的过程。因此,从宏观上看,次级的补偿电流安匝数在任何时间都与初级被测电流的安匝数相等。

　　闭环式霍耳电流传感器正常工作时,其一次绕组和二次绕组的磁通互相抵消,达到磁平衡,磁芯中的实际磁通为零。但是,这只是理想情况。实际的传感器,由电子电路构成的二次绕组的输出电流能力总是有限的,当一次过载时,若二次输出受限,实际输出电流比理论电流小,磁平衡被打破,只要一次电流继续增大,铁芯就会饱和。

　　不论是哪种霍耳电流传感器,磁芯发生磁饱和后,可能导致剩磁,而霍耳传感器的输出与磁芯的磁通有关,因此,磁饱和后的霍耳电流传感器,在一次没有输入的情况下,也会有一定直流信号的输出。

Q2 –78　什么是 GMR、TMR 电流传感器?

　　GMR(巨磁阻)、TMR(隧道磁阻)元件与霍耳电阻相比,有更好的灵敏度和温度特性,可以取代霍耳电阻用作磁感应元件,结构与霍耳电流传感器基本相同。

　　但是这两类元件有磁滞特性,小电流测量会引入一定的不确定性,在测量精度方面,并未有明显改进,而元器件成本又高。因此,只获得小范围应用。

Q2-79 什么是磁调制式(磁通门式)电流传感器?

磁调制式、磁通门式电流传感器,是目前精度等级最高的电流测量技术,测量精度可优于百万分之一。

该类传感器,使用经过调制的铁芯线圈作为磁感应器件,具有隔离测量,灵敏度高,几乎不受温度变化影响等优异特性。它可同时测量直流和交流电流,并且带宽较宽。

原理框图如图2.28所示。

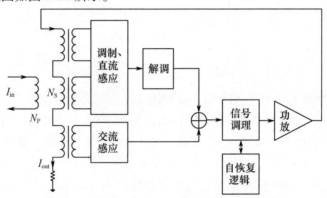

图2.28 磁调制式电流传感器原理框图

引入调制电流对母线电流进行调制(通过强非线性的铁芯),然后通过解调将母线电流对铁芯的影响分离出来,再驱动补偿电流抵消母线电流的影响。反馈平衡的结果是在铁芯内建立零磁通状态,母线电流和补偿电流(即输出电流)反比于两者的线圈匝比。

输入输出电流的比值仅与线圈匝比有关,受其他因素影响很小。

高精度源于闭合的环形铁芯,很高的有效磁导率。

必须是闭环形式。

Q2-80 磁调制式(磁通门式)电流传感器主要优点有哪些?

(1)基于闭环反馈的零磁通工作机制。

(2)铁芯无开口,有效磁导率高,漏磁很少。

(3)没有易受温度影响的部件,或性能对温度不敏感。

(4)可以同时测量直流和交流电流。

(5)被测电流与主电路是隔离的。

(6)最高的准确度和稳定性,极宽的动态范围。

(7)可实现极高的测量频率带宽。

（8）计量测量，粒子物理（高能加速器），MRI 设备。

（9）漏电流传感器。

Q2-81　什么是光纤电流传感器？

光纤电流传感器利用磁光效应原理，如图 2.29 所示。

现代工业的高速发展，对电网的输送和检测提出了更高的要求，传统的高压大电流的测量手段将面临严峻的考验。随着光纤技术和材料科学的发展而发展起来的光纤电流传感系统，因具有很好的绝缘性和抗干扰能力，较高的测量精度，容易小型化，没有潜在的爆炸危险等一系列优越性，而受到人们的广泛重视。光纤电流传感器的主要原理是利用磁光晶体的法拉弟效应。根据 $\theta_F = VBL$，通过对法拉弟旋转角 θ_F 的测量，可得到电流所产生的磁场强度，从而可以计算出电流大小。由于光纤具有抗电磁干扰能力强、绝缘性能好、信号衰减小的优点，因而在法拉第电流传感器研究中，一般均采用光纤作为传输介质。

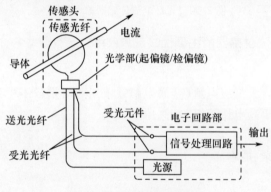

图 2.29　光纤电流传感器

Q2-82　光纤电流传感器的工作原理是什么？

原理：磁光晶体的法拉第旋磁效应。

图 2.30 为光纤电流传感器原理框图。激光束通过光纤，并经起偏器产生偏振光，经自聚焦透镜入射到磁光晶体：在电流产生的外磁场作用下，偏振面旋转 θ_F 角度；经过检偏器、光纤，进入信号检测系统，通过对 θ_F 的测量得到电流值。

当设置系统中两偏振器透光主轴的夹角为 45°，经过传感系统后的出射光强为

$$I = (I_o/2)(1 + \sin 2\theta_F) \tag{2.29}$$

式中：I_o 为入射光强通过对出射光强的测量，就可以得出 θ_F，从而可测出电流的大小。

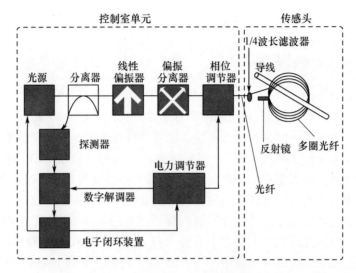

图 2.30 光纤电流传感器原理框图

Q2 –83 光纤电流传感器的主要优缺点和应用领域有哪些?

优点:

(1)可测量巨大量级电流(金属电解领域),此时重量体积有优势。

(2)可应用于高电压等级(特高压电网)。

缺点:

(1)系统复杂、成本高。

(2)精度不高。

(3)带宽不高。

Q2 –84 如何选择电流测量技术?

上面介绍了各种电流测量技术。每种技术都有其特定的适用范围,根据具体应用场景的不同,选择最合适的解决方案。图 2.31 为电流测量技术应用场景图。

最佳解决方案:

小电流(≤1A):分流器。

中电流(1 ~ 100A)、精度要求≥1%:开环霍耳、互感器(仅交流)。

中电流(1 ~ 100A)、精度要求 1% ~ 1‰:分流器、互感器(仅交流)、闭环霍耳。

中电流(1 ~ 100A)、精度要求≤1‰:磁调制。

大电流(≥100A)、精度要求≥1%:开环霍耳、互感器(仅交流)。

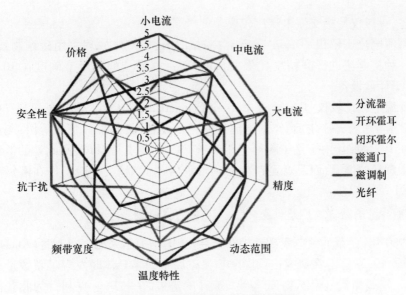

图 2.31　电流测量技术应用场景图

大电流(≥100A)、精度要求 1‰ ~ 2 ‰:闭环霍耳、互感器(仅交流)。

大电流(≥100A)、精度要求 ≤1 ‰:磁调制。

超大电流(≥10000A):光纤式。

超宽带宽或超窄脉冲:皮尔逊线圈。

柔性、开合:罗氏线圈。

四、电流的校准溯源

Q2-85 电流测量如何溯源?

电流、电压、电阻是两两相关的,构成计量三角。其中,电压、电阻基准,都是定义在量子基准上,有很高的准确度。量子电压基准定义在量子约瑟夫森电压基准系统上,准确度在 10^{-9} 量级,量子电阻基准定义在量子霍耳电阻系统上,准确度同样在 10^{-9} 量级。电流虽然也有量子系统,但生成的电流很小(微安量级以下),准确度也不高,现阶段实用性很低,因此,电流计量最终需溯源至电压、电阻基准。

中小电流可通过标准电阻或分流器溯源至电压基准。

大电流则需使用电流电桥,它是一种电流比例器件,可高精度地将大电流变为特定比例的小电流后,再溯源至电压基准。

Q2-86 什么是 DCC,什么是 CCC?

电流比较仪(Current Comparator,CC),是一种将电流进行高精度比例变换的设备,一般仅特指交流电流比较仪。

直流电流比较仪(Direct Current Comparator, DCC),原理采用磁调制技术。它是一种将电流进行高精度比例变换的设备,其最佳的测量准确度在 10^{-8} 量级,属于计量设备。

低温电流比较仪(Cyrogenic Current Comparator, CCC),是利用低温超导体迈斯纳效应(完全抗磁性)制作的电流比例变换设备,具备最高精度等级,测量准确度在 10^{-9} 量级,用于量子霍耳电阻系统。CCC 属于计量设备,此处的低温不是通常意义的低温,而是低至产生超导现象的超低温度,一般工作在液氦温区(4.2K)。

Q2-87 量子霍耳效应是什么?

1980 年,在霍耳效应发现约 100 年后,德国物理学家冯·克利青(Klaus von Klitzing, 1943—)等在研究极低温度和强磁场中的半导体时发现了整数量子霍耳效应,这是当代凝聚态物理学令人惊异的进展之一,冯·克利青为此获得了 1985 年的诺贝尔物理学奖。

量子霍耳效应是整个凝聚态物理领域最重要、最基本的量子效应之一。它是一种典型的宏观量子效应,是微观电子世界的量子行为在宏观尺度上的一个完美体现。

量子霍耳效应是二维电子气(2DEG)在低温强磁场下,表现为量子化形式,即形成多个平台,每个平台对应一个特定的电阻值,通常采用平台宽度最宽的 1 号平台。

$$U_{H} = R_{H} \frac{I \cdot B}{d} \tag{2.30}$$

公式的形式与霍耳效应公式相同,但霍耳系数 R_{H} 的取值是量子化的。

Q2-88 什么是量子电阻基准?

量子霍耳效应的表现形式为,特定外磁场强度区间内,霍耳电阻值是一个常数,即电阻值是量子化的,称为量子化霍耳电阻(Quantum Hall Resistance, QHR),此值 25812.807Ω 可以作为电阻基准。图 2.32 为量子电阻基准系统简图。

由于 QHR 的工作需要超低温和强磁场,操作使用十分不便,因此,需要将标准电阻的值传递给实物工作基准,即实物标准电阻,传递工作依靠低温电流比较仪来完成,将量子电阻值和实物电阻值的比例转换为电流的比例。

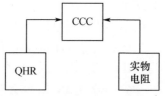

图 2.32 量子电阻基准系统简图

第三节　其他电学量测量

一、功率测量

Q2－89 功率的定义有哪些？

（1）机械功率。机械在单位时间内做功的多少称为机械功率。

（2）电功率。电流在单位时间内做的功称为电功率，是用来表示消耗电能快慢的物理量。

（3）有功功率。

有功功率又称为平均功率，交流电的瞬时功率不是一个恒定值，功率在一个周期内的平均值称为有功功率，它是指在电路中电阻部分所消耗的功率，对电动机来说是指它的出力。在交流电路中，凡是消耗在电阻元件上、功率不可逆转换的那部分功率（如转变为热能、机械能等）称为有功功率。当电压和电流相位完全相同时，电能完全是有功，对于直流电来说，电压与电流是同步的，所以直流电只存在有功功率。

有功功率的符号用 P 表示，单位有瓦（W）、千瓦（kW）、兆瓦（MW）等。

（4）无功功率。无功功率是指电感或电容元件与交流电源往复交换的功率。有功功率反映的是电路消耗的功率，而无功功率反映的是电路储能元件的能量交换情况，它等于能量变换的最大功率，许多用电设备均是根据电磁感应原理工作的，它们的电感线圈或电容只有建立交变电磁场才能进行能量的转换和传递，无功的实质作用是建立一个交变的电磁场。所谓的无功，并不是无用的电功率，只不过它的功率并不转化为机械能和热能而已。因此在供用电系统中，除了需要有功电源外，还需要无功电源，两者缺一不可。如果电路中存在大量的感性负载，感抗有阻碍电流变化的特性，它使电流的相位比电压的相位滞后 90°，而容抗却有与其相反的性质，它使电流的相位比电压超前 90°，无功功率的判定方法就是流过元件的电压和电流有无相角差。

无功功率的符号用 Q 表示，单位为乏（Var）或千乏（kVar）。

（5）视在功率。在具有阻抗的交流电路中，电压有效值与电流有效值的乘积值，称为"视在功率"，它不是实际做功的平均值，也不是交换能量的最大速率，只是在电机或电气设备设计算较简便的方法。

视在功率一般不用瓦特（W）为单位，而用伏安（VA）或千伏安（kVA）为单位。

89

视在功率的意义：由于视在功率等于网络端口处电流、电压有效值的乘积，而有效值能客观地反映正弦量的大小和它的做功能力，因此这两个量的乘积反映了为确保网络能正常工作，外电路需传给网络的能量或该网络的容量。

由于网络中既存在电阻这样的耗能元件，又存在电感、电容这样的储能元件，因此，外电路必须提供其正常工作所需的功率，即平均功率或有功功率，同时应有一部分能量被储存在电感、电容等元件中。这就是视在功率大于平均功率的原因。只有这样网络或设备才能正常工作。若按平均功率给网络提供电能是不能保证其正常工作的。

因此，在实际中，通常是用额定电压和额定电流来设计和使用用电设备的，用视在功率来标示它的容量。

另外，由于电感、电容等元件在一段时间之内储存的能量将分别在其他时间段内释放掉，这部分能量可能会被电阻所吸收，也可能会提供给外电路。所以，我们看到单口网络的瞬时功率有时为正有时为负。

在交流电路中，视在功率不表示交流电路实际消耗的功率，只表示电路可能提供的最大功率或电路可能消耗的最大有功功率。

Q2−90 变频功率测量与工频功率测量有什么区别？

变频电量相比工频电量具备更加复杂的信号，在测量上，变频功率测量相比工频功率测量更加复杂，总体来说有以下区别：

（1）变频功率测试、测量的波形往往不是正弦波，比如，电压是 PWM 波，电流是畸变正弦波。而变频器负载通常对基波敏感，测试对象主要是基波。这样，就需要从复杂的波形（PWM）中提取正弦量的基波，实现这样的测量，通常需要采用高速采集及傅里叶变换。单此一项要求，就对设备的高速性、实时性、运算能力等提出了比工频测量设备高得多的要求。

（2）由于被测波形含有大量的高次谐波，而谐波对负载运行有一定的影响，为此，需要分析各种谐波参数，正因如此，变频功率测试、测量设备，往往称"功率分析仪"，而工频功率测试、测量设备，一般称"功率计"，从名称就可看出，前者的功能及要求都要高。一般来说，用于变频测试、测量的功率分析仪往往还包含实时波形等功能。

（3）对于工频测量，由于被测信号的单一性（50Hz，正弦波），在干扰抑制方面，可非常方便地使用各种滤波器，并且往往可以收到较满意的效果。而变频功率测试，由于信号既有其主导作用的低频基波含量，又有高次谐波，要求有效测试带宽非常宽，对信号调理、干扰抑制等方面提出了很高的要求。

（4）变频功率测试设备量值溯源体系尚未成熟，设备性能、准确度等的确定需要更多的检定、校准试验。总之,变频功率测试测量与工频功率测试测量,一字之差,功能和要求却大幅提高,说是发生了质的变化,也不为过。

Q2-91 主要有哪些测量直流功率的方法? 伏安法测功率的基本原理是什么?

直流功率的测量方法主要有伏安法、功率表法、直流电位差计法、数字功率表法等。其中伏安法测量功率的原理是根据直流电路的功率定义 $P = UI$ 通过测量 U、I 值间接求取,测量电路如图 2.33 所示。图 2.33(a)中,电压表接在电源端(前接),所测电压包括负载 R 和电流表 A 两部分的电压,负载电流越小,电流表上的压降越小,引起的误差越小,所以适于测 R 值大的场合。图 2.33(b)

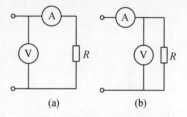

中,电压表接在负载端(后接),电流表中的电流包括电压表和负载两部分中的电流,R 越小,电流越大,则电压表支路占的电流比重越小,误差就越小,所以适于测 R 值小的场合。在较精密的场合,采用图 2.34(b)图接线电路,再扣除电压表那部分电流的影响。

图 2.33　伏安法测功率

根据欧姆定律,$P = UI$ 可推广为

$$P = UI = \frac{U}{R^2} = IR^2 \tag{2.31}$$

这样,若被测电路负载电阻 R 已知,则可以只测电压或只测电流来间接测得被测功率。

Q2-92 数字功率表测功率的基本原理是什么?

数字功率表,多采用数字电压表加功率转换器构成。功率转换器将被测电路的功率转换成与之成正比的电压,然后由数字电压表对这个电压进行测量显示。功率转换器也就是乘法电路,可采用半导体器件霍耳乘法器,图 2.34 就是用霍耳元件将功率转换成直流电压的示意图。

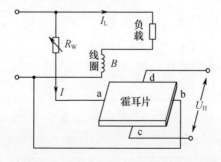

图 2.34　霍耳元件将功率转换成直流电压的示意图

91

霍耳元件的工作电流由被测电压经 R_W 来提供,工作磁场由被测电流通过线圈来建立。霍耳元件输出电压为

$$U_H = KP \tag{2.32}$$

式中:P 为被测电路的功率;K 为霍耳元件的功率转换系数。可见,只要用电压表对 U_H 进行测量即可。数字功率表就是转化电路加数字显示。

数字功率表的准确度较高,可达 0.02 级,主要用在模拟功率表的校验。

Q2-93 正弦电路中的有功功率、无功功率、视在功率和功率因数是如何计算的?

在正弦电路中,负载是线性的,电路中的电压和电流都是正弦波。设电压和电流可分别表示为

$$u = \sqrt{2}U\sin\omega t$$
$$i = \sqrt{2}I\sin(\omega t - \varphi) \tag{2.33}$$

式中:φ 为电流滞后电压的相位角。

电路的有功功率 P 就是其平均功率,即

$$P = UI\cos\varphi \tag{2.34}$$

电路的无功功率 Q 定义为

$$Q = UI\sin\varphi \tag{2.35}$$

视在功率 S 为电压、电流有效值的乘积,即

$$S = UI \tag{2.36}$$

此时,无功功率 Q、有功功率 P 与视在功率 S 之间由如下关系:

$$S^2 = U^2 + I^2 \tag{2.37}$$

功率因数 λ 定义为有功功率 P 和视在功率 S 的比值,即

$$\lambda = \frac{P}{S} \tag{2.38}$$

在正弦电路中,功率因数是由电压和电流的相位差决定的,其值为

$$\lambda = \cos\varphi \tag{2.39}$$

Q2-94 非正弦电路中的有功功率、无功功率、视在功率和功率因数是如何计算的?

在含有谐波的非正弦电路中,有功功率、视在功率和功率因数的定义均和正弦电路相同,有功功率仍为瞬时功率在一个周期内的平均值,视在功率、功率因数仍分别由式(2.36)和式(2.38)来定义,这几个量的物理意义也没有变化。

对非正弦电路中的电压、电流分别作傅里叶级数分解,求取基波和各次谐波

有效值 U_n、$I_n(n=1,2,\cdots)$,则电压和电流的有效值分别为

$$U = \sqrt{\sum_{n=1}^{\infty} U_n^2}$$

$$I = \sqrt{\sum_{n=1}^{\infty} I_n^2} \tag{2.40}$$

有功功率为

$$P = \sum_{n=1}^{\infty} U_n I_n \cos\varphi_n \tag{2.41}$$

视在功率为

$$S = UI = \sqrt{\sum_{n=1}^{\infty} U_n^2} \sqrt{\sum_{n=1}^{\infty} I_n^2} \tag{2.42}$$

含有谐波的非正弦电路的无功功率情况比较复杂,定义很多,但至今尚无被广泛接受的科学而权威的定义。一种仿照式(2.35)的定义为

$$Q_f = \sum_{n=1}^{\infty} U_n I_n \sin\varphi_n \tag{2.43}$$

这里 Q_f 可看成是正弦波情况下定义的自然延伸,因而被广泛采用。注意:在非正弦情况下,$S^2 \neq P^2 + Q_f^2$。

Q2-95 不考虑电压畸变时,如何计算有功功率、无功功率、视在功率和功率因数?

设正弦电压有效值为 U,畸变电流有效值为 I,其基波电流有效值及与电压的相角差分别为 I_1 和 φ_1,这时有功功率为

$$P = UI_1 \cos\varphi_1 \tag{2.44}$$

功率因数为

$$\lambda = \frac{P}{S} = \frac{UI_1 \cos\varphi_1}{UI} = \frac{I_1}{I}\cos\varphi_1 = \nu\cos\varphi_1 \tag{2.45}$$

式中:ν 为基波电流有效值和总电流有效值之比,称为基波因数;$\cos\varphi_1$ 称为位移因数或基波功率因数。可见,功率因数由基波电流相移和电流波形畸变这两个因素共同决定。

Q2-96 功率因数与效率有什么区别?

以三相异步电动机为例,电机的功率因数指的是输入电压与电流之间的相位差的余弦,数值上等于有功功率/视在功率,它主要是由回路中电气元件产生(电阻、电感、电容等),属于电气范畴;而电机的效率指的是能量转换效率,数值等于输出机械功率/输入有功功率,主要是用来衡量电动机将电能转换为机械能的比率,属于机械范畴。

Q2 –97 常用的有功功率的测量方法有哪些？

（1）相位法。通过相位测量电路测量电压、电流的相位差，再根据正弦电路有功功率计算公式 $P = UI\cos\varphi$ 计算出有功功率。由于有功功率计算公式 $P = UI\cos\varphi$ 是在正弦电路技术上推导出来的，该方法只适用于正弦电路的有功功率测量。另外，由于相位测量电路通常采用过零检测法，而交流电零点附近不可避免会有一定的毛刺，因此，相位测量精度较低。在低功率因数下的功率测量准确度也较低。

（2）模拟乘法器法。采用模拟乘法器获取电压、电流的乘积，得到瞬时功率，再用固定的时间对瞬时功率进行积分，即可获得瞬时功率的平均值，也就是有功功率。该方法适用任意波形电量的有功功率测量。

Q2 –98 电动系功率表的工作原理是什么？ 如何正确接线？

电动系仪表时测量功率的最常用仪表，其电路结构如图2.35所示。测量功率时，仪表的固定线圈与负载串联，反映负载电流 I，可动线圈与负载并联，反映负载电压 U。按电动系仪表工作原理，可推出可动线圈的偏转角 α 正比于负载功率 P。

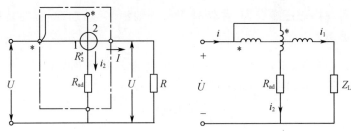

图2.35 电动系功率表的电路结构

$$\alpha = Ki_1i_2 = KI\frac{U}{R_{ad}} = K_D P \tag{2.46}$$

如果 U、I 为交流，同样可推出可动线圈的偏转角 α 正比于交流负载功率 P。

$$\alpha = Ki_1i_2 = K\sqrt{2}I\sin(\omega t - \varphi)\frac{\sqrt{2}U}{R_{ad}} = K_A UI\cos\varphi \tag{2.47}$$

由于电动系功率表指针的偏转方向与两线圈中电流的方向有关，为防止指针反转，规定了两线圈的发电机端，用符号" ＊ "表示。功率表应按照"发电机端守则"进行接线。发电机端守则是：对电流线圈，应使电流从发电机端流入，电流线圈与负载串联；对电压线圈，应使电流从发电机端流入，电压线圈支路与负载并联。

Q2 – 99 如何选择功率表量程?

功率表包含有三种量程:电流量程、电压量程和功率量程。选择时,要使功率表的电流量程略大于被测电流,电压量程略高于被测电压。实际上,只要在功率表中选定不同的电流量程和电压量程,功率量程也就随之确定了。

在使用功率表时,不仅要注意使被测功率不超过仪表的功率量程,通常还要用电流表、电压表去监视被测电路的电流和电压,使之不超过功率表的电流量程和电压量程,以确保仪表安全可靠地运行。

Q2 – 100 如何用单相功率表测量三相功率?

(1)一表法。如图 2.36 所示,适用于电压、负载对称的系统。三相负载的总功率,等于功率表读数的 3 倍。

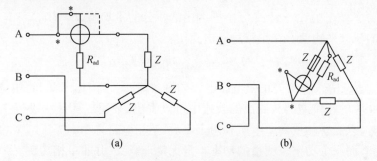

图 2.36 一表法测量三相功率原理图

(a) 负载为星形联结法;(b) 负载为三角形联结法。

(2)二表法。如图 2.37 所示,二表法适用于三相三线制,通过电流线圈的电流为线电流,加在电压线圈上的电压为线电压,三相总功率等于两表读数之和。

(3)三表法。如图 2.38 所示,三表法适用于三相四线制,电压、负载不对称的系统,被测三相功率为三表读数之和。

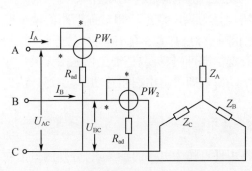

图 2.37 二表法测量三相功率原理图

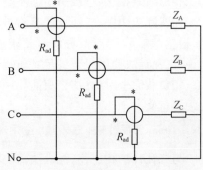

图 2.38 三表法测量三相功率原理图

95

Q2-101 二瓦计法（二表法）测试中，单个功率表的数值代表单相功率吗？

二瓦计法（二表法）的理论依据是基尔霍夫电流定律：在集总电路中，任何时刻，对任意结点，所有流入流出结点的支路电流的代数和恒等于零，即

$$i_A + i_B + i_C = 0 \tag{2.48}$$

假设三相负载的中线为 N，依据电压的定义：

$$u_{AB} = u_{AN} - u_{BN}, u_{CB} = u_{CN} - u_{BN} \tag{2.49}$$

三相瞬时功率：

$$p = u_{AN} \cdot i_A + u_{BN} \cdot i_B + u_{CN} \cdot i_C \tag{2.50}$$

将式（2.47）和式（2.48）代入式（2.49）中，得到 $p = u_{AB} \cdot i_A + u_{CB} \cdot i_C$，有功功率等于瞬时功率在一个周期内求积分再求平均，$P = P_1 + P_2$，P 为总的三相电路有功功率，P_1 为 $u_{AB} \cdot i_A$ 在一个周期内的积分的平均值，P_2 为 $u_{CB} \cdot i_C$ 在一个周期内的积分平均值。在正弦稳态电路中：

$$P = U_{AB} \cdot I_A \cdot \cos\varphi_{AB} + U_{CB} \cdot I_C \cdot \cos\varphi_{CB} \tag{2.51}$$

式中：U_{AB}、I_A、U_{CB}、I_C 均为正弦电压电流的有效值；φ_{AB} 为 U_{AB} 和 I_A 的相位差；φ_{CB} 为 U_{CB} 和 I_C 的相位差。从变换的公式中可以看出，采用二瓦计法进行三相总功率测量时，只需要测量两个电压和两个电流，三相电路总功率等于两个功率表的功率之和，而每个功率表测量的功率本身无物理意义，并非单相功率。

Q2-102 二瓦计法适用哪些应用场合？

从用户预算角度考虑，采用二瓦计法可以在三相功率测量中节省一组电压和电流传感器，能节约一部分成本，但并非所有的场合都适用二瓦计法来进行三相功率测量。这是因为二瓦计法成立的理论依据是基尔霍夫定律，只适用于在三相回路中只有三个电流存在的场合，例如：①三相三线制接法，中线不引出；②三相三线制接法，中线引出但不与地线或试验电源相连的场合。

在实际应用中，二瓦计法常常被错误认为只适合于三相对称电路的功率测量，根据基尔霍夫定律，并没有要求三相对称，只有 $i_A + i_B + i_C = 0$ 的假设，换句话说，二瓦计法使用只要满足基尔霍夫定律即可，与负载是否三相平衡无关。如果三相负载完全对称，那么只需要一个功率表即可得出三相总功率，二瓦计法也失去了意义。

Q2-103 三瓦计法（三表法）适用哪些应用场合？

与二瓦计法相比，三瓦计法需要将中性点作为电压的参考点，分别测量出三相负载的相电压、相电流及相电压与相电流的相位差，然后计算出三相的单相功

率,那么三相电路的总功率为三个电路的单相功率之和。三瓦计法适用于如下场合:①三相三线制,中性线引出,但中性线不与电源或地线连接的场合;②三相四线制,由于无法判断三相负载是否平衡或是否在中性线上有零序电流产生,只能采用三瓦计法。

Q2-104 如何测量变频器的输入和输出功率?

如图 2.39 所示,变频器的输入侧功率采用三表法,输出侧功率采用两表法。

(1)由于变频器的输入电流常常是不平衡的,尤其是负载较轻时,因此只能各相分别测量,再把测量结果相加,得到三相总功率。

(2)由于变频器的输出电流(电动机的输入电流)常常是平衡的,故用两表法来测量三相电功率。

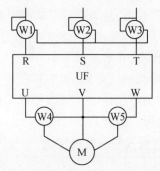

图 2.39　变频器输入、输出功率的测量

Q2-105 功率因数表的工作原理是什么?

功率因数表又称相位表,按测量机构可分为电动系、铁磁电动系和电磁系三类。根据测量相数又有单相和三相。现以电动系功率因数表为例分析其工作原理,如图 2.40 所示。图中 A 为电流线圈,与负载串联。B1、B2 为电压线圈与电源并联。其中电压线圈 B2 串接一只高电阻 R_2,B1 串联一电感线圈。在 B2 支路上为纯电阻电路,电流与电压同相位,B1 支路上为纯电感电路(忽略 R_1 的作用),电流滞后电压 90°。

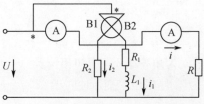

图 2.40　电动系功率因数表内部结构

97

当接通电压后,通过电流线圈的电流产生磁场,磁场强弱与电流成正比,此时两电压线圈 B1、B2 中电流,根据载流导体在磁场中受力的原理,将产生转动力矩 M1、M2,由于电压线圈 B1 和 B2 绕向相反,作用在仪表测量机构上的力矩一个为转动力矩,另一个为反作用力矩,当两者平衡时,即停留在一定位置上,只要使线圈和机械角度满足一定的关系就可使仪表的指针偏转角不随负载电流和电压的大小而变化,只决定于负载电路中电压与电流的相位角,从而指示出电路中的功率因数。

Q2－106　变频器输入侧的功率因数有何特点,能否采用功率因数表测量?

变频器输入侧的功率因数的特点:

(1)畸变因数低。在变频器的输入电流中,高次谐波成分较大,故而使变频器的输入侧的电流畸变因数较低,从而造成了功率因数降低。

(2)位移因数高。由于变频器输入电流的基波分量基本上是与电源电压同相位的,因此,其位移因数很高,几乎接近于 1。

对于变频器输入侧的高次谐波电流,由于其在一个周期内所产生的电磁力会相互抵消,对指针的偏转角不起作用,因此,如果采用功率因数表来测量变频器输入侧的功率因数,则测得的数据是不对的。

Q2－107　怎样测量变频器输入侧的功率因数?

由于变频器的输入电流含有丰富的谐波,直接用功率因数表测量会产生很大的误差,故变频器的输入功率因数 λ 常用下式进行计算:

$$\lambda = \frac{输入功率\ P}{\sqrt{3} \times 输入电压\ U \times 输入电流\ I} \tag{2.52}$$

二、相位差测量

Q2－108　瞬时相位的定义是什么? 两个信号之间的相位差是如何定义的?

(1)瞬时相位的定义。

振幅、频率和相位是描述正弦交流电的三个"要素"。以电压为例,其函数关系为

$$u = U_m \sin(\omega t + \varphi_0) \tag{2.53}$$

式中:U_m 为电压的振幅;ω 为角频率;φ_0 为初相位。

设 $\varphi = \omega t + \varphi_0$,称为瞬时相位,它随时间改变,$\varphi_0$ 是 $t = 0$ 时刻的瞬时相位值。

(2)两个信号之间的相位差的定义。

两个角频率为 ω_1、ω_2 的正弦电压分别为

$$u_1 = U_{m1}\sin(\omega_1 t + \varphi_1) \qquad (2.54a)$$

$$u_2 = U_{m2}\sin(\omega_2 t + \varphi_2) \qquad (2.54b)$$

它们的瞬时相位差为

$$\theta = (\omega_1 t + \varphi_1) - (\omega_2 t + \varphi_2) = (\omega_1 - \omega_2)t + (\varphi_1 - \varphi_2) \qquad (2.55)$$

两个角频率不相等的正弦电压(或电流)之间的瞬时相位差是时间 t 的函数,它随时间改变而改变。当两正弦电压的角频率 $\omega_1 = \omega_2 = \omega$ 时,有

$$\theta = \varphi_1 - \varphi_2 \qquad (2.56)$$

两个频率相同的正弦量间的相位差是常数,等于两正弦量的初相之差。

Q2－109 测量相位差的方法主要有哪些?

测量相位差的方法主要有:
(1)用示波器测量。
(2)把相位差转换为时间间隔,先测量出时间间隔,再换算为相位差。
(3)把相位差转换为电压,先测量出电压,再换算为相位差。
(4)与标准移相器进行比较的比较法(零示法)等。

Q2－110 怎么用示波器来测量相位差?

应用示波器测量两个同频正弦电压之间的相位差的方法很多,本节介绍具有实用意义的直接比较法。将 u_1、u_2 分别接到双踪示波器的 Y_1 通道和 Y_2 通道,适当调节扫描旋钮和 Y 增益旋钮,使荧光屏显示出如图 2.41 所示的上、下对称的波形。

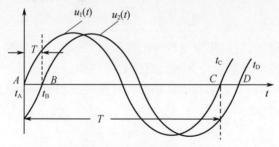

图 2.41 比较法测量相位差

设 u_1 过零点分别为 A、C 点,对应的时间为 t_A、t_C;u_2 过零点分别为 B、D 点,对应的时间为 t_B、t_D。正弦信号变化一周是 $360°$,u_1 过零点 A 比 u_2 过零点 B 提前 $t_B - t_A$ 出现,所以 u_1 超前 u_2 的相位,则 u_1 与 u_2 的相位差为

$$\phi = 360° \times \frac{t_B - t_A}{t_C - t_A} = 360° \times \frac{\Delta T}{T} \qquad (2.57)$$

式中:T 为两同频正弦波的周期;ΔT 为两正弦波过零点的时间差。

Q2-111 数字式相位计的结构与工作原理是什么?

如图 2.42 为数字相位计框图。将待测信号 $u_1(t)$ 和 $u_2(t)$ 经脉冲形成电路变换为尖脉冲信号,去控制双稳态触发电路产生宽度等于 ΔT 的闸门信号以控制时间闸门的启、闭。晶振产生的频率为 f_c 的正弦信号,经脉冲形成电路变换成频率为 f_c 的窄脉冲。

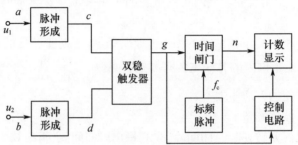

图 2.42　数字相位计框图

在时间闸门开启时通过闸门加到计数器,得计数值 n,再经译码,显示出被测两信号的相位差。这种相位计可以测量两个信号的"瞬时"相位差,测量迅速,读数直观、清晰。

数字式相位计称为"瞬时"相位计,它可以测量两个同频正弦信号的瞬时相位,即它可以测出两同频正弦信号每一周期的相位差。

Q2-112 基于相位差转换为电压方法的模拟电表指示的相位计的测量原理是什么?

如图 2.43 所示,利用非线性器件把被测信号的相位差转换为电压或电流的增量,在电压表或电流表表盘上刻上相位刻度,由电表指示可直读被测信号的相位差。转换电路常称为检相器或鉴相器。常用的鉴相器有差接式相位检波电路和平衡式相位检波电路两种。

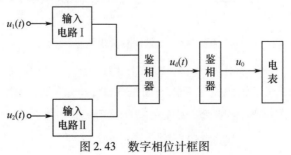

图 2.43　数字相位计框图

Q2-113 零示法测量相位差的测量原理是什么?

零示法又称比较法(图2.44)。零示法以一精密移相器的相移值与被测相移值作比较来确定被测信号间的相位差。测量时,调节精密可变移相器,使之抵消被测信号间原有的相位差使平衡指示器示零。由精密移相器表针指示可直读两被测信号间的相位差值。平衡指示器(零示器)可以是电压表、电流表、示波器或耳机等,它们应有足够高的灵敏度才有益于提高测量精确度。测量精确度主要取决于精密可变移相器的刻度误差及稳定性。

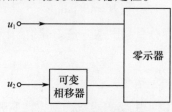

图2.44 零位法测量相位差

三、阻抗测量

Q2-114 什么是阻抗?

阻抗是描述网络和系统的一个重要参量。对于图2.45所示的无源单口网络,阻抗定义为

$$Z = \frac{\dot{U}}{\dot{I}} = R + jX = |Z| e^{j\varphi} \tag{2.58}$$

式中:$\dot{U}$ 和 $\dot{I}$ 分别为端口电压和电流相量;R 和 X 分别为阻抗的电阻分量和电抗分量;$|Z|$ 和 φ 分别为阻抗模和阻抗角。阻抗两种坐标形式的转换关系为

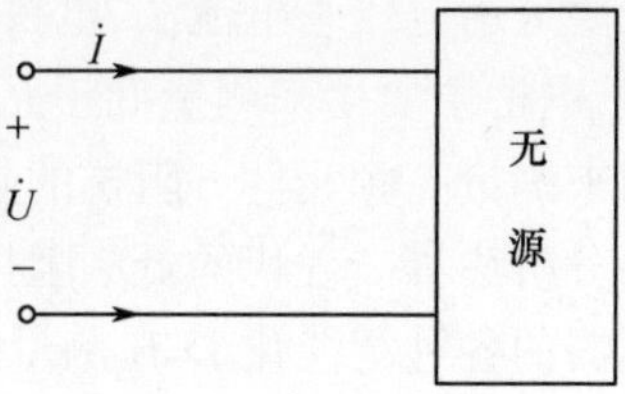

$$\begin{cases} |Z| = \sqrt{R^2 + X^2} \\ \varphi = \arctan \dfrac{X}{R} \end{cases} \tag{2.59}$$

图2.45 无源单口网络

和

$$\begin{cases} R = |Z| \cos\varphi \\ X = |Z| \sin\varphi \end{cases} \tag{2.60}$$

在集中参数系统中,表明能量损耗的参量是电阻元件 R,而表明系统储存能量及其变化的参量是电感元件 L 和电容元件 C。

Q2 –115 什么是导纳?

导纳 Y 是阻抗的倒数,即

$$Y = \frac{1}{Z} = \frac{\dot{I}}{\dot{U}} = \frac{1}{R + jX} = G + jB \qquad (2.61)$$

其中

$$\begin{cases} G = |Y|\cos\theta \\ B = |Y|\sin\theta \end{cases} \qquad (2.62)$$

式中:G、B 分别为 Y 的电导分量和电纳分量。导纳的极坐标形式为

$$Y = |Y|e^{j\theta} \qquad (2.63)$$

$|Y|$ 和 θ 分别称为导纳模和导纳角。

Q2 –116 什么是阻抗测量? 主要的阻抗测量方法有哪些?

阻抗测量一般是指电阻、电容、电感及相关的 Q 值、损耗角、电导等参数的测量。在阻抗测量中,测量环境的变化,信号电压的大小及其工作频率的变化等,都将直接影响测量的结果。例如,不同的温度和湿度,将使阻抗表现为不同的值,过大的信号可能使阻抗元件表现为非线性,特别是在不同的工作频率下,阻抗表现出的性质会截然相反,因此在阻抗测量中,必须按照实际工作条件(尤其是工作频率)进行。

阻抗的测量方法主要分为模拟测量法和数字测量法。集总参数元件的测量主要采用电压–电流法、电桥法和谐振法。依据电桥法制成的测量仪总称为电桥,电桥主要用来测量低频元件。Q 表是依据谐振法制成的测量仪器,Q 表主要用来测量高频元件。阻抗的数字测量法有自动平衡电桥法、射频电压电流法、网络分析法等。现代的低频阻抗测量仪器一般都使用自动平衡电桥法。内含微处理器的各种智能化 LCR 测量仪已成为阻抗测量仪器的发展主流。

阻抗测量有多种方法,必须首先考虑测量的要求和条件,然后选择最合适的方法,需要考虑的因素包括频率覆盖范围、测量量程、测量精度和操作的方便性。没有一种方法能包括所有的测量能力,因此在选择测量方法时需折中考虑。应在测试频率范围内根据它们各自的优缺点选择正确的测试方法。

Q2 –117 电桥法测量阻抗的工作原理是什么?

电桥法是采用模拟法测量阻抗值,其基本工作原理是四臂电桥电路,电路原理如图 2.46 所示。

图中 Z_1、Z_2、Z_3、Z_x 为电桥的四臂的阻抗,其中 Z_x 为所要测量的阻抗。整个

电桥由信号源供电,G 为电桥的平衡指示器。当电桥桥路平衡时,$U_{ab}=0$,桥臂平衡指示器上无电流流过。电桥的平衡条件为

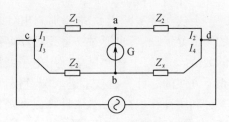

图 2.46　电桥法测量阻抗原理

$$\frac{Z_1}{Z_2}=\frac{Z_3}{Z_x},\ Z_x=\frac{Z_2 Z_3}{Z_1} \qquad (2.64)$$

当桥路中有三个桥臂已知时,待测量阻抗才可以求得。

Q2 – 118　谐振法测量阻抗的工作原理是什么?

谐振法也是模拟测量阻抗值得一种方法,是利用调谐回路的谐振特性而建立的阻抗测量方法。测量线路简单方便,在技术上的困难要比高频电桥小。它的原理图如图 2.47 所示。

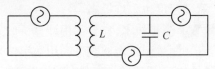

图 2.47　谐振法测量阻抗原理

谐振法测量阻抗的相关公式见式(2.36) ~ 式(2.38)。可以看出测量电路也是由模拟电路构成。

$$\omega = \omega_0 = \frac{1}{\sqrt{LC}} \qquad (2.65)$$

$$X = \omega_0 L - \frac{1}{\omega_0 C} = 0 \qquad (2.66)$$

$$L = \frac{1}{\omega_0^2 C},\ C = \frac{1}{\omega_0^2 L} \qquad (2.67)$$

Q2 – 119　矢量伏安法测量阻抗的工作原理是什么?

伏安法可用图 2.48 的原理电路来说明。

图中 I_o 是恒流源,为已知量;Z_s 是标准电阻,也是已知量(为计算方便一般选为实电阻);被测阻抗 Z_x 与 Z_s 相串联。分别测出 Z_x 与 Z_s 两端的矢量电压 U_x 和 U_s,便可通过计算得到待测阻抗,如下式:

$$Z_x = \frac{U_x}{U_s} \times Z_s \qquad (2.68)$$

上述测量实际上是先分别测出各个矢量电压的两个分量,然后再通过一系列运算得到被测值 Z_x 的数值。显然,上述测量单纯用电子线路来完成是很不方便的。计算机技术进入测量仪器以后,可以充分利用计算机存储记忆、计算以及灵活的控制功能,方便地获取 U_s 和 U_x 的各标量并存入内存,迅速计算其结果,实现快速的自动测量,从而使伏安法这一古典方法获得了新的生命力。

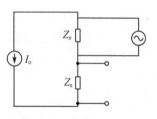

图 2.48 伏安法测量阻抗原理

Q2−120 上述三种的阻抗测量方法各有什么优缺点?

电桥法具有较高的测量精确度,因而被广泛采用,目前电桥已派生出很多类型。但电桥法需要反复进行调节,测量时间长,因而很难实现快速的自动测量。

谐振法要求有较高频率的激励信号,一般不容易满足高精度测量的要求,且由于测试频率不固定,测试速度也很难提高。

矢量伏安法是采用数字测量技术,充分利用计算机的处理能力,进行虚实部的分离的测量,矢量伏安法测量阻抗能够充分利用数字信号处理的方法,通过对数字芯片进行简单的硬件连接,用软件编程的方法进行数字滤波和阻抗值的计算,克服了用模拟电路测量阻抗连接电路繁琐,抗干扰性差的缺点。

Q2−121 如何用万用表测量电阻?

(1) 模拟式指针三用表中的欧姆挡测量电阻。

采用模拟万用表测量时,应先选择万用表电阻挡的倍率或量程范围,然后将两输入端短路调零,最后将万用表并接在被测电阻的两端,直接测量电阻值。

欧姆表经常用来测量电阻、二极管、三极管,使用中的注意事项:

① 调零。即将两表笔短路调整电表内阻,使电流达最大值,则对准零。

② 极性。当用来测量二极管、三极管时,要注意红表笔对应的是内置电池的负极。

③ 量程。不同量程中值电阻不同,相应的测量电流大小不同。

(2) 数字多用表中的电阻挡。

数字多用表中,利用运放组成一个多值恒流源,实现多量程电阻测量,恒流 I 通过被测电阻 R_x,由数字电压(DVM)表测量出其端电压 U_x,则 $R_x = U_x/I$。

上述测电阻方法是大部分便携式数字多用表中的测量方法,但由于不含微处理器,故要配置好各量程的电压值直接对应被测电阻的欧姆值。故测量精度不高,对微小电阻及特大电阻要采用其他方法。

① 微小电阻值的测量:一是两线(端)法;二是四线(端)法。

② 高值电阻的测量：测量高值电阻一般采用电压源分压的方法。

Q2-122　如何用电桥法测量电阻?

电桥法又称零示法,它利用指零电路作为测量的指示器,工作频率很宽,能在很大程度上消除或削弱系统误差的影响,精度很高。

测量原理:将被测电阻接入桥臂,调节桥臂中的可调电阻使检流计指示为零,电桥处于平衡状态。交流电桥平衡必须同时满足:电桥的四个桥臂中的相对臂阻抗的模的乘积相等(模平衡条件),相对臂阻抗相角之和相等(相位平衡条件)当被测元件为电阻元件时,代入平衡条件公式,则得出了被测电阻的阻值。

在实际应用中,测量电阻常采用直流双臂电桥(也称凯尔文电桥)。信号源是直流电源,通常采用大容量的电池。这种直流电桥能消除由于接地电阻和接触电阻造成的测量误差。

Q2-123　并联替代法测量电容的工作原理是什么?

用替代法测电容可以消除由于分布电容引起的测量误差,就是在不接被测电容的情况下,调节可变电容器 C 使其容量处于较大位置,设其容量为 C_1,再调节信号源频率,使回路谐振。然后接入被测电容 C_x,信号源频率不变,此时回路失谐,重新调节可变电容 C 使回路再次谐振,这时其容量为 C_2,则被测电容: $C_x = C_1 - C_2$。此方法称为并联替代法,适合测量小电容。

Q2-124　串联替代法测量电容的工作原理是什么?

当被测电容大于标准电容器的最大容量时,必须用串联接法,先将插电容的孔短路,调到容量较小位置,调节信号源频率使回路谐振,这时电容量为 C_1,然后拆除短路线,将 C_x 接入电路,保持信号源频率不变,调节 C 使回路再次谐振,此时可变电容值为 C_2,显然 C_1 等于 C_2 与 C_x 的串联值,即 $C_1 = C_2 // C_x$,由此得

$$C_x = \frac{C_2 C_1}{C_2 - C_1} \tag{2.69}$$

当被测电容比可变标准电容大很多的情况下,C_1 和 C_2 的值非常接近,测量误差增大,因此,这种测量方法也有一定范围。

Q2-125　如何用电桥法测量电容?

采用电桥法的阻抗测量仪都是多功能仪器,交流电桥可测量电阻、电感和电容、线圈的 Q 值以及电容器的损耗等。一般由桥体、信号源和晶体管指零仪组成。桥体是电桥的核心部分。由标准电阻、标准电容及转换开关组成。通过转换开关可以组成不同的电桥电路。为了实现电桥两个平衡条件,必须按照一定的方式配置桥臂的阻抗,如果将两邻臂接入纯电阻,另两邻臂必须接入同性阻抗

（同为电感或同为电容）；如果将相对臂接入纯电阻，则另外一对臂必须为异性阻抗。这是初步判断电桥接法是否正确的依据。

按照配置桥臂阻抗的要求将被测电容串联到一个桥臂中，调节桥臂中可调电阻使电桥平衡，根据电桥平衡条件方程（是个复数），可由实部相等求出被测电容等效电阻，虚部相等可求出等效电容。

Q2－126 如何用串联替代法测量电感？

首先在未接入 L_x 情况下，先调节 C 到较大容量位置 C_1，再调节信号频率使回路谐振，此时有个 L 值，$L = 1/(4\pi^2 f^2 C_1)$；然后将 L_x 接入回路，保持信号频率不变，调节 C 至 C_2，回路再次谐振，此时 $L + L_x = 1/(4\pi^2 f^2 C_2)$。将上两式相减并整理得

$$L_x = \frac{C_1 - C_2}{4\pi^2 f^2 C_1 C_2} \tag{2.70}$$

Q2－127 如何用并联替代法测量电感？

测量较大的电感常采用并联谐振法，先不接 L_x，可变电容 C 调到小容量位置，这时为 C_1，调节信号源频率使回路谐振，此时有

$$\frac{1}{L} = 4\pi^2 f^2 C_1 \tag{2.71}$$

然后接入 L_x，保持信号源频率固定不变，调节 C 使回路再次谐振，记下可变电容器 C 的容量 C_2，此时有

$$\frac{1}{L} + \frac{1}{L_x} = 4\pi^2 f^2 C_2 \tag{2.72}$$

将式（2.70）、式（2.71）相减并取倒数，可得

$$L_x = \frac{1}{4\pi^2 f^2 (C_2 - C_1)} \tag{2.73}$$

Q2－128 自动阻抗测量仪有什么特点？在实际工作中有什么作用？

自动阻抗测量仪（型号如 HP4274A/4275A）是一种高性能、宽量程且高精度的全自动阻抗测量仪器。该仪器的测试频率为 100Hz～10MHz，频率范围宽且可任意设置信号电平及直流偏置电压。内装多用途的测量显示器可显示测试频率设定值及测试信号电压或电流，用以监控施加于被测件的测试信号。该仪器测量参量范围广泛，能够测试的参量有：电容（C）、电感（L）、电阻（R）、电导（G）、电纳（B）、电抗（X）、损耗因数（D）、品质因数（Q），并且还可测量矢量阻抗

的模值及相角,基本测量精度 0.1% 。

　　自动阻抗测量仪是一种高性能、宽量程且高精度的全自动测量仪器,是工程测试人员在阻抗测量方面的最佳伙伴。其快速、准确、便捷的工作特性可以为工程人员解决许多阻抗测量的问题。

　　自动阻抗测量仪无论用于元器件计量测试、性能分析、电路评价还是判别产品是否符合 MIL 和 IEC 标准的检验都是无比优越的。它既可以实现商业标准又能够满足军用标准。自动阻抗测量仪为我们的工作带来了更多的帮助,从而提高了元器件计量检测的自动化水平。

　　现代科学技术不断发展已经进入了信息化、数字化时代,对电子产品的各种要求也越来越高。准确可靠的元器件测试数据对各类军用及民用电子产品至关重要,也为其提供了有力的可靠性保障。对电子工程技术人员及科研工作者在研制、开发电子新产品、新项目以及试验、调试工作、整机装配和系统正常运行等方面都有着重要的作用。元器件计量测试与电子工程、科研项目工作相互依赖、密不可分;同时也具有不可忽视的工作价值。

第三章 变频电量的智能测量基础知识

本章主要介绍测量仪器如何对变频电量进行准确的测量,包含测量仪器的硬件构成及测试原理,从模拟信号的获取到信号调理,再到模数转换以及数字信号处理的全过程。本章的目的是使读者对测试仪器硬件构成、测试信号的特点、模拟信号的获取及数字信号的处理方式等有更全面和深入的了解。

本章第一节介绍智能仪器的模拟调理电路,第二节介绍数字信号获取的基础知识,第三节介绍数字信号处理的基础知识。

第一节 智能仪器的模拟调理电路

一、传感与模拟前端调理电路

Q3-1 智能仪器的基本功能包含哪些?

智能仪器基本功能主要包括测试参数的测量、计算和显示,其主要功能包含以下几种。

(1)常规测量。主要包含传统功率表的测试参数:电压、电流、频率、功率、功率因数等。但是测量功能比传统功率表强大,体现在同一测量参数可以采用多种特征值表现,如电压、电流可以采用真有效值、校准平均值、基波有效值、算术平均值等特征值,而功率包含视在功率、无功功率、基波有功功率和总有功功率。

(2)实时波形。观测实时波形可以以最快的速度形象地了解未知的复杂信号,建立感性认识,许多时候还可以利用观测的波形进行故障诊断或干扰排除。实时波形属于时域分析。

(3)谐波分析。谐波分析属于频域分析方法,是包含多种频率成分的变频电量的基本分析方法,通常采用傅里叶变换实现复杂信号的分解,目前大部分仪器的谐波分析次数在100次以内,部分进口仪器可分析500次谐波。

(4)采集与记录。采集和记录几乎是所有智能仪器必备的功能之一。采集通常指实时采样数据的记录,而记录通常指运算完毕的特征值的记录,记录的数据量较小,采集的数据量很大。以配置 12 个数据通道,单通道采样率 250kS/s 的来计算,采样数据点用 4 字节浮点数表示,1 个通道 1s 的数据量为 4B × 250 = 1MB,那么该测量仪器 12 个通道 1s 的总数据量高达 12MB,1GB 容量的磁盘空间,只能存储 80s 左右的波形数据。

Q3 – 2　测量仪器的硬件一般由哪些部分组成?

测量仪器整机一般由电压/电流采样电路、信号调理电路、抗混叠滤波器、频率滤波器、频率测量电路、A/D 转换电路、同步源电路、采样时钟发生器、微处理器运算电路、显示/键盘电路、电源电路等部分组成。

电压/电流采样电路将一次回路中高电压大电流信号变换为模拟量小信号,经过调理电路和抗混叠滤波器,调理为 A/D 转换电路可接受的信号,A/D 转换电路在采样时钟和同步源的控制下,将多路模拟量信号同步转换为数字量信号,送入微处理器对数字信号进行运算和分析处理,频率滤波器和频率测量电路完成被测信号的基波频率测量。微处理器运算的最终结果经显示部件以各种不同样式进行显示,键盘电路用于仪器相关参数的设置、功能操作,电源电路提供测量仪器的工作电源。

Q3 – 3　什么是传感器? 有什么作用?

国家标准 GB 7665—87 对传感器的定义是:"能感受规定的被测量并按照一定的规律转换成可用信号的器件或装置,通常由敏感元件和转换元件组成。"

传感器是一种检测装置,能感受到被测量的信息,并能将检测感受到的信息,按一定规律变换成为电信号或其他所需形式的信息输出,以满足信息的传输、处理、存储、显示、记录和控制等要求。它是实现自动检测和自动控制的首要环节。

传感器实际上是一种功能块,其作用是将来自外界的各种信号转换成电信号。为了对各种各样的信号进行检测、控制,就必须获得尽量简单易于处理的信号,这样的要求只有电信号能够满足。电信号能较容易的进行放大、反馈、滤波、微分、存储、远距离操作等。因此作为一种功能块的传感器可狭义地定义为:"将外界的输入信号变换为电信号的一类元件。"

Q3 – 4　传感器是如何分类的?

由于被测参量种类繁多,其工作原理和使用条件又各不相同,因此传感器的规格和种类十分繁杂,分类方法也很多,现将常采用的方法归纳如下:

(1) 按输入量即测量对象的不同来分类。如输入量分别为温度、压力、位移、速度、湿度、光线、气体等非电量时,则相应的传感器称为温度传感器、压力传感器、称重传感器等。

(2)按工作(检测)原理分类。检测原理指传感器工作时所依据的物理效应、化学效应和生物效应等机理。有电阻式、电容式、电感式、压电式、电磁式、磁阻式、光电式、压阻式、热电式、半导体式传感器等。

(3)按照传感器的结构参数在信号变换过程中是否发生变化来分类。①物性型传感器。在实现信号的变换过程中,结构参数基本不变,而是利用某些物质材料本身的物理或化学性质的变化而实现信号变换的。②结构型传感器。依靠传感器机械结构的几何形状或尺寸的变化而将外界被测参数转换成相应的电阻、电感、电容等物理量的变化,实现信号变换,从而检测出被测信号。

(4)根据敏感元件与被测对象之间的能量关系来分类。①能量转换型。在进行信号转换是不需要另外提供能量,直接由被测对象输入能量,把输入信号能量变换为另一种形式的能量输出使其工作,如压电式、电磁式传感器等。②能量控制型。在进行信号转换时,需要先供给能量即从外部供给辅助能源使传感器工作,如电阻式、电容式、磁敏电阻等。

(5)按输出信号的性质来分类。①模拟式传感器。将被测量转换成连续变化的电压或电流。②数字式传感器。能直接将非电量转换为数字量,可以直接用于数字显示和计算,具有抗干扰能力强,适宜远距离传输等优点。

Q3-5 敏感器、检测器和测量传感器的区别是什么?

敏感器、检测器与传感器这三者概念是不同的。

敏感器是指:"测量系统中直接受被测量的现象物体或物质作用的测量系统的元件。"

检测器是指:"当超过关联量的阈值时,指示存在某现象、物体和物质的装置或物质。"

测量传感器是指:"用于测量的,提供与输入量有确定关系的输出量的器件或器具。"

例如银河变频电量传感器是测量传感器,但实际测量处于被测电压/电流的前端测量模块才是电测量的敏感元件,而不是传感器。因为信号线连接,可以进行输出,所以敏感元件只能说是传感器直接受被测量作用的那一部分。这二者是有区别的。另外,相对于检测器而言,也是具有不同的概念,检测器是用以确定被测量阈值的测量仪器,如卤素检漏仪,当然它并不是一个敏感元件,但有的检测器它本身就是直接作用于被测量从而确定其阈值,如化学试纸,即这种检测器当然就属于一种敏感器了。故敏感元件在某些领域中,用术语检测器来表示此概念,即有敏感器。它能够直接确定被测量阈值,则也可以称为检测器。

Q3-6 常用的电压传感器有哪几种?

对电压的测量是工业生产中最为重要的方面之一,电压的测量设备主要有:

(1)电磁式电压互感器,其原理与变压器类似,实现了对原边电压的隔离测量,但其体积大,频带较窄,一般只能用于工频或其他额定频率测量,并且具有谐振和输出不能短路等问题。

(2)霍耳电压传感器,其大致原理是原边电压通过外置或内置电阻,将电流限值在毫安级,此电流经过多匝绕组之后,经过磁环将原边电流产生的磁场被气隙中的霍耳元件检测到,并感应出相应电动势,该电动势经过电路调整后反馈给补偿线圈进行补偿,该补偿线圈产生的磁通与原边电流产生的磁通大小相等,方向相反,从而在磁芯中保持磁通为零。霍耳电压传感器体积小、线性度好、响应时间短,但测试带宽窄,测量精度不高。

(3)分压式电压传感器。分为电阻分压式和电容分压式,将初级电压直接转化为测量仪表可用的低压信号,电阻分压式由于没有谐振问题,性能优于电容式。分压式电压传感器测量简单,测量精度较高,但对分压电阻要求具有稳定的温度特性、误差和高的耐压值。另外,高压侧与低压侧没有隔离,存在安全隐患。

(4)光纤电压传感器。基于电光效应,在电场或电压的作用下透过某些物质的光会发生双折射,而折射两光波之间的相位差与外施电压成正比,通过鉴相器检测光波相位差来实现对外电压的测量。

Q3-7 常规的电压电流测量方式有哪些?

常规的电压电流测量通常采用下述三种方式进行:

(1)均值检波法。采用均值检波法将交流正弦波电量变换为与其绝对均值成正比的直流电量,测量电路简单,测量结果乘以正弦波的波形因数变换为被测电量的有效值。正弦波的波形因数约为1.1107。均值检波法利用了正弦波的波形因数,因此,只能测量正弦波或波形因数与正弦波相同的其他波形。

(2)峰值检波法。采用峰值检波法将交流正弦波电量变换为与其峰值成正比的直流电量,测量电路简单,测量结果除以正弦波的峰值因数变换为被测电量的有效值。正弦波的峰值因数约为1.414,峰值检波法利用了正弦波的峰值因数,因此,只能测量正弦波或峰值因数与正弦波相同的其他波形。

(3)真有效值法。用真有效值转换电路将交流电量转换为与其有效值成正比的直流电量,直流电量可直接反映被测交流电量的有效值,该法适用任意波形交流电量有效值的测量,也适用直流电量的测量。真有效值转换电路有专业的集成电路,常用集成电路有 AD637、AD536、AD736、AD737、LTC1966、LTC1967、

LTC1968 等。电能表专用集成电路 CS5460 测量的也是电压、电流的真有效值。

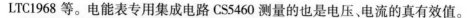

Q3－8 常规的电流测量传感器有哪些，各有何特点？

目前使用最多的电流测量传感器主要有如下几种：

（1）电磁式电流互感器。电磁式电流互感器是电力系统使用最多的测量设备，技术成熟，成本低廉，但具有一定局限性，如绝缘难度大，动态范围小，二次开路会产生高压，危及人身和设备安全，适应频率范围窄等。

（2）霍耳电流传感器。霍耳电流传感器是依据霍耳原理研制，相比于普通的电流互感器，霍耳电流传感器二次侧可以开路，可以测量直流信号，适用频率范围也较宽，动态性能好。

（3）分流器。分流器是根据直流电流通过电阻时电阻两端产生电压的原理制作而成，其测量简单，精度较高，但输入与输出之间没有电隔离。另外，用分流器检测高频或大电流时，不可避免地带有电感性，因此分流器的接入会影响被测电流波形。

（4）罗氏线圈。罗氏线圈是一种空心环形线圈，当穿过环形的导体中流过交流电流时，会在导体周围产生一个交替变化的磁场，从而在线圈中感应出一个与电流变化成比例的交流电压信号，通过一个专用的积分器将线圈输出的电压信号进行积分可以得到另一个交流电压信号，这个信号可以准确地再现被测电流信号的波形。罗氏线圈无饱和，测量量程大，使用安全方便，线圈绝缘等级高，但不能测量直流，测量精度较低。

Q3－9 有功功率测量方法有哪几种？

有功功率的测量通常在时域内完成，大致可以分为以下两种方式：

（1）相位法。通过相位测量电路测量电压、电流的相位差，再根据正弦电路有功功率计算公式：

$$P = UI\cos\varphi \tag{3.1}$$

计算出有功功率。由于有功功率计算公式 $P = UI\cos\varphi$ 是在正弦电路技术上推导出来的，该方法只适用于正弦电路的有功功率测量。另外，由于相位测量电路通常采用过零检测法，而交流电零点附近不可避免会有一定的毛刺，因此，相位测量精度较低。在低功率因数下的功率测量准确度也较低。

（2）模拟乘法器法。根据有功功率通用计算公式：

$$P = \frac{1}{T}\int_{-\frac{T}{2}}^{\frac{T}{2}} u(t)i(t)\,\mathrm{d}t \tag{3.2}$$

采用模拟乘法器获取电压、电流的乘积，得到瞬时功率，再用固定的时间对瞬时功率进行积分,即可获得瞬时功率的平均值,也就是有功功率。该方法适用任意波形电量的有功功率测量。

Q3-10　传感器的相位误差对功率测量的精度影响有多大?

我们在选择传感器时,可能主要关注其幅值测量的精度等级,但往往忽视了相位误差这一重要指标。以单相电路为例,功率 $P = UI\cos\varphi$,显然,功率测量的准确度还与电压电流的相位差 φ 有关,根据误差传递理论,对 U、I、φ 分别求偏导数可得

$$\Delta P/P = \Delta U/U + \Delta I/I + \tan\varphi \cdot \Delta\varphi \qquad (3.3)$$

从式(3.3)可以看出,P 的相对误差与 φ 的绝对误差的系数是 φ 的正切函数,正切函数在 90°或 270°附近变化时,具有最陡的变化率,变化率接近 ∞;在 0°或 180°附近变化时,具有最平坦的变化率,变化率接近 0。也就是说,在低功率因数时,很小的相位误差会导致很大的功率因数相对误差。因此在分析被测对象频率响应或进行高精度功率测量(特别是低功率因数工况下)时,必须选择具有明确相位误差指标标称且误差在允许范围内的电压/电流传感器。

Q3-11　可以用单端电压探头测量两根火线之间的电压吗?

差分探头的测量原理是将一对信号同时输入到放大电路中,然后相减,得到原始信号,差分放大器是由两个参数特性相同的晶体管用直接耦合方式构成的放大电路,若两个输入端上分别输入大小相同且相位相同的信号时,输出为零,从而克服零点漂移。

电压差分探头主要是针对浮地系统的测量,电源系统测试中经常要求测量三相供电中的火线与火线,或者火线与零线的相对电压差,很多用户直接使用单端探头测量两点电压,导致探头烧毁的现象时有发生。这是因为大多数测量仪器的"信号公共线"终端与保护性接地系统相连,通常称为"接地",这样做的结果是所有施加到仪器上,以及由仪器提供的信号都具有一个公共的连接点,该公共连接点通常是仪器机壳通过使用交流电源设备的地线,将探头地线连接到一个测试点上。如果这时使用单端探头测量,那么单端探头的地线与供电线直接相连,后果必然是短路。

Q3-12　电压差分探头的共模抑制比参数有什么实际意义?

共模抑制比是指差分探头在差分测量中抑制两个测试点共模信号的能力。也可以这样理解:两个输入端分别对地电压平均值为共模电压 V_c,经过差动放大器后的增益为共模增益 A_c,两个输入端之间的相对电压差为差模电压 V_d,其经过差模放大器之后的增益为 A_d,这是差分探头的关键指标,其公式为

$$CMRR = |A_d/A_c| \tag{3.4}$$

差模信号电压增益 A_d 越大，共模增益 A_c 越小，则 CMRR 越大，此时差分放大电路抑制共模信号的能力越强，放大器的性能越好，当差动放大电路完全对称时，共模信号电压放大倍数 $A_c = 0$，则共模抑制比 CMRR 趋于无穷大，这是理想情况。差分探头的 CMRR 指标若不好，则共模电压会加入差分电压内，造成测量上的误差。

Q3-13　什么是信号调理电路？

信号调理电路（Signal Conditioning Circuit）是指把模拟量信号变换为用于数据采集、控制过程、执行计算显示读出或其他目的的数字信号的电路。

模拟传感器可测量很多物理量，如温度、压力等，但由于传感器信号不能直接转换为数字数据，因此在变换为数字信号之前必须进行调理。调理就是放大、缓冲或定标模拟信号等，使其适合于模/数转换器（ADC）的输入，ADC 对模拟信号进行数字化，并把数字信号送到 MCU 或其他数字器件，以便用于系统的数据处理。

Q3-14　信号调理电路主要实现哪些功能？

对于绝大多数数据采集和控制系统来说，信号调理是非常重要的，典型的系统一般都需要信号调理硬件，用于将原始信号以及传感器的输出接口到数据采集板或模块上。信号调理电路主要具有以下几点功能。

（1）传感器驱动。包括为无源传感器提供所需的电压源或电流源，为有源传感器提供其运转所需的特殊电路结构。

（2）信号放大。为了提高模拟信号转换成数字信号时的精度，我们希望输入的模拟信号的最大值刚好等于 A/D 转换设备输入范围。大多数传感器的输出范围在毫伏级，而 A/D 转换设备输入范围为伏级，因此我们需要使用信号调理电路对传感器的信号放大。

（3）隔离。在测量高电压信号时，隔离电路可以保护后端设备被意外的高电压输入损坏，常用的有光隔离和磁隔离。隔离放大电路的缺点是可能引入噪声。

（4）信号滤波。模拟信号在数字化前必须进行低通滤波，以消除噪声和防止混叠现象。

（5）扩展通道数：有些信号调理电路具有多路转换器或矩阵变换电路功能，可以把信号通道扩展至上千路。

（6）其他功能。信号调理电路还可以实现信号衰减、采样同步、频率—电压的转换等功能。

Q3-15 常用的基本运算电路有哪些?

集成运放是一个已经装配好的高增益直接耦合放大器,加接反馈网络以后,就组成了运算电路。运算电路的输入、输出关系,仅仅取决于反馈网络,因此只要选取适当的反馈网络,就可以实现所需的运算功能,如加减、乘除、微积分、对数等。常用的基本运算电路主要有以下6种:

(1)反相比例运算电路。电路如图3.1所示,其中电阻R引入反相输入信号u_i,电阻R_f引入深度负反馈,使运放工作于线性区,可以得出$u_p = u_N = 0V$(即同相和反相输入端皆为虚地),$A_u = u_o/u_i = -R_f/R$,由式可知为反相比例运算电路,若$R_f = R$,则$A_u = -1$,即为反相器。

(2)同相比例运算电路。电路如图3.2所示,图中电阻R'引入同相输入信号u_i,电阻R_f引入深度负反馈,使运放工作于线性区,可以得出$u_p = u_N = u_i$,$A_u = u_o/u_i = 1 + R_f/R$,由式可知为同相比例运算电路,若$R_f = 0$或$R = \infty$,则$A_u = 1$,即为电压跟随器。

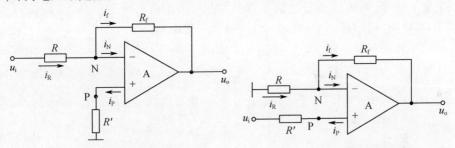

图3.1 反相比例运算电路   图3.2 同相比例运算电路

(3)反相求和运算电路。电路图如图3.3所示,如果在反相输入端增加若干输入电路,则构成反相求和(加法)运算电路,同样容易得出,当$R_1 = R_2 = R_3 = R_f$时,$u_o = -(u_{i1} + u_{i2} + u_{i3})$。

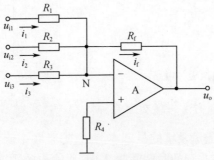

图3.3 反相求和运算电路

（4）同相求和运算电路。电路如图 3.4 所示,如果在同相输入端增加若干输入电路,则构成同相求和运算电路,运用节点电压法先求出 u_p,则 $u_o = (1 + R_f/R) \cdot u_p$。

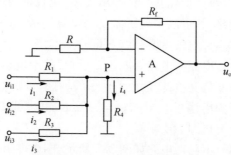

图 3.4 同相求和运算电路

（5）差分比例运算电路。电路如图 3.5 所示,如果在同相和反相输入端分别加上输入信号,则构成差分比例运算电路。分析此电路可得,$u_o = (u_{i2} - u_{i1}) \times R_f/R$,若使 $R_f = R$,则 $u_o = u_{i2} - u_{i1}$,即为减法运算电路。

（6）积分运算电路。电路如图 3.6 所示,与反相比例运算电路相比,用电容 C 代替电阻 R_f 作为负反馈元件,就称为积分运算电路。可以得出 $u_o = -\dfrac{1}{RC}\int u_i \mathrm{d}t$,式中电阻与电容的乘积为积分时间常数,通常用符号 τ 表示,即 $\tau = RC$。

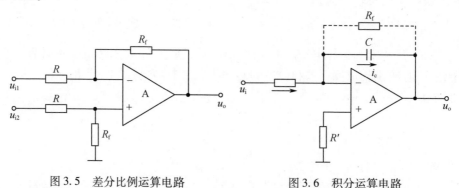

图 3.5 差分比例运算电路 图 3.6 积分运算电路

Q3－16 频率测量的方法一般有哪几种?

频率测量是电子测量领域的最基本测量,通常频率测量有两种方法。方法一:计数法。这是指在一定的时间间隔 T 内,对输入的周期信号脉冲计数为 N,则信号的频率为 $F = N/T$,测量的相对误差为 $1/N \times 100$。这种方法适合于高频测量,信号的频率越高,则相对误差越小。方法二:测周法。这种方法是计量在被测信号一个周期内频率为 f_0 的标准信号的脉冲数 N 来间接测量频率,$F = N/f_0$。被测信号的周期越长,则测得的标准信号的脉冲数 N 越大,则相对误差越小。

Q3-17 普通的仪器可以测量变频器输出的 SPWM 波形的基波频率吗?

SPWM 波形是正弦脉宽调制波形,也就是说变频器输出的电压其实是一系列的脉冲,脉冲的宽度和间隔均不相等。用示波器测量得出的频率是脉冲频率,也就是变频器的开关频率或载波频率,普通的测量仪器、万用表或者示波器类的设备,是无法直接测量出信号的基波频率的。

要测量基波频率,要选用专用的变频电量测量仪器,大致有以下两种方法:①高速采样 SPWM 信号,然后进行傅里叶变换,可以分析获取基波频率;②采用低通滤波器滤除高次谐波,剩下基波(正弦波或近似正弦波),再通过整形放大电路变为方波脉冲,就可以很方便地测量频率了。低通滤波器的截止频率可以设置在基波频率附近。

Q3-18 变频器的载波频率与信号的基波频率有什么区别?

变频器的载波频率就是逆变器的功率开关器件(如 IGBT)的开通与关断的次数的频率,其大小取决于调制波和载波的交点,也就是开关频率,开关频率越高,一个周期内脉冲的个数就越多。由于载波的占空比一直在变化,因此在一个周期中其平均电压或者说是等效电压也是变化的,占空比越小,等效电压也越小;占空比越大,等效电压也越大,这个等效电压的波形就是基波,该基波的频率就是就是基波频率。

载波频率描述的是变频器开关器件的通断频率,而基波频率描述的是调制的等效电压波形的频率,两者不能混为一谈。

Q3-19 低基波频率信号测量的难点在哪里?

在电机试验、变频器特性试验中,某些工况要求试验的最低基波频率达 0.1Hz 左右,PWM 的宽频带和低基频导致 FFT 窗口数据长度超长,有可能导致测量仪器的谐波运算能力和数据存储容量不足,不能正确测量。假设变频器载波频率为 2kHz,按照 GB/T 22670—2008《变频器供电三相笼型感应电动机试验方法》的规定,测试仪器带宽应不低于 12kHz,依据采样定理,采样频率应不低于 24kHz。傅里叶时间窗至少为一个基波周期,约 10s,那么傅里叶时间窗采样点数不小于 240000 点。当带宽要求提升为 100kHz,采样率为 200kHz 时,傅里叶时间窗采样点数多达 2000000 点,这对测量仪器的运算速度和存储容量提出了很高的要求,测量的难点也在于此。某些测量仪器傅里叶时间窗采样点数和长度固定,采用降采样率的方式满足分析点数要求,当降低采样率的同时,仪器的测量带宽一并下降,严重影响测量结果的准确性。

二、滤波器与滤波电路

Q3 – 20 什么是滤波器?

滤波器是指按规定法则设计用来传递输入量的各频谱分量的一种线性二端口器件。通常是为了通过某些频带的频谱分量而衰减在其他一些频带内的频谱分量。通俗地说,滤波器是指减少或消除谐波对电力系统影响的电气部件,或对特定频率的频点或该频点以外的频率进行有效滤除的电路,其功能就是根据需求获得一个特定频率或去除一个特定频率。滤波电路一般由电抗元件组成,如在负载电阻两端并联电容器 C,或与负载串联电感器 L,以及由电容、电感组合而成的各种复式滤波电路。

Q3 – 21 常用的滤波器如何分类?

滤波器按元件分类,可分为有源滤波器、无源滤波器、陶瓷滤波器、晶体滤波器、机械滤波器、锁相环滤波器、开关电容滤波器等;

按信号处理的方式分类,可分为模拟滤波器、数字滤波器;

按通频带分类,可分为低通滤波器、高通滤波器、带通滤波器、带阻滤波器等。

除此之外,还有一些特殊滤波器,如满足一定频响特性、相移特性的特殊滤波器,例如,线性相移滤波器、时延滤波器、音响中的级差网络滤波器、电视机中的声表面滤波器。

Q3 – 22 无源滤波器具备哪些优缺点?

无源滤波器又称 LC 滤波器,是利用电感、电容和电阻的组合设计构成的滤波电路,可滤除某一次或多次谐波,最普通易于采用的无源滤波器结构是将电感与电容串联,可对主要次谐波构成低阻旁路。其主要优点是结构简单,成本低廉,运行可靠性高,运行费用较低。缺点是通带内的信号有能量损耗,负载效应比较明显,使用电感元件时容易引起电磁感应,当电感较大时,滤波器的体积和重量都比较大,在低频段范围不适用。

Q3 – 23 有源滤波器具备什么样的特点?

有源滤波器的频率范围是由直流到 500kHz,在低频范围内已取代了传统的 LC 滤波器,其主要特点为:

（1）有源滤波器的输入阻抗高,输出阻抗极低,因而具有良好的隔离性能,所以各级之间均无阻抗匹配要求。

（2）易于制作截止频率或中心频率连续可调的滤波器且调整容易。

（3）如果使用电位器、可变电容器,有源滤波器的频率精度易于达到0.5%。

（4）不用电感器,体积小,重量轻,在低频情况下,这种优点更为突出。

（5）设计有源滤波器比设计LC滤波器更具灵活性,也可得到电压增益。

但应当注意,有源滤波器以集成运放作为有源元件,所以一定要电源输入小信号时受运放带宽限制,输入大信号时受运放压摆率的限制,这就决定了有源滤波器不适用于高频范围。

Q3-24　有源滤波器与无源滤波器的区别主要体现在哪里?

有源滤波器和无源滤波器存在如下几大区别:

（1）工作原理。无源滤波器由LC等元件组成,将其设计为某频率下极低阻抗,对相应频率谐波电流进行分流,其行为模式为提供被动式谐波电流旁路通道。有源滤波器由电力电子元件和DSP等构成的电能变换设备,检测负载谐波电流并主动提供对应的补偿电流,补偿后的源电流几乎为纯正弦波,其行为模式为主动式电流源输出。

（2）谐波处理能力。无源滤波器只能滤除某个特定阶次的谐波,有源滤波器可动态滤除各次谐波。

（3）频率变化的影响。无源滤波器谐振点偏移,效果降低;有源滤波器不受影响。

（4）系统阻抗变化影响。无源滤波器受系统阻抗影响严重,存在谐波放大和共振的危险,而有源滤波不受影响。

（5）负载变化对谐波补偿效果的影响。无源滤波器补偿效果随着负载的变化而变化,有源滤波器不受负载变化影响。

（6）负载增加的影响。无源滤波器可能因为超载而损坏,有源滤波器无损坏之危险,谐波量大于补偿能力时,仅发生补偿效果不足而已。

（7）设备造价。无源滤波器造价较低,有源滤波器造价高。

Q3-25　滤波器的主要参数包含哪些?

滤波器的主要参数包含:

（1）中心频率。即滤波器通带的频率。

（2）截止频率。指低通滤波器的通带右边频点及高通滤波器的通带左边频点,通常以1dB或3dB相对损耗点来标准定义。

（3）通带带宽。指需要通过的频谱宽度。

（4）插入损耗。由于滤波器的引入对电路中原有信号带来的衰减，以中心或截止频率处损耗表征。

（5）纹波。指 1dB 或 3dB 带宽范围内，插损随频率在损耗均值曲线基础上波动的峰峰值。

（6）带内波动。通带内插入损耗随频率的变化量。

（7）带内驻波比。是驻波波腹处的电压幅值 V_{max} 与波节处的电压幅值 V_{min} 之比。

（8）回波损耗。又称反射损耗，是电缆链路由于阻抗不匹配所产生的反射。

（9）阻带抑制度。衡量滤波器选择性能好坏的重要指标，该指标越高说明对带外干扰信号抑制得越好。

（10）延迟。指信号通过滤波器所需要的时间，数值上为传输相位函数对角频率的导数。

（11）带内相位线性度。该指标表征滤波器对通带内传输信号引入的相位失真大小。

Q3-26　滤波器的特性指标包含哪些？

滤波器的特性指标主要指以下特征量：

（1）特征频率。包含通带截频、阻带截频、转折截频和固有频率。

（2）增益与损耗。

（3）阻尼系数与品质因数。阻尼系数是表征滤波器对角频率为 ω_0 信号的作用，是滤波器中表示能量衰耗的一项指标。阻尼系数的倒数称为品质因数，是评价带通与带阻滤波器频率选择特性的一个重要指标。

（4）灵敏度。滤波电路由许多元件构成，每个元件参数值的变化都会影响滤波器的性能。滤波器某一性能指标 y 对某一元件参数 x 变化的灵敏度记做 S_{xy}，定义为

$$S_{xy} = (\mathrm{d}y/y)/(\mathrm{d}x/x) \tag{3.5}$$

该灵敏度与测量仪器或电路系统灵敏度不是一个概念，该灵敏度越小，标志着电路容错能力越强，稳定性也越高。

（5）群时延函数。当滤波器幅频特性满足设计要求时，为保证输出信号失真度不超过允许范围，对其相频特性也应提出一定要求，在滤波器设计中，常用时延函数评价信号经滤波后相位失真程度。

Q3-27　常用有源滤波器该如何选择？

常用有源滤波器主要有巴特沃斯滤波器、切比雪夫滤波器、贝塞尔滤波器和

椭圆滤波器,这四种滤波器各自的特点如下:

(1)巴特沃斯滤波器的特点是在通带以内幅频曲线的幅度最平坦,由通带到阻带衰减陡度较缓,截止频率以后的衰减速率为60dB/倍频程,相频特性是非线性的。对阶跃信号有过冲和振铃现象,巴特沃斯滤波器是一种通用性滤波器,又称最平幅度滤波器。

(2)切比雪夫滤波器的特点是在通带内,具有相等的纹波,截频衰减陡度比同阶巴特沃斯特性更陡,在阶数一定时,纹波越大,截频衰减陡度越陡,相位相应也是非线性。

(3)贝塞尔滤波器的特点是延时特性最平坦,幅频特性最平坦区较小,从通带到阻带衰减缓慢。贝塞尔滤波器的幅频特性比巴特沃斯或切比雪夫滤波器差,但相位特性要好得多,贝塞尔滤波器又称为线性相移或恒定延时滤波器。

(4)椭圆滤波器的特点是在通带和阻带内均出现相等的纹波,阻带增益下降速度最快,若给定滤波器阶数,椭圆滤波器较其他类型的滤波器具有最陡的截频衰减陡度,但它的延时特性不如前三种好。

这四种滤波器的特性比较结果,是在相同的滤波器阶数条件下得出的。滤波器的阶数,对于有源RC滤波器来说是电路中电容C元件的个数,滤波器阶数越大,幅频特性越好,而相频特性越差。在实际的应用中,设计者要根据滤波器的特性及需求,确定选用滤波器的类型和阶数。

Q3-28 什么是抗混叠滤波器?

实际工程应用中,测量信号所包含的频率成分理论上是无穷的,但我们一般只关注特定频段范围内的信号成分。为解决频谱混叠,在对模拟信号进行离散化采集前,通常采用低通滤波器滤除高于1/2采样频率的频率成分,该滤波器即抗混叠滤波器,通过衰减高频(大于奈奎斯特频率的频率成分),可防止混叠成分被采样。由于该阶段(采样器和ADC之前)仍属于模拟范畴,因此抗混叠滤波器是模拟滤波器。

理想的抗混叠滤波器如图3.7(a)所示,可以让所有合适的输入频率(低于f_1)通过,并阻止所有不需要的频率(高于f_1)通过。但这种滤波器无法在现实中实现,真实世界的滤波器如图3.7(b)所示。它让所有小于f_1的频率通过,并阻止所有大于f_2的频率通过。f_1和f_2之间的区域称为过渡带,包含输入频率的逐渐衰减。尽管只希望让$f < f_1$的信号通过,但过渡带中的信号仍可能造成混叠。因此在实际仪器设计中,抗混叠滤波器的截止频率(f_c)为

$$截止频率(f_c) = 采样频率(f_s)/2.56$$

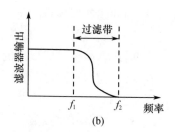

图 3.7　抗混叠滤波器

（a）理想抗混叠滤波器；（b）实际抗混叠滤波器。

Q3-29　如何衡量一款仪器的有效测量带宽？

智能仪器的带宽一般指其电压或电流前向通道允许通过的信号的最高频率和最低频率之差。

带宽应该是包含上限和下限的一组数，但由于大部分智能仪器的带宽下限频率非常低或可直接测量直流电量，因此很多时候，智能仪器的带宽等同于上限频率。

智能仪器的实际有效带宽由固有带宽、传感器带宽、抗混叠滤波器带宽、信号带宽和数字带宽共同决定，并取决于其中最小者。

Q3-30　测量仪器的 -3dB 带宽是什么意思？

我们常在仪器的技术手册里看到，在带宽指标一栏后面通常备注 -3dB，这个 -3dB 带宽是指幅值等于最大值的 $\dfrac{\sqrt{2}}{2}$ 倍时对应的频带宽度，简称为仪器的带宽。

幅值的平方即为功率，平方后变为 1/2 倍，在对数坐标中就是 -3dB 的位置了，也就是半功率点，对应的带宽就是功率在减少至其一半以前的频率宽度，表示在该带宽内集中了一半的功率。概括而言，-3dB 带宽即信号功率衰减至输入的 1/2，幅值衰减至输入的 0.707 倍时所对应的频率点，这个频率点我们称为带宽截止频率点。一般没有特殊声明，带宽都是指 -3dB 带宽。0dB 带宽是指没有明显衰减的带宽，也就是能够准确测量的带宽，对于高精度测量仪器而言，0dB 带宽具有更现实的指导意义。

Q3-31　如何选择测量仪器的带宽，是不是越宽越好？

我们在测试过程会经常发现，同一个信号用不同的测量仪器测试，结果往往会有些差别，使用者无法评判到底哪一个结果才是准确的。导致这种结果的原因是不同的测试仪器本身的参数特性都有不同，其中很关键的一个指标就是仪器的带宽。那么我们应该如何针对被测信号选择测量仪器的带宽呢？

实际上，某些信号比如变频器输出的 PWM 电压波形，理论上含有无穷次的谐波，那么是不是就要求测量仪器的带宽无限高呢？其实不然，当频率高到一定程度后，我们关注信号的谐波幅值已经非常小，以至于比测量电路同频率噪声还小，即便测量到了，也没有实际意义。因此，以变频器 PWM 波形为例，可以这样选择仪器带宽：满足信号主要谐波的带宽要求。首先至少满足基波不失真的要求（至少 10 倍带宽）；其次，由于 PWM 波的谐波主要集中在开关频率整倍数附近，频率越高，谐波含量越小，一般而言，要求带宽不低于开关频率的 10 倍就可以了。过宽的带宽要求一方面增加了测试设备的成本，另一方面，带宽越高，引入的高频信号也就越多，引入不必要的干扰，对测试结果会造成负面影响，这也不是我们所希望的。仪器的测量带宽只要满足被测信号的频率范围，对关注信号不产生明显的失真即可，并非越高越好。

Q3-32　传统电量测量仪器的局限体现在哪些方面？

随着变频技术的发展，传统的电量测量仪器在面对复杂的变频电量测量时，具有一定的局限性，测试的准确性和通用性大大降低，主要体现在以下几个方面：

（1）传统电量测量仪器基本以直流和工频交流电为主，准确测量频率范围一般为 45～66Hz。

（2）部分仪表针对中频 400Hz 设计，准确测量频率范围为 360～440Hz，或可兼顾工频测量，准确测量频率范围为 40～440Hz。

（3）交流仪表大多基于正弦波设计，不适用于非正弦电量的准确测量。

（4）部分真有效值表可适用于非正弦波测试，但不能对重要的基波分量和谐波进行测试。综上所述，传统的电量测量仪表已经不能满足宽频率范围和富含谐波的变频电量的准确测试与分析。

第二节　数字信号获取基础知识

一、信号的种类

Q3-33　什么是模拟信号？什么是离散信号？什么是数字信号？

自变量和幅值均为连续的信号称为模拟信号。如用电压或电流去模拟其他物理量（声音、温度、压力、图像等）所得到的信号。

若信号的独立变量或自变量是离散的，则称信号是离散信号。离散时间信号只在离散时间上给出函数值,是在连续信号上采样得到的信号,又称时域离散信号或时间序列,是一个序列,这个序列的每一个值都可以被看作是连续信号的一个采样。

自变量和幅值均为离散的信号称为数字信号。它可以由模拟信号经离散和量化得到,也可以客观存在。本质上,它只是一系列的"数"。

Q3-34 模拟量和数字量的区别是什么?

模拟量是指在时间和数值上都是连续的物理量,把表示模拟量的信号称为模拟信号,把工作在模拟信号下的电子电路称为模拟电路。如电压互感器在工作时输出的电压信号就属于模拟信号,所测得的电压信号无论在时间上还是数值上都是连续的,而且这个电压信号在连续变化过程中的任何一个取值都是有具体的物理意义;而数字量是指在时间和数值上都是离散的物理量,其表示的信号则为数字信号,数字量是由 0 和 1 组成的信号,经过编码形成有规律的信号,量化后的模拟量就是数字量。如温度采集设备(采样周期为 1s)在第 3s 的时间采集温度为 30℃,第 4s 的温度为 40℃,其采集的一系列温度值即为数字量。

二、采样基础知识

Q3-35 什么是采样和采样频率?

采样也称取样,是将现场连续不断变化的模拟量的某一瞬间值,作为"样本"采集下来,供计算机系统计算、分析和控制之用。对于电测量来说,是将时间上、幅值上都连续的模拟信号,在采样脉冲的作用下,转换成时间上离散(时间上有固定间隔)、但幅值上仍连续的离散模拟信号。所以采样又称为波形的离散化过程。

采样频率也称为采样速度或者采样率,是指每秒从连续信号中提取并组成离散信号的采样个数,用赫兹(Hz)表示,采样频率的倒数是采样周期或者叫做采样时间,它是两个采样样本之间的时间间隔。

Q3-36 什么是采样定理? 什么是奈奎斯特频率?

当采样频率 f_s 大于信号中最高频率 f_{max} 的 2 倍时(即 $f_s > 2f_{max}$),采样之后的数字信号完整地保留了原始信号中的信息,此称为采样定理。采样定理,又称香农采样定理,或奈奎斯特采样定理。

奈奎斯特频率是离散信号系统采样频率的一半,因哈里·奈奎斯特(Harry Nyquist)或奈奎斯特-香农采样定理得名。采样定理已指出,只要离散系统的奈奎斯特频率高于被采样信号的最高频率或带宽,就可以真实的还原被测信号;

反之,会因为频谱混叠而不能真实还原被测信号。

奈奎斯特频率必须严格大于信号包含的最高频率,如果信号中包含的最高频率恰好为奈奎斯特频率,那么在这个频率分量上的采样会因为相位模糊而有无穷多种该频率的正弦波对应于离散采样,因此不足以重建为原来的连续时间信号。

Q3-37 频谱混叠产生的原因是什么?如何避免测试信号发生频谱混叠?

根据奈奎斯特采样定理,采样率至少应是信号最高频率分量的 2 倍。换言之,输入信号的最高频率应小于或等于采样率 f_s 的 1/2。当信号的最高频率高于奈奎斯特频率时,重构的连续信号中,原信号 $f_s/2$ 以上的频率会对称的映像到 $f_s/2$ 以下的频带中,并且和 $f_s/2$ 以下的原有频率成分叠加起来,这种频谱的重叠导致的失真称为频谱混叠。而重建出来的信号称为原信号的混叠替身,因为这两个信号具有同样的样本值。混叠现象会产生假频率、假信号,并严重影响测量结果的准确性。

实际应用中,一般采用以下两种手段来消除混叠现象,来保证测量精度:

(1)提高采样器的采样频率,使之达到被测信号最高频率分量的 2 倍以上。

(2)引入低通滤波器或提高低通滤波器的参数(该低通滤波器通常称为抗混叠滤波器),限制输入信号的带宽,使之满足采样定理的条件。

Q3-38 什么叫同步采样?什么叫同步信号源?

在大多数控制算法中,经常需要获得系统在某个特定时刻多个物理属性的值,我们通常将需要同时获得多种模拟属性值的情况称为"同步采样"。

通俗理解为在同一时刻获取多个信号特征值或某个信号的多个属性值。

例如,确定电动机转轴的角度位置就是这样一个例子。为了向高速定位控制环路提供正弦/余弦数据,我们在此类应用中采用了正弦编码器和分解器(Resolver)。可同步对正弦与余弦信号进行采样,并通过最终的反正切函数计算得到相应的角度位置。

当多个设备一起工作并对时间有精确要求的时候,就需要在它们之间进行同步。同步是基于多个设备之间规定一个共同的时间参考。产生这个时钟信号的装置就是同步信号源。

Q3-39 什么叫交流采样?

交流采样技术是按一定规律对被测信号的瞬时值进行采样,再按一定算法进行数值处理,从而获得被测量的测量方法。

交流采样技术的理论基础是采样定理,即要求采样频率为被测信号频谱中最高频率的 2 倍以上。按一定的规律对被测量的瞬时值进行采样,然后按一定的算法可求出被测量,国内外已提出许多交流采样的算法。下面介绍交流采样的一般算法:

交流电压有效值公式为

$$U = \sqrt{\frac{1}{T}\int_0^T u^2(t)\,\mathrm{d}t} \tag{3.6}$$

离散化有效电压计算公式:(以一个周期内有限个采样电压数字量代替一个周期内的连续变化的电压函数值)

$$U = \sqrt{\frac{1}{T}\sum_{m=1}^{N} u_m^2 \Delta T_m} \tag{3.7}$$

式中:ΔT_m 为相邻两次采样的时间间隔;u_m 为第 $m-1$ 个时间间隔的电压采样瞬时值;N 为一个周期内的采样点数。

同理,采样电流有效值计算公式:

$$I = \sqrt{\frac{1}{T}\sum_{m=1}^{N} i_m^2 \Delta T_m} \tag{3.8}$$

在交流采样方式中,对于有功功率、无功功率和功率因数,是通过采样所得到的 u、i 计算出来的。计算一相有功功率的离散化公式为

$$P = \frac{1}{N}\sum_{m=1}^{N} i_m u_m \tag{3.9}$$

式中:i_m、u_m 依次为同一时刻的电流、电压采样值。

功率因数可由下式求得

$$\cos\varphi = \frac{P}{U \cdot I} \tag{3.10}$$

Q3-40 什么叫实时采样?

所谓实时采样就是对信号进行逐点顺序采样(一般为等间隔),只要采样速率满足奈奎斯特采样定理的要求,将采样点按照采样间隔顺序排列,即可还原被测信号的波形,可以实现实时波形显示。

Q3-41 什么叫带宽?

模拟线路的带宽单位是 Hz,是指线路所能传输的最高频率信号和最低频率信号的差值。传输线路,又称传输通道,传输通道有一个传输的"幅频特性",传输带宽的幅频特性,通常按照"-3dB"来定义的。输出信号幅值下降到输入信

号幅值的 0.707 倍或功率值的 0.5 倍,就是"-3dB"。这是从频域来分析通道特性的带宽概念和定义。

同样,从时间域来分析信号特性,也有一个信号带宽的概念,是研究信号本身的频率成分所占带宽,都是以 Hz 为单位。

数字线路的带宽单位是 b/s(比特每秒),严格讲数字线路是指速率,不是模拟线路带宽的概念。

在计算机网络中,带宽用来表示网络的通信线路所能传送数据的能力,因此网络带宽表示在单位时间内从网络中的某一点到另一点所能通过的"最高数据率"。

Q3-42　带宽高于采样率,能准确测量吗?

部分功率分析仪标称的带宽高于采样频率,似乎不受奈奎斯特定理对于采样频率与带宽的限制,其实,是由于其采用了等效采样的方式,实现相对低采样率对高频信号的采集,变相的达到了拓宽分析仪带宽的目的。那等效采样是否有那么神奇,对于我们以精确可靠测量为目的的功率分析仪来说,采用等效采样的方式,能准确测量吗?

首先给出答案:等效采样,确实是一种数字采样手段,是高速示波器的关键技术之一。但是,采用等效采样方式的功率分析仪只能测量特定的信号,并不适用于所有信号的测量,特别是变频电量测量领域。

(1)等效采样原理。下面从等效采样原理的示意图来分析,如图 3.8 所示。

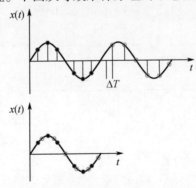

图 3.8　周期信号等效采样示意图

为了直观表述,以采集两个周期信号为例。在第一个周期采样若干个点(实心点表示),在第二个周期延时 ΔT 后,采样若干个点(空心点表示),由于波形是周期重复的,前后两个周期采样得到的信息都能代表同一个波形,因此将前后两个周期的采样点重组,可以很好地还原被测信号。

当相邻的两个波形不一样,采用等效采样必然会出现错误。所以,等效采样对被测信号有着严格的要求:必须是周期性重复信号。

(2)对变频器的输出采用等效采样。对变频器输出的固定频率(周期)PWM 波,采用等效采样,如图 3.9 所示。

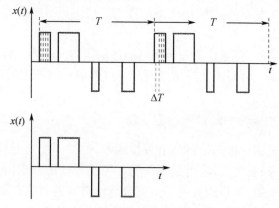

图 3.9   周期 PWM 波的等效采样

变频器主要应用于电机的变频调速,通过调节输出 PWM 波的基波频率,实现电机的转速调节。在电机调速(改变基波频率)的过程中,变频器的开关频率并不一定是基波频率的整数倍,特别是固定开关频率的变频器,其输出波形中相邻两个周期的波形必然是不一样的,也就是非周期 PWM 波。

对于非周期 PWM,采用等效采样,如图 3.10 所示。

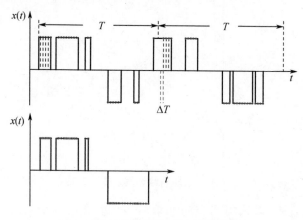

图 3.10   非周期 PWM 波的等效采样

从图中可以看到,对于非周期的 PWM 波采用等效采样,出现了较大的误差甚至错误。

所以在变频电量测量领域,所面对的测量对象,基本没有严格的周期信号,采用等效采样的功率分析仪,会产生一定程度的信号失真,影响测量的准确性和正确性。

Q3-43　等效采样可以以较低采样率获取正确的信息量吗?

等效采样是数字示波器的核心技术之一,相比实时采样,等效采样技术可以大大提高等效采样率,减缓了硬件实时采样率及数据存储速率和存储容量的压力,是在测试设备带宽能力不足的情况下采取的一种手段,相当于增大了测试设备的带宽,从而达到可以采样更高频率信号的能力。其基本原理是通过多次出发,多次采样而获得并重建信号波形,通过多次采样,把在信号的不同周期中采样得到的数据进行重组,从而能够还原原始信号波形。所谓等效,是指用较低的采样速率获取的信息量与较高采样率获取的信息量是等效的,代价是获取相同信息的时间变长了,等效采样降低了实际采样速率,减小了单位时间内的采样点数,降低了对数据存储速度和容量的要求。但等效采样方式只能用于测量特定的信号(严格的周期信号),并不适用于所有信号的测量,特别是变频电量测量领域。

Q3-44　为什么仪器标称的信号带宽远远高于采样频率?

在一些测量仪器的使用手册封面,我们经常会发现一些比较醒目的字眼,例如,电压/电流带宽 5MHz,采样率约 2MS/s,依据采样定理要求,采样频率必须至少大于被分析信号最高频率的 2 倍,才能还原被测真实信号。而此处测量仪器的带宽数据大于采样率,看起来似乎有违采样定理,这是厂家标称错误吗?

其实不然,仪器带宽仅仅是反映了仪器的硬件特性,采样频率限制了输入信号的带宽要求。当仪器的带宽为 1MHz,采样频率为 200kHz 时,如果被测信号的带宽低于 100kHz,仍能满足采样定理的要求;如果高于 100kHz,必须开启内置的防混叠滤波器,仪器的带宽受防混叠滤波器约束,实际还是小于 100kHz。反过来思考,如果采样频率远高于仪器的信号带宽(响应频率),仪器的输入就会失真,影响测量结果。为了避免上述问题,要求仪器的信号带宽必须远远高于采样频率。综上所述,仪器自身的带宽不是被分析的对象,远高于采样频率是为了保证仪器信号输入的频率响应,手册上的标称并无错误,只是我们不要将仪器带宽等同于输入信号的带宽。

Q3-45　同步源电路在测量仪器中的作用是什么?

为了能精确地计算功率等测量值,需要从采样数据中按完整的信号周期截取数据,我们截取依据的信号就是同步源,同步源由同步源电路获取。FFT 算法成立是假设离散时间序列可以精确地在整个时域进行周期延拓,所有包含该离散时间序列的信号为周期函数,周期与时间序列的长度相关。然而如果时间序列的长度不是信号周期的整数倍,就会产生频谱泄漏。而同步源电路可以提供精确的信号周期,保证 FFT 分析截取的数据为信号周期的整数倍,避免频谱泄漏。一般采用 PLL 锁相环,PLL 是一种反馈电路,其作用是使得电路上的时钟和某一外部时钟的相位同步。PLL 通过比较外部信号的相位和压控晶振的相位来实现同步,在比较的过程中,锁相环电路会不断根据外部信号的相位来调整本地晶振的时钟相位,直到两个信号的相位同步。

Q3－46 信号上升时间与带宽有什么样的关系?

(1) 脉冲信号的上升时间是指脉冲瞬时值最初到达规定下限和规定上限的两瞬时之间的间隔,除另有规定外,下限和上限分别定义为脉冲峰值幅度的 10% 和 90%。在控制领域中,上升时间是指响应曲线从零时刻到首次达到稳态值的时间,通常定义为响应曲线从稳态值的 10% 上升到稳态值的 90% 所需的时间。

(2) 对于数字电路,输出的通常是方波信号,方波的上升边沿非常陡峭,根据傅里叶分析,任何信号都可以分解成一系列不同频率的正弦信号,方波中包含了非常丰富的频谱成分。

(3) 信号上升时间与带宽的关系。理想的上升沿应该是时间为 0,即一个阶跃信号。通过如图 3.11 所示 RC 电路,它的阶跃响应函数如下(V_{OUT} 代表上升沿的对应理想阶跃 V_{IN} 的响应函数)

$$V_{OUT} = V_{IN}(1 - e^{-T/RC})$$

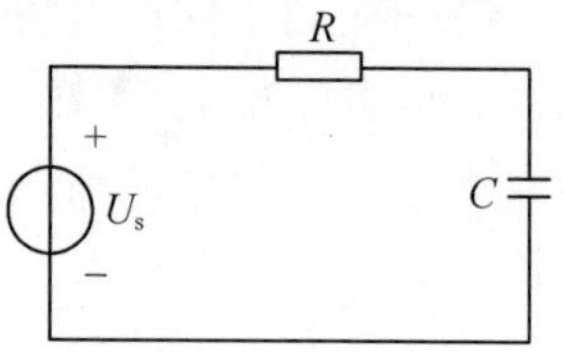

图 3.11 RC 电路图

上升沿定义为电压从 10% 到 90% 的话,有

$$V_{OUT}/V_{IN} = 10\% = 1 - e^{-T_1/RC}, T_1 = 0.1RC$$

$$V_{OUT}/V_{IN} = 90\% = 1 - e^{-T_2/RC}, T_2 = 2.3RC$$

$$T_r = T_2 - T_1 = 2.2RC \tag{3.11a}$$

则时间差 $T_r = T_2 - T_1 = 2.2RC$。而带宽定义为 RC 网络的 $-3dB$ 带宽,则

$$BW = 1/(2 \times 3.14 \times RC) \tag{3.11b}$$

将式(3.11b)代入式(3.11a),就获得了信号上升时间与带宽的关系:

$$T_r = 2.2RC = \frac{2.2}{2 \times 3.14} \cdot \frac{1}{BW} = \frac{0.35}{BW} \tag{3.11c}$$

从信号上升沿计算出的 $-3dB$ 带宽实际上是该 RC 电路的带宽。该带宽限

定了该数字信号源所能发出信号源宽带的上限,理论上如果认为在带宽频率以上频谱衰减到0,只要示波器带宽大于数字信号 −3dB,就可以保证信号完整的传递。

Q3 − 47　如何识别有效带宽?

传感器带宽、数字带宽和防混叠滤波器带宽中最窄的带宽就是有效带宽。

当数字带宽高于固有带宽时,无须防混叠滤波器,固有带宽就是功率分析仪最高带宽,当数字带宽低于固有带宽时,若信号带宽高于数字带宽,需要设置合适带宽的防混叠滤波器,防混叠滤波器与传感器带宽中较窄的那个就是有效带宽。若前端无传感器,防混叠滤波器带宽就是有效带宽。

例如,某进口高精度功率分析仪标称带宽为 1MHz,最高采样频率为 200kHz,防混叠滤波器的截止频率为 50kHz 或 5.5kHz。该功率分析仪的奈奎斯特频率为 100kHz,低于固有带宽,对于测试 100kHz 以下的信号,无须防混叠滤波器,此时的有效带宽为 100kHz。若不能确保信号带宽低于 100kHz,就需要启用防混叠滤波器,防混叠滤波器的最高带宽为 50kHz,低于奈奎斯特频率,该功率分析仪的有效带宽为 50kHz。

若前端的电压传感器带宽为 700Hz,电流传感器带宽为 300kHz,那么,系统电压有效带宽为 700Hz,电流有效带宽为 50kHz。

Q3 − 48　宽频带功率分析仪的带宽是否越宽越好?

带宽以够用为好,不一定越宽越好。

例如,被测信号的带宽为 10kHz,功率分析仪带宽为 10 ~ 100kHz 之间是比较合理的,因为这样既可以满足真实信号的准确测量,又可以滤除功率分析仪带宽以上的干扰信号。当然,高频的干扰信号可以通过设置合理的防混叠滤波器或软件滤波器进行滤除。但是,如果干扰信号过大,在进入滤波器之前已经受到电路的限幅,那么,再经过任何滤波器都不能还原真实信号了。

一般而言,理想的配置是前向通道所有部件及防混叠滤波器的带宽均高于信号带宽,但是,越接近被测信号的部件的带宽越宽,越接近 AD 转换器的带宽越窄,因为这样既可以满足被测信号的测量,又可以最大限度避免高频干扰的影响。

Q3 − 49　在变频测量方面,采样频率对测量的影响主要体现在哪些方面?

变频测量的主要特点是:开关频率远远高于基波频率,采样频率既要满足基波测试的需要,又要满足谐波带宽的需要。举例而言,作为基波测试,每个信号周期采样 1024 点一般就足够了,可以分析到 500 次谐波。但是,若基波频率较低,比如,基波频率为 1Hz,而开关频率为 2kHz。由于变频器的谐波主要集中在

2 倍开关频率附近，采样频率至少要达到 8k。这时，若还是每周期采样 1024 个点，采样频率过低，违背采样定理；若采用抗混叠滤波器，限制信号带宽，虽然满足采样定理要求，但是，谐波被抑制了，得不到正确的评估。

用于变频测试的高档测试系统，通常可以达到较高的采样频率。但是，某些仪器对采样频率进行了限制，比如，WT3000 高精度功率分析仪就将采样频率固定为基波频率的 3000 倍左右，基波频率较高时，可以很好地满足变频测试需要，基波频率低于 10Hz 以后，就会遇到以上所述的问题。

三、模数转换器

Q3–50 模数转换的基本原理是什么？

模数转换是将模拟信号转换为数字信号的处理。一般分为采样—保持—量化—编码四个步骤。

（1）采样。采样或称抽样，利用采样脉冲序列，从连续时间信号中抽取一系列离散样值，使之成为采样信号的过程。采样频率需满足采样定理。

（2）保持。由于采样信号的结果是一些很窄的脉冲，为保证有足够的时间进行转换，应当将脉冲的幅值保持住，直到下一次采样时刻的到来。

（3）量化。又称幅值量化，把采样信号经过舍零取整的方法变为只有有限个有效数字的数，这一过程称为量化。

（4）编码。将数字信号表示成数字系统能接受的形式。

Q3–51 什么是 A/D 转换器？

A/D 转换器即模数转换器，简称 ADC。通常是指一个将模拟信号转换为数字信号的电子元件。通常的模数转换器是将一个输入电压信号转换为一个数字信号输出。由于数字信号本身不具有实际意义，仅仅表示一个相对大小，故任何一个模数转换器都需要一个参考模拟量作为转换的标准，比较常见的参考标准为最大的可转换信号大小，而输出的数字量则表示输入信号相对于参考信号的大小。模数转换器最重要的参数是转换的精度，通常用输出的数字信号的位数多少表示，位数越多，表示转换器能够分辨输入信号的能力越强，转换器的性能也就越好。

Q3–52 选择 A/D 转换器时的主要指标有哪些？

我们在实际应用中选择 A/D 转换器时，主要关注的技术指标有如下几项：

（1）分辨率（Resolution）：指数字量变换一个最小量时模拟信号的变化量，定义为满刻度与 2^n 的比值（n 为 A/D 器件位数）。对于 5V 满刻度，采用 8 位

A/D时,分辨率为 5V/256 = 19.53mV;当采用 12 位的 A/D 时,分辨率则为 5V/4096 =0.122mV。

（2）转换速率（Conversion Rate）：是指完成一次从模拟转换到数字的 A/D 转换所需的时间的倒数。采样时间则是另外一个概念，是指两次转换的间隔。为了保证转换的正确完成，采样速率（Sample Rate）必须小于或等于转换速率，因此习惯将转换速率在数值上等同于采样速率也是可以接受的，常用单位是 kS/s 和 MS/s。

（3）量化误差（Quantizing Error）：由于 A/D 的有限分辨率而引起的误差，即有限分辨率 A/D 的阶梯状转移特性曲线与无限分辨率 A/D（理想）的转移特性曲线（直线）的最大偏差。

（4）偏移误差（Offset Error）：输入信号为零时输出信号不为零的值。

（5）满刻度误差（Full Scale Error）：满刻度输出时对应的输入信号与理想输入信号值之差。

（6）线性度（Linearity）：实际转换器的转移函数与理想直线的最大偏移。

A/D 转换器的其他指标还有绝对精度（Absolute Accuracy）、相对精度（Relative Accuracy）、微分非线性、单调性和无错码、总谐波失真和积分非线性等。

Q3-53 ADC 的分类大致有哪些？

模数转换器的种类很多，按工作原理的不同，可分成间接 ADC 和直接 ADC。间接 ADC 是先将输入模拟电压转换成时间或频率，然后再把这些中间量转换成数字量，常用的有双积分型 ADC。直接 ADC 则直接转换成数字量，常用的有并联比较型 ADC 和逐次逼近型 ADC。

（1）逐次逼近型（SAR）ADC。

逐次逼近型 ADC 是应用非常广泛的模/数转换方法，它包括 1 个比较器、1 个数模转换器、1 个逐次逼近寄存器（SAR）和 1 个逻辑控制单元。它是将采样输入信号与已知电压不断进行比较，1 个时钟周期完成 1 位转换，N 位转换需要 N 个时钟周期，转换完成，输出二进制数。这一类型 ADC 的分辨率和采样速率是相互矛盾的，分辨率低时采样速率较高，要提高分辨率，采样速率就会受到限制。

优点：高速，采样速率可达 1MS/s；与其他逐次逼近型 ADC 原理图如图3.12所示。ADC 相比，功耗相当低；分辨率低于 12 位时，价格较低。

缺点：在高于 14 位分辨率情况下，价格较高；传感器产生的信号在进行模/数转换之前需要进行调理，包括增益级和滤波，这样会明显增加成本。

（2）积分型 ADC。

积分型 ADC 又称为双斜率或多斜率 ADC，它的应用也比较广泛。它由 1 个

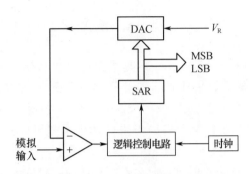

图 3.12　逐次逼近型 ADC 原理图

带有输入切换开关的模拟积分器、1 个比较器和 1 个计数单元构成,通过两次积分将输入的模拟电压转换成与其平均值成正比的时间间隔。与此同时,在此时间间隔内利用计数器对时钟脉冲进行计数,从而实现 A/D 转换。积分型 ADC 原理图如图 3.13 所示。

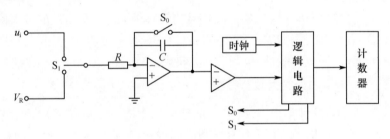

图 3.13　积分型 ADC 原理图

　　积分型 ADC 两次积分的时间都是利用同一个时钟发生器和计数器来确定,因此所得到的 D 表达式与时钟频率无关,其转换精度只取决于参考电压 V_R。此外,由于输入端采用了积分器,因此对交流噪声的干扰有很强的抑制能力。能够抑制高频噪声和固定的低频干扰(如 50Hz 或 60Hz),适合在嘈杂的工业环境中使用。这类 ADC 主要应用于低速、精密测量等领域,如数字电压表。

　　优点:分辨率高,可达 24 位;功耗低、成本低。

　　缺点:转换速率低,转换速率在 12 位时为 100～300S/s。

　　(3) 并行比较 ADC。

　　并行比较 ADC 主要特点是速度快,它是所有的 A/D 转换器中速度最快的,现代发展的高速 ADC 大多采用这种结构(见图 3.14),采样速率能达到 1GS/s 以上。但受到功率和体积的限制,并行比较 ADC 的分辨率难以做得很高。

　　这种结构的 ADC 所有位的转换同时完成,其转换时间主取决于比较器的开关速度、编码器的传输时间延迟等。增加输出代码对转换时间的影响较小,但随着分辨率的提高,需要高密度的模拟设计以实现转换所必需的数量很大的精密分压电阻和比较器电路。输出数字增加一位,精密电阻数量就要增加 1 倍,比较器也近似增加 1 倍。

并行比较 ADC 的分辨率受管芯尺寸、输入电容、功率等限制。结构重复的并联比较器如果精度不匹配,还会造成静态误差,如会使输入失调电压增大。同时,这一类型的 ADC 由于比较器的亚稳压、编码气泡,还会产生离散的、不精确的输出,即所谓的"火花码"。

优点:模/数转换速度最高。

缺点:分辨率不高,功耗大,成本高。

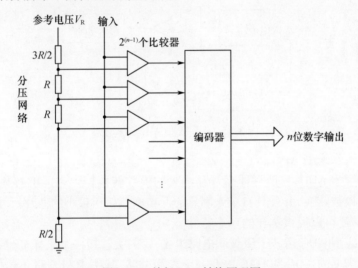

图 3.14 并行 ADC 转换原理图

(4) 压频变换型 ADC。

压频变换型 ADC 是间接型 ADC,它先将输入模拟信号的电压转换成频率与其成正比的脉冲信号,然后在固定的时间间隔内对此脉冲信号进行计数,计数结果即为正比于输入模拟电压信号的数字量。从理论上讲,这种 ADC 的分辨率可以无限增加,只要采用时间长到满足输出频率分辨率要求的累积脉冲个数的宽度即可。

优点:精度高、价格较低、功耗较低。

缺点:类似于积分型 ADC,其转换速率受到限制,12 位时为 $100 \sim 300 S/s$。

(5) $\Sigma - \Delta$ 型 ADC。

$\Sigma - \Delta$ 转换器又称为过采样转换器(见图 3.15),它采用增量编码方式即根据前一量值与后一量值的差值的大小来进行量化编码。$\Sigma - \Delta$ 型 ADC 包括模

拟 $\Sigma - \Delta$ 调制器和数字抽取滤波器。$\Sigma - \Delta$ 调制器主要完成信号抽样及增量编码,它给数字抽取滤波器提供增量编码即 $\Sigma - \Delta$ 码;数字抽取滤波器完成对 $\Sigma - \Delta$ 码的抽取滤波,把增量编码转换成高分辨率的线性脉冲编码调制的数字信号。因此抽取滤波器实际上相当于一个码型变换器。

优点:分辨率较高,高达 24 位;转换速率高,高于积分型和压频变换型 ADC;价格低;内部利用高倍频过采样技术,实现了数字滤波,降低了对传感器信号进行滤波的要求。

缺点:高速 $\Sigma - \Delta$ 型 ADC 的价格较高;在转换速率相同的条件下,比积分型和逐次逼近型 ADC 的功耗高。

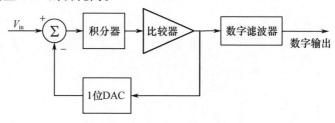

图 3.15　$\Sigma - \Delta$ 型 ADC 结构图

（6）流水线型 ADC。

流水线型 ADC,它是一种高效和强大的模数转换器。它能够提供高速、高分辨率的模数转换,并且具有令人满意的低功率消耗和很小的芯片尺寸;经过合理的设计,还可以提供优异的动态特性。

流水线型 ADC 由若干级级联电路组成,每一级包括一个采样/保持放大器、一个低分辨率的 ADC 和 DAC 以及一个求和电路,其中求和电路还包括可提供增益的级间放大器。快速精确的 n 位转换器分成两段以上的子区(流水线)来完成。首级电路的采样/保持器对输入信号取样后先由一个 m 位分辨率粗 A/D 转换器对输入进行量化,接着用一个至少 n 位精度的乘积型数模转换器(MDAC)产生一个对应于量化结果的模/拟电平并送至求和电路,求和电路从输入信号中扣除此模拟电平。并将差值精确放大某一固定增益后再交下一级电路处理。经过各级这样的处理后,最后由一个较高精度的 K 位细 A/D 转换器对残余信号进行转换。将上述各级粗、细 A/D 的输出组合起来即构成高精度的 n 位输出。

优点:有良好的线性和低失调;可以同时对多个采样进行处理,有较高的信号处理速度,典型的转换时间为 $T_{Conv} < 100 ns$;低功率、高精度、高分辨率、可以简化电路。

缺点:基准电路和偏置结构过于复杂;输入信号需要经过特殊处理,以便穿过数级电路造成流水延迟;对锁存定时的要求严格;对电路工艺要求很高,电路板上设计得不合理会影响增益的线性、失调及其他参数。

Q3-54 A/D 前需要加抗混叠滤波器吗?

根据采样定理,A/D 的采样频率 f_s 必须高于信号最高频率的 2 倍,因此一般 A/D 在进行模数转换前,都会在 A/D 前加一个抗混叠滤波器,滤去 $f_s/2$ 以上的频率,消除混叠失真的影响。但是有一种 A/D 前可以不加抗混叠滤波器,这种 A/D 就是 $\sum-\Delta$ 型 A/D 转换器,$\sum-\Delta$ 的采样频率非常高,通常远大于 f_s,因此其抗高频干扰能力很强,无须加抗混叠滤波器。

Q3-55 模数转换器的误差是如何产生?

模数转换器在转换的过程中,有多个地方会带来误差:

(1) 量化误差。采样量化过程中必定会造成误差,采用高分辨率的 AD 芯片,只能减小误差,而不能消除误差。

(2) 非线性误差。由于电路的噪声、积分效应等造成的误差。

(3) 时基误差,也称为孔径误差。由于时钟振荡不良,通常在对模拟信号采样、离散化时出现,可以看做是一种相位误差。

Q3-56 什么是 ADC 的抖动?

当 ADC 可处理的输入信号频率达到几百甚至超过 1GHz 时,系统对于抖动的敏感度随着信号频率和分辨率的提高而增加。抖动是指信号沿周期间的偏差。由于 ADC 时钟相对于输入信号的抖动,意味着在信号被取样的时间有一个偏差,所以取样的信号电平就会出现偏差。假如对波形的每个周期的同一点取样,由于抖动的存在,有可能对介于 1.14~1.15V 的数据,存在 10mV 的偏差,即意味着输出有 10mV 噪声。这对于 6 位或 8 位的影响不是太大,但对于高分辨率的 ADC 就会产生较大的影响,在较高分辨率时更容易发生大抖动。

Q3-57 什么是信噪比?影响 ADC 的信噪比的因素有哪些?

信噪比(SNR)是一个比率,用分贝(dB)表示,表示输出信号的有效值和所有其他频谱成分(低于采样频率的一半,除谐波分量和直流分量外)总和的有效值的比率。信噪比是信号电平的有效值与各种噪声(包括量化噪声、热噪声、白噪声等)有效值之比的分贝数。其中信号是指基波分量的有效值,噪声指奈奎斯特频率下的全部非基波分量的有效值(除谐波分量和直流分量外)。

理想情况下 ADC 的唯一误差是量化,其信噪比的表达式为

$$\mathrm{SNR} = 6.02N + 1.76 + 10\log(f_s/B) \tag{3.12}$$

但实际使用的 ADC 是非理想器件,它的实际转换曲线之间存在偏差,表现

为多种误差,其中微分非线性的量化误差 DNL 直接影响信噪比。

ADC 器件内部和 ADC 器件外部电路中的噪声也对信噪比有影响。

Q3 –58　如何处理 ADC 的噪声?

噪声是 ADC 输出信号中随机成分,通常用 rms 表示。噪声的存在必然影响 ADC 的性能,特别是高精度的 ADC。在数据采集系统中,噪声基本以三种形式出现:信号中原有的"混杂噪声",元器件内部产生的"固有噪声"和电磁场引起"感应噪声"。

从不相关的噪声源来的噪声,通常以平方和的方根形式相加,但对于主要噪声是尖峰干扰时,平方和的方根就没有意义了,此时一般采用积分型 ADC 通常可以滤除噪声。对于随机噪声,若对给定的信号通道的采样数足够多,则其数字输出中也包含其噪声的统计性质在内,可以用数字技术滤除。

Q3 –59　为什么有些 ADC 的输出信号会出现尖峰脉冲?如何消除?

有很多单独的 ADC 或用在微控制器中的大多数 COMS ADC 都具有取样数据比较器输入结构。因此在取样时,取样电容充电到呈现在模拟输入段的电压幅值,此充电需要来自电源的电流,结果使电源输出的负载很重,导致信号上出现瞬时的尖峰脉冲。可以在 ADC 的输入加一个滤波电容,此电容用来存储取样期间的电荷,可以消除瞬时尖峰脉冲,保持输出稳定。

四、数字信号处理器件

Q3 –60　数字信号处理的基本组成?

数字信号处理是利用数字系统对数字信号(包括数字化后模拟信号)进行处理。图 3.16 是一个典型的以数字信号处理器为核心部件的数字信号处理系统框图,此系统既可处理数字信号,也可处理模拟信号。

当用此系统处理数字信号时,如图 3.16 所示,可直接将输入数字信号 $x(n)$ 送入数字信号处理器,由它按用户需要进行处理后,直接从它的输出端得到输出的数字信号 $y(n)$。

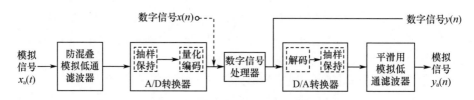

图 3.16　数字信号处理系统框图

当用此系统处理模拟信号时,需采用系统框图 3.16 中所有部件。模拟信号 $x_a(t)$ 要经过防混叠模拟滤波器进行滤波,然后进入模/数(A/D)转换器将模拟信号转换成数字信号,随后进入数字信号处理器这一核心部件处理得到数字信号。若所需为数字信号,则直接输出;若需要模拟信号,则再经过一个数/模(D/A)转换器后送入平滑用模拟低通滤波器得到模拟信号 $y_a(n)$。

Q3-61　数字信号处理的特点有哪些?

数字信号处理具有以下明显的优点:

(1)精度高。模拟电路的精度由元器件决定,而模拟元器件精度达到 10^{-3} 以上都不容易,而数字系统只要 14 位字长精度就可以达到 10^{-4} 的精度。在高精度系统中,有时只能采用数字系统。

(2)灵活性强。数字信号处理采用数字系统,其性能主要由数字运算的系数决定。数字系统的系数调整只需通过软件设计改变存储的系数,远比模拟系统调整参数方便。

(3)可靠性强。因为数字系统只有两个信号电平"0"和"1",因而受周围环境的温度及噪声的影响较小。而模拟系统的各元器件都有一定的温度系数,且电平是连续变化的,易受温度、噪声、电磁感应等的影响。

(4)可以实现多维信号的处理。不但可以处理语音信号,还可以处理图像、视频等多维信号。

(5)易于大规模集成。由于数字部件具有高度规范性,便于大规模集成、大规模生产,而且对电路参数要求不严,故产品成品率高。

(6)易于时分复用。由于数字系统的参数调节灵活方便,为时分复用提供了可能性。时分复用是指利用数字信号处理器,同时处理几个通道的信号。每增加一路信号,只需要增加存放系数的存储单元,不需要增加乘法器。

数字信号处理的局限性:

(1)系统复杂性高,成本高。模拟接口等增加了系统的复杂性。

(2)处理速度与精度的矛盾。影响处理速度的因素是算法的速度、转换器的速度以及芯片的速度,而转换器的速度与精度是互相矛盾的,要做到高速,精度就会下降。

Q3-62　什么是 DSP? DSP 的主要应用有哪些?

DSP 是英文 Digital Signal Processor(数字信号处理器)的缩写。DSP 是指以数字信号来处理大量信息的器件,是一种特别适合于实现各种数字信号处理运算的微处理器,它也是嵌入式微处理器大家庭中的一员。DSP 也可以是英文 Digital Signal Processnig(数字信号处理)的缩写。

DSP 的主要应用如下：

（1）数字信号处理运算。快速傅里叶变换（FFT）、卷积、数字滤波、自适应滤波、相关、模式匹配、加密等。

（2）通信。调制解调器、自适应均衡、数据加密、数据压缩、扩频通信、纠错编码、传真、可视电话等。

（3）网络控制及传输设备。网络功能和性能的不断提高，如视频信箱、交互式电视等，要求更宽、更灵活的传输带宽，实时传输和处理数据的网络控制器、网络服务器和网关都需要 DSP 的支持。

（4）语音处理。语音编码、语音合成、语音识别、语音邮件、语音存储等。

（5）电机和机器人控制。在单片内集成多个 DSP 处理器，可采用先进的神经网络和模糊逻辑控制等人工智能算法。机器人智能的视觉、听觉和四肢的灵活运动必须有 DSP 技术支持才能实时实现。

（6）激光打印机、扫描仪和复印机。DSP 不仅是控制，还有繁重的数字信号处理任务，如字符识别、图像增强、色彩调整等。

（7）自动测试诊断设备及智能仪器仪表、虚拟仪器。现代电子系统设备中，有近 60% 的设备及资金是用于测试设备，自动测试设备集高速数据采集、传输、存储、实时处理于一体，是 DSP 又一广阔应用领域。

（8）图像处理。二维、三维图形处理，图像压缩、传输与增强，动画，机器人视觉，模式识别等。

（9）军事。保密通信、雷达处理、导航、导弹制导等。

如机载空 - 空导弹，在有限的体积内装有红外探测仪和相应的 DSP 处理部分，完成目标的自动锁定与跟踪，战斗机上的目视瞄准器和步兵头盔式微光仪，需要 DSP 完成图像的滤波与增强，智能化目标的搜索、捕获等。

（10）自动控制。机器人控制、磁盘控制、自动驾驶、声控、发动机控制等。

（11）医疗仪器。助听、诊断工具、超声仪、CT、核磁共振。

（12）家用电器。数字电话、数字电视、音乐合成、音调控制、玩具与游戏、高保真音响、数字收音机、数字电视等。

（13）汽车。防滑刹车、引擎控制、伺服控制、振动分析、安全气囊的控制器、视像地图等。一辆现代的高级轿车上，有 30 多处电子控制设备上用到了 DSP 技术。

（14）多媒体个人数字化产品。数码相机、MP3、掌上电脑、电子辞典、数码录音笔、数码复读机等。

Q3-63 DSP 的基本特点有哪些？

（1）采用哈佛结构。

（2）采用多总线技术。

（3）采用流水线技术。

（4）配有专用的硬件乘法 - 累加器。

（5）具有特殊的 DSP 指令。

（6）快速的指令周期。

（7）硬件配置强。

（8）支持多处理器结构。

（9）省电管理和低能耗。

Q3 - 64　DSP 系统的基本构成有哪些？

如图 3.17 所示为 DSP 系统的基本构成图。

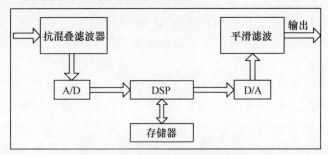

图 3.17　DSP 系统的基本构成图

Q3 - 65　引起 DSP 幅值测量误差的原因有哪些？

（1）A/D 的基准电压（参考电平）误差，量化误差、抖动误差、线性度误差。

（2）抗混滤波器带内波纹误差、（过渡带及阻带）折叠效应误差。

（3）加窗引起的泄漏误差、栅栏效应误差。

（4）随机过程有限平均次数误差。

（5）相关分析的卷绕误差（Warp - around error）。

（6）本机背景噪声误差。

（7）输入电路（放大器、滤波器等）的过冲和振铃效应。

（8）不恰当的量程设置降低了信噪比。

（9）过分的细化分析也导致信噪比的降低。

Q3 - 66　目前常用的微处理器有哪些？

单片机是指把 CPU、存储器、输入输出设备或接口集成到一片芯片内,加少量的外围电路就可以构成计算机系统的器件,目前常用的有 MCS - 51 系列、PIC

系列等器件。

目前以 ARM 为代表的 32 位 CPU 严格意义上说是一个单板机系统,可以加载 Linux、WinCE 等复杂的操作系统,可以满足复杂的需求。

PLC 是可编程控制器,也是嵌入式系统的一种,但是一般用于电气控制,已经预制了很多程序,用梯形图等简单的编程语言就能构成系统。PLC 价格昂贵、应用简单、容易上手,一般用来实现工业现场复杂情况下的控制,应用领域有限。

CPLD(Complex Programmable Logic Device):复杂可编程逻辑器件。

FPGA(Field – Programmable Gate Array):现场可编程门阵列。

CPLD 和 FPGA 两者都是可编程器件,以往大多用于可编程数字电路的实现,使数字电路设计趋于简单和可更改设计。这几年随之 FPGA 的发展,内部可以嵌入微控制器核,来构建 SoC(System on Chip),但是开发难度相当大。CPLD 目前一半采用 FLASH 技术,而 FPGA 采用 SRAM 技术,这就决定了 FPGA 需要采用特定的配置技术。同时 FPGA 的规模要比 CPLD 大得多,但 CPLD 应用起来相对要简单得多。

DSP:数字信号处理器,处理器采用哈佛结构,工作频率较高,能大幅度提高数字信号处理算法的执行效率。DSP 的优势在于信号处理,运算能力强大,但控制能力一般,一般往往用于视频分析等需要进行信号复杂运算的场合。

MCU:微控制器,主要用于控制系统,工作频率一般来说比 DSP 低,硬件上具有多个 I/O 端口,同时也集成了多个外设,主要是便于在控制系统中的应用。

Q3–67 ARM 是什么? ARM 微处理器有什么特点?

ARM(Advanced RISC Machines),既可以认为是一个公司的名字,也可以认为是对一类微处理器的通称,还可以认为是一种技术的名字。目前,采用 ARM 技术知识产权(IP)核的微处理器,即我们通常所说的 ARM 微处理器。

采用 RISC(Reduced Instruction Set Computer)架构的 ARM 微处理器一般具有如下特点:

(1)体积小、低功耗、低成本、高性能。

(2)支持 Thumb(16 位)/ARM(32 位)双指令集,能很好地兼容 8 位/16 位器件。

(3)大量使用寄存器,指令执行速度更快。

(4)大多数数据操作都在寄存器中完成。

(5)寻址方式灵活简单,执行效率高。

(6)指令长度固定。

Q3–68 FPGA 是什么? 其工作原理是什么?

FPGA(Field – Programmable Gate Array),即现场可编程门阵列,它是在

PAL、GAL、CPLD 等可编程器件的基础上进一步发展的产物。它是作为专用集成电路(ASIC)领域中的一种半定制电路而出现的,既解决了定制电路的不足,又克服了原有可编程器件门电路数有限的缺点。

FPGA 采用了逻辑单元阵列 LCA(Logic Cell Array)这样一个概念,内部包括可配置逻辑模块 CLB(Configurable Logic Block)、输入输出模块 IOB(Input Output Block)和内部连线(Interconnect)三个部分。现场可编程门阵列(FPGA)是可编程器件,与传统逻辑电路和门阵列(如 PAL、GAL 及 CPLD 器件)相比,FPGA 具有不同的结构。FPGA 利用小型查找表(16×1RAM)来实现组合逻辑,每个查找表连接到一个 D 触发器的输入端,触发器再来驱动其他逻辑电路或驱动 I/O,由此构成了既可实现组合逻辑功能又可实现时序逻辑功能的基本逻辑单元模块,这些模块间利用金属连线互相连接或连接到 I/O 模块。FPGA 的逻辑是通过向内部静态存储单元加载编程数据来实现的,存储在存储器单元中的值决定了逻辑单元的逻辑功能以及各模块之间或模块与 I/O 间的联接方式,并最终决定了 FPGA 所能实现的功能,FPGA 允许无限次的编程。

Q3-69　CPLD 是什么?

CPLD(Complex Programmable Logic Device)复杂可编程逻辑器件,是从 PAL 和 GAL 器件发展出来的器件,相对而言,其规模大,结构复杂,属于大规模集成电路范围。是一种用户根据各自需要而自行构造逻辑功能的数字集成电路。其基本设计方法是借助集成开发软件平台,用原理图、硬件描述语言等方法,生成相应的目标文件,通过下载电缆("在系统"编程)将代码传送到目标芯片中,实现设计的数字系统。

PLD 主要是由可编程逻辑宏单元(Macro Cell,MC)围绕中心的可编程互连矩阵单元组成。其中 MC 结构较复杂,并具有复杂的 I/O 单元互连结构,可由用户根据需要生成特定的电路结构,完成一定的功能。由于 CPLD 内部采用固定长度的金属线进行各逻辑块的互连,所以设计的逻辑电路具有时间可预测性,避免了分段式互连结构时序不完全预测的缺点。

第三节　数字信号处理基础知识

一、傅里叶变换基础知识

Q3-70　什么是傅里叶变换?

傅里叶变换是指将满足一定条件的某个函数表示成三角函数(正弦和/或

余弦函数)或者它们的积分的线性组合。在不同的研究领域,傅里叶变换具有多种不同的变换形式,如连续傅里叶变换和离散傅里叶变换。

傅里叶级数告诉我们,任何周期信号都可以分解为有限或无限个正弦波或余弦波的叠加,且这些波的频率都是原始信号频率 f_0 的整数倍:

$$f(t) = a_0 + \sum_{n=1}^{\infty} \left[a_n\cos(2\pi nf_0t) + b_n\sin(2\pi nf_0t) \right]$$

$$= a_0 + \sum_{n=1}^{\infty} c_n\sin(2\pi nf_0t + \theta_n) \qquad (3.13)$$

式中:f_0 为这些波的基频;a_0 为直流分量;c_n 为幅度;θ_n 为相位。根据这样的特点,在电参量测量分析中,我们这样描述傅里叶变换:任意周期信号可以分解为直流分量和一组不同幅值、频率、相位的正弦波。并且这些正弦波的频率符合一个规律:是某个频率的整数倍。这个频率就是基波频率(以下简称基频),而其他频率称为谐波频率。如果谐波的频率是基频的 n 倍,就称为第 n 次谐波。直流分量的频率为零,是基频的零倍,也可称零次谐波。

傅里叶变换是描述信号的需要,只要能反映信号的特征,描述方法越简单越好。傅里叶变换是一种信号分析方法,让我们对信号的构成和特点进行深入的、定量的研究。把信号通过频谱的方式(包含幅值谱、相位谱和功率谱)进行准确的、定量的描述。

Q3-71 为什么要进行傅里叶变换,其物理意义是什么?

傅里叶变换是数字信号处理领域一种很重要的算法,要知道傅里叶变换算法的意义,首先要了解傅里叶原理的意义。傅里叶原理表明:任何连续测量的时序或信号,都可以表示为不同频率的正弦波信号的无限叠加。而根据该原理创立的傅里叶变换算法利用直接测量的原始信号,以累加方式来计算该信号中不同正弦波信号的频率、幅值和相位。和傅里叶变换算法对应的是反傅里叶变换算法,该反变换从本质上说也是一种累加处理,这样就可以将单独改变的正弦波信号转换成一个信号。

因此可以说,傅里叶变换将原来难以处理的时域信号转换成了易于分析的频域信号(信号的频谱),可以利用一些工具对这些频域信号进行处理、加工。最后还可以利用傅里叶反变换将这些频域信号转换成时域信号。从现代数学的眼光来看,傅里叶变换是一种特殊的积分变换,它能将满足一定条件的某个函数表示成正弦基函数的线性组合或者积分。

Q3-72 傅里叶变换的本质是什么?

傅里叶变换的简单理解就是把看似杂乱无章的信号考虑成由一定振幅、相位、频率的基本正弦(余弦)信号组合而成,傅里叶变换的目的就是找出这些基本正弦(余弦)信号中振幅较大(能量较高)信号对应的频率,从而找出杂乱无章的信号中的主要振动频率特点。傅里叶变换的典型用途是将信号分解成幅值分量和频率分量。对一个信号做傅里叶变换,可以得到其频域特性,包括幅度和相位两个方面。幅度是表示这个频率分量的大小,频域上的相位,就是每个正弦波之间的相位。即傅里叶变换是将一个信号的时域表示形式映射到一个频域表示形式;傅里叶逆变换恰好相反。

傅里叶变换公式:

$$F(\omega) = \int_{-\infty}^{+\infty} f(t) e^{-j\omega t} dt \tag{3.14}$$

傅里叶逆变换的公式:

$$f(t) = \frac{1}{2\pi} \int_{-\infty}^{+\infty} F(\omega) e^{-j\omega t} d\omega \tag{3.15}$$

Q3-73　什么是 DFT 与 FFT?

DFT(Discrete Fourier Transform):离散傅里叶变换,是连续傅里叶变换在时域和频域上都离散的形式,将时域信号的采样变换为在离散时间傅里叶变换(DTFT)频域的采样。

在形式上,变换两端(时域和频域上)的序列是有限长的,而实际上这两组序列都应当被认为是离散周期信号的主值序列。即使对有限长的离散信号作DFT,也应当将其看作经过周期延拓成为周期信号再作变换。在实际应用中通常采用快速傅里叶变换以高效计算 DFT。

FFT(Fast Fourier Transformation):快速傅里叶变换,是离散傅里叶变换的快速算法,它是根据离散傅氏变换的奇、偶、虚、实等特性,对离散傅里叶变换的算法进行改进获得的。

Q3-74　DFT 算法和 FFT 算法比较有什么区别?

在谐波分析仪器中,我们常常提到的两个词语就是 DFT 算法和 FFT 算法,FFT 算法是 DFT 算法的快速算法,对傅里叶变换的理论并没有新的突破,两种算法比较起来,FFT 算法的优势是运算速度快,运算量小,对微处理器的运算速度及处理能力要求低,但要求分析样本序列是代表一个或整数个信号周期,且样本数量必须是 2 的 N 次幂;而 DFT 算法的数据运算量大,运算速度远低于 FFT,对处理器的性能要求高,但对运算点数没有限制,对于基波频率未知的测量工况,处理起来更加灵活。

Q3-75 傅里叶变换的四种形式是什么？

（1）连续时间，连续频率的傅里叶变换——连续傅里叶变换。

（2）连续时间，离散频率的傅里叶变换——傅里叶级数。

（3）离散时间，连续频率的傅里叶变换——离散时间傅里叶变换。

（4）离散时间，离散频率的傅里叶变换——离散傅里叶变换。

Q3-76 傅里叶变换为什么要把信号分解成为正弦波组合？

傅里叶变换是一种信号分析的方法，既然是分析方法，其目的应该是把问题变得更简单，而不是更复杂，傅里叶选择了正弦波，没有选择方波或其他波形，正是其伟大之处。

正弦波有其他任何波形（恒定的直流波形除外）所不具备的特点：正弦波输入至任何线性系统，出来的还是正弦波，改变的仅仅是幅值和相位，即正弦波输入至线性系统，不会产生新的频率成分（非线性系统如变频器，就会产生新的频率成分，称为谐波）。用单位幅值的不同频率的正弦波输入至某线性系统，记录其输出正弦波的幅值和频率的关系，得到该系统的幅频特性，记录输出正弦波的相位和频率的关系，得到该系统的相频特性。线性系统是自动控制研究的主要对象，线性系统具备一个特点：多个正弦波叠加后输入至一个系统，输出是所有正弦波独立输入时对应输出的叠加。也就是说，我们只要研究正弦波的输入和输出关系，就可以知道该系统对任意输入信号的响应，这些特性也是方波和三角波不具备的。

Q3-77 什么是信号的时域和频域？时频域的关系是什么？

时域即时间域，自变量是时间，即横轴是时间，纵轴是信号的变化。其动态信号是描述信号在不同时刻取值的函数。时域分析是以时间轴为坐标表示动态信号的关系。

频域即频率域，自变量是频率，即横轴是频率，纵轴是该频率信号的幅度，也就是通常说的频谱图。频谱图描述了信号的频率结构及频率与该频率信号幅度的关系。频域是把时域波形的表达式作傅里叶变换得到复频域的表达式，所画出的波形就是频谱图。

时域分析与频域分析是对模拟信号的两个观察面。对信号进行时域分析时，有时一些信号的时域参数相同，但并不能说明信号就完全相同。因为信号不仅随时间变化，还与频率、相位等信息有关，这就需要进一步分析信号的频率结构，并在频域中对信号进行描述。动态信号从时域变换到频域主要通过傅里叶级数和傅里叶变换实现。周期信号的变换采用傅里叶级数，非周期信号的变换采用傅里叶变换。

一般来说,时域的表示较为形象与直观,频域分析则更为简练,剖析问题更为深刻和方便。目前,信号分析的趋势是从时域向频域发展。然而,它们是互相联系,缺一不可,相辅相成的。

Q3-78 信号的时域和频域表达方式各有什么特点?

我们描述信号的方式有时域和频域两种方式,时域是描述数学函数或物理信号对时间的关系,而频域是描述信号在频率方面特性时用到的一种坐标系,简单来说,横坐标一个是时间,一个是频率。时域表达的特点是简单、直观,也是我们最常用的一种方式,如信号的实时波形,一般正弦信号可由幅值、频率、相位三个基本特征值唯一确定。但对于两个形状相似的非正弦波形,从时域角度,很难看出两个信号之间的本质区别,这就需要用到频域表达方式。由傅里叶变换可知,任意周期信号通过傅里叶变换可分解为直流分量、基波分量和各次谐波分量的线性组合,因此,两个非正弦波信号也可以进行分解,从频域坐标系上可以清晰地反映其信号的构成及相互区别,因此非正弦信号必须通过各次谐波幅值、各次谐波频率和各次谐波相位三组基本特征值才能完整表达。

Q3-79 什么是频率响应?

频率响应是指系统的输入、输出特性随着频率而发生变化的现象。系统的频率响应由幅频特性和相频特性组成。幅频特性表示增益的增减同信号频率的关系;相频特性表示不同信号频率下的相位畸变关系。根据频率响应可以比较直观地评价系统复现信号的能力和过滤噪声的特性。

Q3-80 什么是窗函数?

数字信号处理的主要数据工具是傅里叶变换,当运用计算机实现测试信号处理时,不可能对无限长的信号进行测量和运算,而是取其有限的时间片段进行分析。具体做法是从时域信号中截取一个时间片段,然后用截取的信号时间片段进行周期延拓处理,得到虚拟的无限长信号,再进行傅里叶变换和相关分析。当无限长信号被截断后,即使是周期信号,如果截断的时间长度不是信号周期的整数倍(整周期截断),那么其频谱会发生畸变,为了将这个泄漏误差减少到最小程度,我们需要采用不同的截取函数对信号进行截断,截断函数称为窗函数。

Q3-81 几种常用窗函数的性质和特点是什么?

窗函数的作用主要是用来减小频谱泄漏和改善栅栏效应。只有对窗函数特性进行深入地了解,才能针对不同的应用场合的信号选择恰当的窗函数,以下介绍几种常用窗函数的性质和特点:

（1）矩形窗。矩形窗属于时间变量的零次幂窗，矩形窗使用最多，习惯不加窗就是使信号通过了矩形窗。这种窗的优点是主瓣比较集中，缺点是旁瓣较高，并有负旁瓣，导致变换中带进了高频干扰和泄漏，甚至出现负谱现象。

（2）三角窗。三角窗也称费杰窗，是幂窗的一次方形式，与矩形窗比较，主瓣宽约等于矩形窗的 2 倍，但旁瓣小，而且无负旁瓣。

（3）汉宁窗。又称余弦窗，汉宁窗可以看做是 3 个矩形时间窗的频谱之和。汉宁窗主瓣加宽并降低，旁瓣则显著减小，从减小泄漏观点出发，汉宁窗优于矩形窗，但汉宁窗主瓣加宽，相当于分析带宽加宽，频率分辨力下降。

（4）海明窗。海明窗与汉宁窗一样，也是余弦窗的一种，只是加权系数不同，海明窗加权的系数能使旁瓣达到更小，分析表明，海明窗的第一旁瓣衰减为 $-42dB$，但其旁瓣衰减速度为 20dB/（10oct），这比汉宁窗衰减速度慢。

（5）平顶窗。平顶窗在频域时的表现就像它的名称一样有非常小的通带波动。

（6）凯塞窗。定义了一组可调的由零阶贝塞尔函数构成的窗函数，通过调整参数 β 可以在主瓣宽度和旁瓣衰减之间自由选择它们的比重。对于某一长度的凯塞窗，给定 β，则旁瓣高度也就固定了。

（7）布莱克曼窗。布莱克曼窗为二阶升余弦窗，主瓣宽，旁瓣比较低，但等效噪声带宽比汉宁窗要大一点，波动却小一点。频率识别精度最低，但幅值识别精度最高，有更好的选择性。

（8）高斯窗。高斯窗是一种指数窗，它无负的旁瓣，第一旁瓣衰减达 $-55dB$，高斯负谱的主瓣较宽，故而频率分辨力低，高斯窗函数常被用来截断一些非周期信号。

Q3-82　加窗函数的选择原则是怎样的？

加窗实质是用一个窗函数与原始的时域信号做乘积的过程，使得相乘后的信号似乎更好地满足傅里叶变换的周期性要求。使用不同的时间窗，它们的时域形状和频域特征是不相同的，在加窗函数时，应使窗函数频谱的主瓣宽度应尽量窄，以获得高的频率分辨能力；旁瓣衰减应尽量大，以减少频谱拖尾。但通常都不能同时满足这两个要求，各种窗的差别主要在集中于主瓣的能量和分散在所有旁瓣的能量之比。

窗函数的选择取决于分析的目标和被分析信号的类型，一般来说，有效噪声频带越宽，频率分辨能力越差，越难于分清有相同幅值的临近频率。选择性的提高与旁瓣的衰减率有关，通常有效噪声带宽窄的窗，其旁瓣的衰减率较低，因此窗的选择在二者中进行折中处理。

窗函数的选择一般原则如下：

（1）如果截断的信号仍为周期信号，则不存在泄漏，无须加窗，相当于加矩形窗。

（2）如果信号是随机信号或者未知信号，或者有多个频率分量，测试关注的是频率点而非能量大小，建议选择汉宁窗。

（3）对于校准目的，则要求幅值精确，平顶窗是不错的选择。

（4）如果同时要求幅值精度和频率精度，可选择凯塞窗。

（5）如果检测两个频率相近、幅值不同的信号，建议用布莱克曼窗。

Q3－83　什么是频谱泄漏？

所谓频谱泄漏，就是信号频谱中各谱线之间相互影响，使测量结果偏离实际值，同时在谱线两侧其他频率点上出现一些幅值较小的假谱。从时域上来说，傅里叶变换的潜在假设为待处理的有限信号为周期性无限信号的周期主体，即假设原始信号为当前有限信号的无限个周期延拓。当我们截取的有限信号不是原始信号的整数倍周期，可知该有限信号的无限延拓不可完全的复原原始的无限信号，其首尾连接处出现断续，从而引入高次谐波分量，产生频谱泄漏。

Q3－84　为什么会出现频谱泄漏？

造成频谱泄漏的原因在于傅里叶变换的输入信号不能准确、完整地代表被分析信号，输出产生的一种误差，这种误差可以通过加合适的窗函数或延长时间窗得以改善，当输入信号的不完整性达到一定程度，输出是一种错误的结果。对于周期信号，整周期截断是不发生频谱泄漏的充分且必要条件，抑制频谱泄漏应该从源头抓起，尽可能进行整周期截断。

Q3－85　如何消除频谱泄漏带来的影响？

一般采用如下几种方式来减少频谱泄漏带来的影响：

（1）选择合适的窗函数。针对不同的测试信号，选择合适的窗函数对于减少频谱能量泄漏非常有效。

（2）加长傅里叶时间窗长度。傅里叶时间窗长度就是参与傅里叶变换的数据点数，参与变换的数据点数越多，频谱泄漏越小。对于 FFT，要求数据点数必须为 2 的 N 次幂，而对于普通离散傅里叶变换 DFT 则无此限制。

（3）利用频率同步装置减少频谱泄漏。一般采用数字式锁相器实现频率同步，数字式相位比较器把取自系统电压信号的相位和频率与锁相环输出的同步反馈信号进行比较，当失步时，数字式相位比较器输出与两者相位差和频率差有关的电压，经滤波后控制并改变压控振荡器的频率，直到输入的频率和反馈信号的频率同步为止。一旦锁定,便将跟踪输入信号频率变化,保持两者的频率同步,输出的同步信号去控制对信号的采样和加窗函数。

(4) 利用采样频率自适应软件算法来减少频谱泄漏。对于实际的电力信号,其频率的变化一般是比较缓慢的,相邻的几个周波的频率变化很小,在对其进行频谱分析时,采用软件采样频率自适应算法,首先以基波频率 50Hz 为采样基点,然后通过软件算法得到信号的实际频率,用实际频率自动地调整采样时间,可以减小同步误差,提高精度。

Q3-86 什么是频混现象?

频混现象又称频谱混叠效应,它是由于采样信号频谱发生变化,而出现高、低频成分发生混淆的一种现象,如图 3.18 所示。信号 $x(t)$ 的傅里叶变换为 $X(\omega)$,其频带范围为 $-\omega_m \sim \omega_m$;采样信号 $x(t)$ 的傅里叶变换是一个周期谱图,其周期为 ω_s,并且 $\omega_s = 2\pi/T_s$,T_s 为时域采样周期。当采样周期 T_s 较小时,$\omega_s > 2\omega_m$,周期谱图相互分离如图 3.18(b) 所示;当 T_s 较大时,$\omega_s < 2\omega_m$,周期谱图相互重叠,即谱图之间高频与低频部分发生重叠,如图 3.18(c) 所示,此即频混现象,这将使信号复原时丢失原始信号中的高频信息。

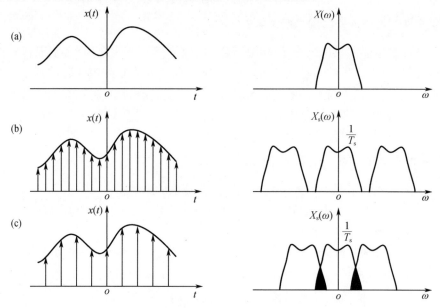

图 3.18 采样信号的频混现象

Q3-87 什么情况下功率分析仪有效带宽会出现混叠现象?

当功率分析仪对连续信号进行等间隔采样时,如果不能满足采样定理,即采样频率低于功率分析仪有效带宽的 2 倍,采样后信号进行频谱分析时,会出现率就会重叠,即高于采样频率 1/2 的频率成分将被重建成低于采样频率 1/2 的信号。这种频谱的重叠导致的失真称为混叠。这种情况下是功率分析仪有效带宽过宽或采样频率过低导致。只有提高采样频率,使之达到最高信号频率的 2 倍以上,或降低功率分析仪有效带宽,使其低于采样频率的 1/2,才能用采样样本正确还原信号。

抗混叠滤波器是一个低通滤波器,用以在输出电平中把混叠频率分量降低到微不足道的程度。这种滤波器是将信号的高频信号滤去,是对原始信号的一种预处理,使信号达到跟功率分析仪有效带宽"匹配"的要求。

Q3-88　怎样消除混叠现象?

混叠是数字信号处理中的一个重要概念,它是数字信号处理中的特有现象,是数字信号中离散采样引起的。混叠现象会产生假频率、假信号会严重地影响测量结果,当采样频率小于模拟信号中所要分析的最高分量的频率的 2 倍,就会发生。因此,我们通常采用以下两种手段来消除混叠现象,保证测量精度:

(1) 提高采样频率,使之达到被测信号最高频率的 2 倍以上。

(2) 引入低通滤波器或提高低通滤波器的参数(该低通滤波器通常称为抗混叠滤波器),抗混叠滤波器可限制信号的带宽,使之满足采样定理的条件。

Q3-89　什么是栅栏效应?

因为 DFT 计算频谱只限制在离散点上的频谱,也就是只限制为基频 f_0 的整数倍数处的谱,而不是连续频率函数,这就像是通过一个栅栏观看一个景象一样,只能在离散点的地方看到真实景象,把这种现象称为"栅栏效应"。

Q3-90　什么是吉普斯现象?

由于实际计算中脉冲响应函数只能取有限长,即要对它截断,截断后的脉冲响应所对应的频率响应函数不再是一个理想的"门",而是接近于这种门的一条幅值有波动的曲线,这种现象称为吉普斯现象。

Q3-91　FFT 补零可以提高频率分辨率吗?

FFT 补零主要发生在两种场合:①傅里叶点数不是 2 的 N 次幂,通过补零得到 2 的 N 次幂个点,这种情况下,一般补零的数量不会太多;②由于傅里叶变换得到的频域信息的频率分辨率与傅里叶变换输入的时域信息代表的时间长度的倒数相等。因此有人希望通过给时域信息补零,延长时域信息代表的时间,从而提到频域信息的分辨率。这种情况下,补零的数量取决于希望达到的频率分辨率。

就数学上讲,上述两种情况下,FFT 输出的频率分辨率都提高了。例如:采样率为 1024Hz,采样得到的序列包含 1000 点,1000 个点数据不能进行 FFT,若采用 DFT,DFT 输出的频率分辨率为 1.024Hz。补上 24 个零,得到 1024 点的序列,进行 FFT,FFT 输出的频率分辨率为 1Hz,频率分辨率由 1.024Hz 提高到了 1Hz;若补上 1048 个零,序列代表的时间长度为 2s,FFT 输出的频率分辨率为 0.5Hz,频率分辨率由 1Hz 进一步提高到 0.5Hz。这样看来,FFT 补零的确可以提高频率分辨率,并且只要愿意,可以无限提高。

值得注意的是,零也是数据,在 FFT 时,算法并不能识别哪些数据为有用,哪些为无用,补零就是改变了 FFT 的输入,输出自然也会改变。FFT 补零得到的频谱,代表的是补零后的波形,而补零后的波形与原始波形是不一样的,不是我们真正关心的波形。换言之,FFT 补零的确可以提高频率分辨率,但是 FFT 输出结果误差增大了,当补零数过多时,误差达到不可接受的程度时,就是错误了。

Q3-92 测量仪器的同步源是什么?

对于直流电功率的测量,电压、电流的数值比较稳定,使用电压表和电流表读取的数字相乘即可得到功率。对于交流电,由于电压、电流存在正负交变,其瞬时功率也随之波动,对于电功率的计算一般需要截取整周期的波形,以截取区间的平均功率来表示标准功率值。

同步源就是截取电压、电流波形时参考的信号,根据同步源的过零点截取电压电流波形,所以要求同步源具有明显的过零点,频率与被测信号相同。对于逆变器、UPS 电源,一般选择电压为同步源,而逆变器测试一般选择电流作为同步源。

Q3-93 如何保证信号的同步测量?

同步测量是指采样周期与信号周期(基波周期)应保持同步,要保证信号的同步测量,主要有下述三点要求:

(1) 为了对信号进行准确的傅里叶变换,要求一个信号周期包含整数个采样周期,当采样周期远远小于信号周期,也就是采样频率远远高于信号频率时,整数倍的影响可以忽略。

(2) 对于采用 FFT 的分析仪而言,还要求一个信号周期包含 2 的 N 次幂个采样周期,这就要求采样频率必须根据基波频率进行变化,在采样前应当准确地获取基波频率。由于仪器基本不可能获得这个基波频率,因此采用 FFT 的仪器,实际上是将上一个信号周期应该采取的采样频率应用于下一个信号周期。

(3) 每个通道参与傅里叶变换的数据应该对应整个信号周期,并且数据的起始点和结束点相同。实际上也就是同步源的选择问题,对于同一个系统来说,例如一台三相或多相电机,电压和电流的基波频率是完全相同的,因此只要知道某一相电压或电流通道的基波频率,而其他电压或电流通道均以该通道为参考,这个通道一般称为同步源。

Q3-94　仪器更新周期的设置原则是什么?

信号的更新周期是测量仪器进行相关特征值运算的积分周期,一般可进行手动设置,建议根据实际信号的周期进行设置,设置更新周期为信号周期的整数倍。在实际应用中,由于交流信号的频率可能会在小范围内变化,如50Hz的交流信号,实际频率可能在49.8~50.2Hz之间,因此如果仪器严格按照设定的更新周期进行计算,就不能保证运算时间为信号的整周期。特别是在低频信号测量时,信号频率低,信号周期长,如果设置的更新周期小于信号周期,计算的特征值就会出现误差甚至错误。测量仪器应根据设置的更新周期和信号的实际周期,自动匹配,选择信号的整周期进行计算,当设置时间小于1个信号周期时,仪器自动调整为单周期运算,以确保数据运算的正确性。

二、数字滤波器基础知识

Q3-95　数字信号处理的实现方法有哪些,各自的特点是什么?

(1)在通用的计算机(如 PC 机)上用软件实现,缺点是速度慢。
(2)在通用计算机系统中加上专用的加速处理机实现,缺点是应用受限制。
(3)用通用的单片机(如 MCS-51、96 系列等)实现,仅限于简单算法。
(4)用通用的可编程 DSP 芯片实现,广泛应用。
(5)用专用的 DSP 芯片实现,应用受限制。

Q3-96　什么是滤波?

滤波是将信号中特定波段频率滤除的操作,是抑制和防止干扰的一项重要措施。是根据观察某一随机过程的结果,对另一与之有关的随机过程进行估计的概率理论与方法。滤波分经典滤波和现代滤波两种。

只允许一定频率范围内的信号成分正常通过,而阻止另一部分频率成分通过的电路,称为经典滤波器或滤波电路。实际上,任何一个电子系统都具有自己的频带宽度(对信号最高频率的限制),频率特性反映出了电子系统的这个基本特点。而滤波器,则是根据电路参数对电路频带宽度的影响而设计出来的工程应用电路。

Q3-97　什么是数字滤波器? 数字滤波器的类型有哪些?

数字滤波器是由数字乘法器、加法器和延时单元组成的一种计算方法。其功能是对输入离散信号的数字代码进行运算处理,以达到改变信号频谱的目的。

数字滤波器的类型,按冲激响应分类有两种:无限长单位冲激响应(IIR)数字滤波器和有限长单位冲激响应(FIR)数字滤波器;

按滤波器幅度响应分类有低通、高通、带通、带阻、全通等滤波器;

按相位响应分类有线性相位的和非线性相位;

特殊要求分类有最小相位滞后滤波器、梳状滤波器、陷波器、全通滤波器、谐振器,甚至有波形产生器等。

Q3-98 数字滤波器的作用是什么?

数字滤波是数字信号分析中最重要的组成部分之一,数字滤波器的作用是利用离散时间系统的特性对输入信号波形(或频谱)进行加工处理,或者说利用数字方法按预定的要求对信号进行变换。把输入序列 $x(n)$ 变换成一定的输出序列 $y(n)$ 从而达到改变信号频谱的目的。从广义讲,数字滤波是由计算机程序来实现的,是具有某种算法的数字处理过程,它是通过一种算法排除可能的随机干扰,提高检测精度的一种手段,又称软件滤波。

Q3-99 数字滤波器与模拟滤波器的差别在哪里?

数字滤波器具有比模拟滤波器更高的精度,甚至能够实现后者在理论上也无法达到的性能。例如,对于数字滤波器来说很容易就能够做到一个截止频率为 1000Hz 的低通滤波器,允许 999Hz 信号通过并且完全阻止 1001Hz 的信号,模拟滤波器无法区分如此接近的信号。

数字滤波器相比模拟滤波器有更高的信噪比。这主要是因为数字滤波器是以数字器件执行运算,从而避免了模拟电路中噪声(如电阻热噪声)的影响。数字滤波器中主要的噪声源是在数字系统之前的模拟电路引入的电路噪声以及在数字系统输入端的模数转换过程中产生的量化噪声。这些噪声在数字系统的运算中可能会被放大,因此在设计数字滤波器时需要采用合适的结构,以降低输入噪声对系统性能的影响。

数字滤波器还具有模拟滤波器不能比拟的可靠性。组成模拟滤波器的电子元件的电路特性会随着时间、温度、电压的变化而漂移,而数字滤波器就没有这种问题。另外,数字滤波器是用软件实现,不需要增加硬件设备,不存在阻抗匹配问题。

Q3-100 请介绍几种常用的数字滤波器算法?

以下介绍 10 种常用数字滤波方法。

第 1 种方法:限幅滤波法(又称程序判断滤波法)。方法:根据经验判断,确定两次采样允许的最大偏差值(设为 A),每次检测到新值时判断:如果本次值与上次值之差 $\leq A$,则本次值有效;如果本次值与上次值之差 $>A$,则本次值无效,放弃本次值,用上次值代替本次值。

第 2 种方法:中位值滤波法。方法:连续采样 N 次(N 取奇数),把 N 次采样值按大小排列,取中间值为本次有效值。

第 3 种方法:算术平均滤波法。方法:连续取 N 个采样值进行算术平均运算,N 值较大时:信号平滑度较高,但灵敏度较低。N 值较小时:信号平滑度较低,但灵敏度较高。N 值的选取,一般流量:$N=12$。压力:$N=4$。

第 4 种方法:递推平均滤波法(又称滑动平均滤波法)。方法:把连续取 N 个采样值看成一个队列,队列的长度固定为 N,每次采样到一个新数据放入队尾,并扔掉原来队首的一次数据(先进先出原则)。把队列中的 N 个数据进行算术平均运算,就可获得新的滤波结果。N 值的选取:流量,$N=12$;压力:$N=4$;液面,$N=4\sim12$;温度,$N=1\sim4$。

第 5 种方法:中位值平均滤波法(又称防脉冲干扰平均滤波法)。方法:相当于"中位值滤波法"+"算术平均滤波法",连续采样 N 个数据,去掉一个最大值和一个最小值,然后计算 $N-2$ 个数据的算术平均值。N 值的选取:$3\sim14$。

第 6 种方法:限幅平均滤波法。方法:相当于"限幅滤波法"+"递推平均滤波法",每次采样到的新数据先进行限幅处理,再送入队列进行递推平均滤波处理。

第 7 种方法:一阶滞后滤波法。方法:取 $a=0\sim1$,本次滤波结果 $=(1-a)\times$ 本次采样值 $+a\times$ 上次滤波结果。

第 8 种方法:加权递推平均滤波法。方法:是对递推平均滤波法的改进,即不同时刻的数据加以不同的权,通常是,越接近现时刻的资料,权取得越大,给予新采样值的权系数越大,则灵敏度越高,但信号平滑度越低。

第 9 种方法:消抖滤波法。方法:设置一个滤波计数器,将每次采样值与当前有效值比较:如果采样值 $=$ 当前有效值,则计数器清零;如果采样值 $>$ 当前有效值,则计数器 $+1$,并判断计数器是否 $\geq$ 上限 N(溢出),如果计数器溢出,则将本次值替换当前有效值,并清计数器。

第 10 种方法:限幅消抖滤波法。方法:相当于"限幅滤波法"+"消抖滤波法",先限幅后消抖。

Q3－101　常用数字滤波器的各自特性是什么?

上述介绍的 10 种数字滤波器是我们常用的软件滤波器,那么它们各自特性如何,适用场合是什么样的呢?

（1）限幅滤波法。优点：能有效克服因偶然因素引起的脉冲干扰。缺点：无法抑制周期性的干扰，平滑度差。

（2）中位值滤波法。优点：能有效克服因偶然因素引起的波动干扰，对温度、液位的变化缓慢的被测参数有良好的滤波效果。缺点：对流量、速度等快速变化的参数不宜。

（3）算数平均滤波法。优点：适用于对一般具有随机干扰的信号进行滤波，这样信号的特点是有一个平均值，信号在某一数值范围附近上下波动。缺点：对于测量速度较慢或要求数据计算速度较快的实时控制不适用，比较浪费 RAM。

（4）递推平均滤波法。优点：对周期性干扰有良好的抑制作用，平滑度高，适用于高频振荡的系统。缺点：灵敏度低，对偶然出现的脉冲性干扰的抑制作用较差，不易消除由于脉冲干扰所引起的采样值偏差，不适用于脉冲干扰比较严重的场合，比较浪费 RAM。

（5）中位值平均滤波法。优点：融合了两种滤波法的优点，对于偶然出现的脉冲性干扰，可消除由于脉冲干扰所引起的采样值偏差。缺点：测量速度较慢，和算术平均滤波法一样，比较浪费 RAM。

（6）限幅平均滤波法。优点：融合了两种滤波法的优点，对于偶然出现的脉冲性干扰，可消除由于脉冲干扰所引起的采样值偏差。缺点：比较浪费 RAM。

（7）一阶滞后滤波法。优点：对周期性干扰具有良好的抑制作用，适用于波动频率较高的场合。缺点：相位滞后，灵敏度低，滞后程度取决于 a 值大小，不能消除滤波频率高于采样频率的 1/2 的干扰信号。

（8）加权递推平均滤波法。优点：适用于有较大纯滞后时间常数的对象和采样周期较短的系统。缺点：对于纯滞后时间常数较小，采样周期较长，变化缓慢的信号，不能迅速反映系统当前所受干扰的严重程度，滤波效果差。

（9）消抖滤波法。优点：对于变化缓慢的被测参数有较好的滤波效果，可避免在临界值附近控制器的反复开/关跳动或显示器上数值抖动。缺点：对于快速变化的参数不宜，如果在计数器溢出的那一次采样到的值恰好是干扰值，则会将干扰值当作有效值导入系统。

（10）限幅消抖滤波法。优点：继承了"限幅"和"消抖"的优点，改进了"消抖滤波法"中的某些缺陷，避免将干扰值导入系统。缺点：对于快速变化的参数不宜。

Q3-102 无限长单位冲激响应（IIR）数字滤波器有什么特点？

IIR 滤波器常用的典型结构有直接 II 型、级联型和并联型，其特点有：

（1）系统的单位抽样响应 $h(n)$ 是无限长的。

（2）系统函数 $H(z)$ 在有限 z 平面上既有极点又有零点。

$$H(z) = \frac{\sum_{i=1}^{M} b_i z^{-i}}{1 - \sum_{i=1}^{N} a_i z^{-i}} \tag{3.16}$$

（3）结构上存在着输出到输入的反馈，即结构是递归的。

Q3-103 卷积是如何定义的?

卷积(又名褶积)，卷积是两个变量在某范围内相乘后求和的结果。如果卷积的变量是序列 $x(n)$ 和 $h(n)$，则卷积的结果为

$$y(n) = \sum_{i=-\infty}^{\infty} x(i)h(n-i) = x(n) * h(n) \tag{3.17}$$

式中：$*$ 表示卷积。当时序 $n = 0$ 时，序列 $h(-i)$ 是 $h(i)$ 的时序 i 取反的结果；时序取反使得 $h(i)$ 以纵轴为中心翻转 $180°$，所以这种相乘后求和的计算法称为卷积和，简称卷积。另外，n 是使 $h(-i)$ 位移的量，不同的 n 对应不同的卷积结果。

如果卷积的变量是函数 $x(t)$ 和 $h(t)$，则卷积的计算变为

$$y(t) = \int_{-\infty}^{\infty} x(p)h(t-p)\mathrm{d}p = x(t) * h(t) \tag{3.18}$$

三、谐波分析基础知识

Q3-104 什么是谐波分析?

谐波分析是指将非正弦周期信号按傅里叶级数展成一系列谐波，以考察信号中各次谐波的幅值与相角等参量。非正弦波里含有大量的谐波，不同的波形里含有不同的谐波成分。任何关于时间的周期信号，都能展开成傅里叶级数，即无限多个正弦函数和余弦函数的和表示，这就是谐波分析的过程。

谐波分析是信号处理的一种基本手段，在电力系统的谐波分析中，主要采用各种谐波分析仪分析电网电压、电流信号的谐波，该类仪表的谐波分析仪次数一般在 40 次以下。对于富含谐波的变频器输出 PWM 波形，其谐波主要集中在载波频率的整数倍附近，当载波频率高于基波频率 40 倍时，应采用谐波分析次数可达百次或千次的分析仪器，才能满足谐波分析的需要。

Q3-105 为什么电网谐波分析一般不分析偶次谐波?

在《电力系统谐波——基本原理、分析方法和滤波器设计》一书中提到，电力

系统谐波的特性中,有一条称为半波对称,其特点是 $f(t \pm T/2) = -f(t)$,没有直流分量且偶次谐波($2,4,6,\cdots$)被抵消,这个特点使我们可以忽略电力系统中的偶次谐波。因为电力系统是由双向对称的元件组成的,这些元件产生的电压和电流具有半波对称性。一般地,奇次谐波引起的危害比偶次谐波更多更大,在平衡的三相系统中,由于对称关系,偶次谐波已经被消除,只有奇次谐波存在,对于三相整流负载,出现的谐波电流是 $6n \pm 1$ 次谐波,例如 $5,7,11,13,17,19$ 等,变频器主要产生 $5,7$ 次谐波。在非平衡的三相系统或单相箱体中,偶次谐波不能被抵消,危害很大。

Q3 – 106　变频器谐波分析到多少次比较合理?

普通的正弦波,由于波形比较纯正,谐波含量较少,因此对谐波分析的次数要求不高。但变频器输出波形属于脉宽调制波形,谐波含量丰富,是不是分析的次数越高越准确呢?

变频器的理想输出波形是方波,理论上的确包含了无穷次的谐波,从这个角度讲,的确是分析的次数越高越好。但实际变频器输出受期间和线路的影响,带宽不可能无穷宽,也不会有无穷高次的谐波。另外,谐波次数越高,谐波含量越低,当次数高到一定程度,谐波含量小到一定程度,其影响可以忽略。再次,测量总会产生误差,想要精准测量到无限高次的谐波,也非仪器能力所及。因此,一般而言,谐波功率分析到变频器开关频率的 $5 \sim 10$ 倍就已经足够了。

Q3 – 107　什么是间谐波?

交流非正弦信号可以分解为不同频率的正弦分量的线性组合。当正弦波分量的频率与原交流信号的频率相同时,称为基波(Fundamental Wave);当正弦分量的频率是原交流信号的频率的整数倍时,称为谐波(Harmonics);当正弦波分量的频率是原交流信号的频率的非整数倍时,称为分数谐波,也称为分数次谐波或间谐波(Inter – harmonics)。

间谐波的影响尚在探讨中,其最主要的影响有:引起电压波动和闪变,无源滤波器的过载,干扰电力线上控制、保护和通信信号,引起机电系统低频振荡,影响以电压过零点为同步信号的控制设备以及某些家用电器正常工作等。因此,电网的间谐波电压必须控制在一定水平以下。

Q3 – 108　谐波、间谐波和分谐波有何区别?

除了直流信号之外,不是纯正正弦波的信号,均含有谐波,间谐波和分谐波都由谐波衍生而来。对于严格的周期信号,不包含分谐波和间谐波,将信号进行傅里叶变换,可以分解为直流分量和各种不同频率、不同幅值的正弦波,这些正弦波中,频率最低的正弦波称为基波,其他正弦波称为谐波,所有谐波的频率均为基波频率的整数倍。然而,这种情况仅在理想状态下存在,原因是任何信号,不可能严格的重复出现。实际测量分析时,往往处理的是"准周期信号",比如电网的电压信号,我们都认为其频率是50Hz,并且,这种认为是可以接受的。对这种信号进行分析,除了包含上述的基波和谐波之外,还有另外一些信号成分,这些信号分量的频率不是基波的整数倍的信号分量,为了区别于谐波,称其为间谐波。间谐波的频率与基波频率之比,称为间谐波次数,间隙波次数不是整数,一般记为 m。当 $m < 1$ 时,这样的间谐波称为分谐波。

Q3 – 109　什么叫谐波电压因数?

谐波电压因数(HVF)是指对电源电压波形的正弦性的度量,是电压波形中基波及各次谐波有效值加权平方和的平方根值与整个波形有效值的百分比,又称为 HVF 值。主要用于旋转电机测试领域。

国家标准 GB 755—2008《旋转电机定额和性能》对谐波电压因数测量有明确的计算公式,如下:

$$U_{HVF} = \frac{\sqrt{\sum_{n=2}^{m} \frac{U_{Hn}^2}{n}}}{u_{H01}} \tag{3.19}$$

式中:U_{Hn} 为谐波电压的标幺值(以额定电压 U_n 为基值);n 为谐波次数(对三相交流电动机不包含 3 及 3 的倍数);$m = 13$;对于供电电压的谐波电压因数应不超 0.02。

Q3 – 110　什么叫电话谐波因数?

电话谐波因数(THF)反映电压信号的谐波含量,与谐波畸变,谐波总含量等概念类似,区别在于关注的谐波次数及关注程度不同。GB 755—2000.8.9 中,对电话谐波因数作了详细的定义。其计算公式如下:

$$U_{THF} = \frac{\sqrt{\sum_{n=1}^{m} (u_{Hn}\lambda_n)^2}}{U_{rms}} \times 100\% \tag{3.20}$$

式中:λ_n 为次谐波的加权系数。标准中提供了部分频率的加权系数,对于基波频率不是 50Hz 的信号,大部分频率的谐波在标准中没有提供,需要自己采用插值运算获取。

Q3 – 111　什么叫 TDF?

TDF(Total Distortion Factor)又称畸变因数,是等于或大于 2 次谐波的多次

谐波均方根值的平方和的开方(谐波含量的均方根值)对交流量的均方根值之比。以下是电压畸变因数的计算公式:

$$V_{\text{TDF}} = \frac{\sqrt{\sum_{n=2}^{n} V_n^2}}{\sqrt{\sum_{n=1}^{n} V_n^2}} \tag{3.21}$$

Q3-112 我们计算获取的 THD 中,是否包含间谐波?

THD 是指总谐波畸变,不同的标准定义不同,根据 GB/T 17626.7—2008 电磁兼容试验和测量技术供电系统及所连设备谐波、谐间波的测量和测量仪器导则对 THD 定义如下:

$$\text{THD} = \sqrt{\sum_{n=2}^{H} \left(\frac{G_n}{G_1}\right)^2} \tag{3.22}$$

注:符号 G 表示谐波分量的有效值,表示电流时被 I 代替,或表示电压时被 U 代替;H 的值在与限值有关的每一个标准中给出(GB 17625 系列)。

按照上述定义,THD 不包含间谐波。

根据 GB/T 12668.2—2002 调速电气传动系统一般要求低压交流变频电气传动系统额定值的规定,对 THD 定义如下:

$$\text{THD} = \sqrt{\frac{Q^2 - Q_1^2}{Q_1}} \text{和} \ \text{THF} = \sqrt{\frac{Q^2 - Q_1^2}{Q_1}} \tag{3.23}$$

式中:Q_1 为基波有效值;Q 为总有效值,可代表电压或电流。

按照上述定义,THD 包含间谐波和直流分量。

Q3-113 什么叫谐波失真?

谐波失真是指原有频率的各种倍频的有害干扰。

放大 1kHz 的频率信号时会产生 2kHz 的 2 次谐波和 3kHz 及许多更高次的谐波,理论上此数值越小,失真度越低。由于放大器不够理想,输出的信号除了包含放大了的输入成分之外,还新添了一些原信号的 2 倍,3 倍,4 倍,…甚至更高倍的频率成分(谐波),致使输出波形走样。这种因谐波引起的失真称为谐波失真。

Q3-114 谐波分析的误差是如何产生的?

谐波分析是信号处理的一种最常用手段,每种仪器的测试参数及分析方法都不尽一致,也会产生一定的测试误差,误差产生的原因主要包含以下几点:

(1)采样频率不够造成的谐波分析误差。变频器输出波形中含有大量的高次谐波,如采样频率不满足采样定理,会造成频谱混叠,产生严重误差。

（2）测量仪器实际带宽不够造成误差。为避免混叠现象,测量仪器的做法是加入抗混叠滤波器来限制信号带宽,抗混叠滤波器的带宽就是测量仪器的实际带宽,每种测量仪器的带宽都各有不同,部分由于带宽限制,将实际信号中的有用信息滤除,造成的测试误差是非常大的。

（3）分析算法造成的误差。目前绝大部分测量仪器都以 FFT 算法进行谐波分析,这种算法必须保证数据序列严格进行整周期截断,否则会造成频谱泄漏,产生严重误差。

（4）测量精度造成的误差。如前端电压电流传感器对电信号测量产生的误差,势必会引起分析结果的误差。

（5）计算误差。电信号采样为仪器能处理的数字信号后,需要根据公式来计算相关特征值,这个过程会代入计算误差。

Q3-115　如何对变频器谐波进行分析？

（1）变频器输入侧谐波电流分析。

变频器输入电流的谐波含量由于只是整流部分非线性造成的,并且变频器的输入、输出为三个幅值相等、相位相差 120° 的波形,根据谐波分析理论,不存在 3 的整数倍谐波（3,6,9,12,…）以及偶次谐波（2,4,6,8,…）,所以一般只是 5 次（250Hz）、7 次（350Hz）、11 次（550Hz）、13 次（650Hz）、17 次（850Hz）……谐波,如图 3.19 所示。

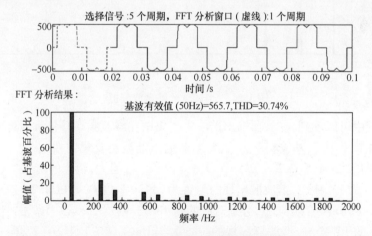

图 3.19　变频器输入电流谐波分析

输入电流的谐波基本都为低次谐波,采用一般的功率分析仪都能满足谐波分析的要求。通过相应的措施,输入电流谐波只要满足 GB/T 14549—1993《电能质量公用电网谐波》关于总谐波 THD < 5%，奇次谐波 < 4%，偶次谐波 < 2% 的要求即可，无须精确定量地对谐波进行全面分析。

（2）变频器输出侧谐波电压分析。

变频器的输出电压，因为是 PWM 波的原因，含有大量的高次谐波，对电动机运行是不利的。对于电机的转矩来说，主要由 PWM 波的基波决定，但是谐波电压易造成电动机端电压过高，发生过热，引起附加的损耗，降低电机的效率，甚至会产生磁饱和，造成电机的损坏。所以对变频器输出电压进行定量全面谐波分析是至关重要的。

通过对变频器输出 50Hz、5Hz 为例的 PWM 波进行谐波分析来了解其中的关键技术，变频器的载波频率为 2kHz，图 3.20 与图 3.21 分别给出了各自的谐波分析波形。

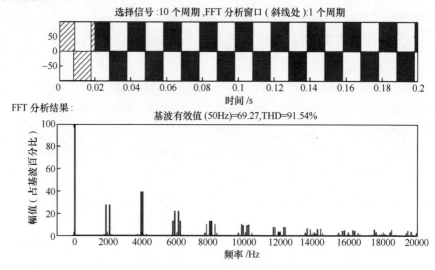

图 3.20　50HzPWM 波谐波分析

从图中可以看到，变频器输出谐波主要集中在载波频率整倍数附近，若变频器的载波频率为 f_s，基波频率为 f_1，变频器输出谐波主要集中在 $k_s \cdot f_s \pm k_1 \cdot f_1$。其中 $k_s = 1,2,3,4,5,6,7,\cdots$，$k_1 = 1,2,4,5,7,\cdots$，$k_s$ 越大，相应的谐波越小。

50Hz 的 PWM 波，谐波群出现的位置为 2kHz（1 倍 f_s）、4kHz（2 倍 f_s）、6kHz（3 倍 f_s）、8kHz（4 倍 f_s）、$\cdots$，分别对应的是 40 次、80 次、120 次、160 次谐波。

5Hz 的 PWM 波，谐波群出现的位置为 2kHz（1 倍 f_s）、4kHz（2 倍 f_s）、6kHz（3 倍 f_s）、8kHz（4 倍 f_s）、$\cdots$，分别对应的是 400 次、800 次、1200 次、1600 次谐波。

对于一般的测量，谐波分析到 6 倍开关频率就可以满足要求。

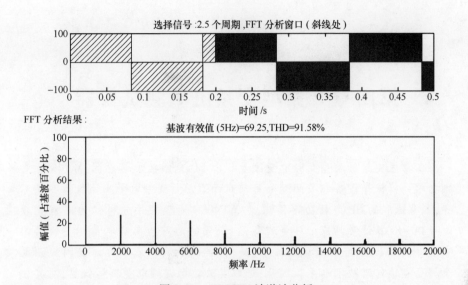

图 3.21　5HzPWM 波谐波分析

Q3-116　为保证谐波分析的准确度,应如何选择测量仪器?

针对谐波分析仪中误差的来源,可以对选择的测量仪器提出以下几点要求:

(1) 采样频率应足够高,满足变频器谐波分析的要求,至少不低于 200kHz。

(2) 带宽应高于 6 倍变频器的开关频率,综合考虑,不应低于 100kHz。

(3) 谐波分析算法采用对数据序列整周期、点数没有要求的 DFT 算法或严格保证整周期截断的 FFT 算法。

(4) 具有强大的硬件支撑,满足算法对于计算速度、运算量的要求。

(5) 采用具有明确误差参比条件,并且参比条件包含实际使用条件的高精度测量仪器。

第四章　典型变频电量测试仪器

本章主要解答典型变频电量测量仪器 SP 变频功率传感器、WP4000 变频功率分析仪等设备相关问题。目前市面上用于变频电量测试仪器参差不齐,本章选取的 SP 变频功率传感器、WP4000 变频功率分析仪为国家变频电量测量仪器计量站基础计量配备设备,同时为首台变频电量测量仪器国家基准(ATITAN 变频功率标准源)提供测量基准,代表了目前我国变频电量测量领域前沿技术水平。因此,选取其为典型变频电量测量仪器,对其相关功能、性能指标等进行介绍具有现实意义。

本章第一节主要回答 SP 变频功率传感器组成、功能、性能指标、工程应用、计量等方面问题,第二节回答 WP4000 变频功率分析仪功能、性能指标、工程应用等方面问题。

第一节　SP 变频功率传感器

一、SP 的组成与功能

Q4-1　SP 变频功率传感器主要由几部分组成?

SP 系列变频功率传感器属于电压、电流组合型的电子式传感器。SP 系列变频功率传感器基于前端数字化原理设计。主要由电压敏感元件、电流敏感元件、一次转换电路、隔离工作电源、光电转换电路及光纤传输系统等构成,如图 4.1 所示。

电压敏感元件及电流敏感元件接收来自一次线路的高电压、大电流信号,变换为一次转换电路可以接收的低电压、小电流模拟信号,一次转换电路将模拟信号转换为数字信号以及标准的模拟量信号。SP 变频功率传感器提供的数字信号经过光电转换电路通过光纤传输系统与 AnyWay 系列变频功率分析仪通信进行数据处理以及显示,模拟量通信接口可以与其他数采系统通信快速构建高精度功率测量系统。

隔离工作电源在 AC220V 电网与一次电路之间建立电气隔离,并为一次电

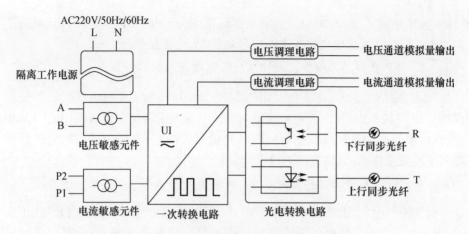

图 4.1　SP 系列变频功率传感器构成拓扑图

路提供工作电源。

　　光纤传输系统包含上行数据光纤和下行同步光纤。上行数据光纤用于传输变频功率传感器的高速采样数据,下行同步光纤对一次转换电路进行量程转换控制,并提供采样时钟实现与其他传感器之间的同步采样。模拟量接口输出标准的 2.5V 模拟量信号,为外部数采系统提供标准的测量接口。

Q4 - 2　SP 变频功率传感器命名是如何解析的?

　　以 SP103202BP 变频功率传感器命名为例:

　　SP 为变频功率传感器识别符,103 和 202 分别表示传感器的额定电压(U_N)及额定电流(I_N),额定电流单位为 A,额定电压单位为 V,数值参照科学计数法,即 $a \times 10^n$ 形式。前两位数字为 a,第三位为指数 n,即 103 表示 $U_N = 10 \times 10^3 = 10000V$,即 202 表示 $I_N = 20 \times 10^2 = 2000A$。

　　SP 系列变频功率传感器的电压、电流有效测试范围为额定值的 0.5% ~ 100%。

　　B 表示精度,定义如下:

　　A:电压、电流精度为读数的 0.05%,功率精度为读数的 0.05%(功率因数 = 1);

　　B:电压、电流精度为读数的 0.1%,功率精度为读数的 0.1%(功率因数 = 1);

　　C:电压、电流精度为读数的 0.2%,功率精度为读数的 0.2%(功率因数 = 1)。

　　P 表示具有模拟量和数字量两种输出接口的 SP 变频功率传感器,定义如下:

　　即 SP103202BP 表示该传感器的电压、电流精度为读数 0.1%,功率精度为读数的 0.1%(功率因数为 1,额定电压,额定电流条件下);额定电压 U_N 为

10kV,额定电流 I_N 为 2000A;电压有效测试范围为 50V ~ 10kV;电流有效测试范围为 10 ~ 2000A。输出信号为光纤信号和 2.5V 模拟量信号。

Q4 - 3 SP 变频功率传感器设计主要参照哪几项标准?

SP 变频功率传感器主要参照 JJF 1558—2006《测量用变频电量变送器校准规范》、JJG 126—1995《交流电量变换为直流电量电工测量变送器》、GB/T 13850《交流电量转换为模拟或数字信号的电测量变送器》、《DB 43 变频电量测量仪器测量用变送器》等几项标准进行设计。

Q4 - 4 为什么称 SP 为"变频功率"传感器?

因为银河电气 SP 带宽不低于 100kHz,可以适用于宽频率范围内直流、正弦波、非正弦波等单一频率波形或复杂频率波形的高精度测试,因此冠以变频二字;同时,单个 SP 传感器具备 1 路电压通道、1 路电流通道,综合为功率传感器,并且具备明确优异的角差指标,可以适用于不同功率因数工况下的高精度功率测试,因此冠以功率二字。所以称 SP 为变频功率传感器。

Q4 - 5 SP 系列变频功率传感器主要解决了什么问题?

中国工程院张钟华院士说:AnyWay 变频功率测试系统解决了面向国家电机节能重点工程、面向电机能效计量检测和指导电机节能改造中的变频功率测试和变频电能计量等世界性技术难题。

时任质检总局总工程师刘卓慧女士说:ATITAN 变频功率标准源解决了目前其他国家尚未解决的变频电量传感器、变频电量分析仪、变频高电压测试仪器等计量器具的技术参数量值溯源问题。

两位电磁测量领域的泰斗级人物所述的 AnyWay 变频功率测试系统和 ATI-TAN 变频功率标准源的核心测量元件正是 SP 系列变频功率传感器。

具体讲,SP 系列变频功率传感器主要解决了下述三大问题:

(1) 解决了 6kV 以上变频高电压测试问题。

(2) 解决了变频电量传感器角差溯源问题。

(3) 解决了变频电量传感器换挡成本高昂的问题。

Q4 - 6 SP 变频功率传感器的主要特点有哪些?

(1) 准确/权威性无容置疑。

以 SP 变频功率传感器为核心的 WP4000 变频功率分析仪是变频电量测量仪器国家计量基准的原型,为全世界首台变频电量测量仪器国家基准(ATITAN 变频功率标准源)提供测量基准,其所有精度指标均可溯源,是目前最高带宽和最高精度的变频高电压传感器。

目前,适用于变频电量测量的电压传感器主要是霍耳电压传感器。霍耳电压传感器可测最高电压为 6400V,其带宽低于 1kHz,精度约 1% FS。

SP 系列变频功率传感器标准型号的最高测试电压可达 15kV(特殊定制可达 20kV),典型带宽 100kHz,最高精度可达读数的 0.05%。

(2)唯一一款提供角差指标的变频电量传感器。

角差是影响功率测量准确度的核心指标,尤其是在电机空载试验、大型电力变压器短路试验等功率因数工况下,角差是影响功率测量准确度的核心指标。除了电压、电流互感器之外,目前使用于变频电量测量的诸如霍耳电压传感器、霍耳电流传感器、罗氏线圈等均不提供角差指标,采用该类传感器构建的功率测试系统,功率测量准确度缺乏科学保障。

SP 系列变频功率传感器采用国防科技大学专家团队耗费数年研究成功的,具有自主知识产权的电压、电流敏感元件,具有微小的相移指标。并且因为将电压、电流传感器组合为一体,大大简化了相位补偿电路。0.2S3 级的变频功率传感器在 50Hz 时的角差典型值为 5′,相当于 0.1S 级电压、电流互感器的角差。

(3)无须多传感器换挡实现宽范围高精度测试。

根据被测电压高低和电流大小选择合适量程的传感器以保证测量精度,几乎成了每一个测量工程师的基本常识。然而,在各种电气设备的科学试验中,同一个电压或者电流,在不同的工况下其幅值的动态范围往往很大。比如电机或变压器的空载与短路试验,前者电压高,电流小,后者电压低,电流大。当电压、电流的高低大小差距较大时,通常采用多个不同量程电压、电流传感器,搭建换挡开关电路对其进行选择,使传感器量程与被测信号尽量匹配,以满足测量精度的需要。

对于高压大电流而言,多传感器及换挡开关成本高,占地面积大,可靠性也较差。为了解决这些问题,出现了适用工频测量的多绕组电磁式电压、电流互感器,可以通过对副边进行低电压小电流换挡,在一定程度上拓宽保证精度的测量范围。

然而,对于霍耳电压、电流传感器等用于变频电量测量的传感器而言,市场上尚无副边换挡产品,往往换挡开关的造价远超过传感器本身的价格。

SP 系列变频功率传感器的电压、电流通道均设置了 8 个挡位,每个挡位只测量在本挡位量程的 50% ~ 100% 范围内的信号,实现了 0.5% ~ 100% 量程范围内的高准确度测量。采用无缝自动转换量程技术,挡位切换时,数据不丢失的特点可满足宽幅值范围内的动态测量,全面记录被测信息,不放过每一个细节变化。AnyWay 称为 2 的 N 次方自动转换量程方案,N 每增加 1,可有效拓宽 1 倍

167

的高精度测量范围。

Q4-7 变频功率传感器属于数字变送器吗?

传感器是一种检测装置,能感受到被测量的信息,并能将检测感受到的信息,按一定规律变换成为电信号或其他所需形式的信息输出,以满足信息的传输、处理、存储、显示、记录和控制等要求。它是实现自动检测和自动控制的首要环节。

输出标准信号的传感器称为变送器。输出标准信号为符合相关标准的数字编码信号的变送器称为数字变送器。

SP 变频功率传感器可以直接测量高电压和大电流信号,从这个角度讲,称为传感器符合人们的习惯。

SP 变频功率传感器输出数字信号符合"测量用变频电量变送器"标准中数字量输出变频电量变送器的标准的规定,属于变频电量变送器的一种。

Q4-8 SP 变频功率传感器与 DT 数字变送器主要差别是什么?

SP 变频功率传感器与 DT 数字变送器均是双通道型数字量传输的功率传感器,SP 变频功率传感器与 DT 数字变送器主要差别在于,SP 变频功率传感器主要面向高电压大电流测试,而 DT 数字变送器主要满足通用传感器二次信号采集转换应用。

Q4-9 SP 变频功率传感器与传统的霍耳传感器、互感器相比,有什么优势?

最显著的优势在于 SP 变频功率传感器采用了专利技术:一种宽带宽频的感应器件;采用了前端数字化技术,光纤输出;对于功率测量而言,电压、电流测量通道集成于一体,相位补偿精确,测量准确度高。

霍耳传感器没有明示相位指标,输出为小信号模拟量,易受干扰,不能用于准确度要求较高的功率测量应用;互感器局限于工频正弦波的测量。综上所述,SP 变频功率传感器集合了几乎所有的电测仪器/传感器的测量优势,而解决了针对变频电量测量时其他电测仪器/传感器的局限性。

Q4-10 SP 变频功率传感器有什么应用特点?

SP 变频功率传感器应用与霍耳传感器、互感器、罗氏线圈等没有太大差别,电流均是采用穿心测量方式,直接将载流导体穿心即可;而电压测试均配置测量端子,将被测电压端子接入电压接线端子即可。只有二次输出配置有较大差别,一般霍耳传感器、互感器、罗氏线圈等二次输出为模拟电压或模拟电流信号,而SP 变频功率传感器二次输出配置模拟电压输出信号外,还配置有数字光纤输出接口。

二、SP 的性能指标与抗干扰能力

Q4 – 11　SP 变频功率传感器电压、电流测试范围等级有哪些?

SP 变频功率传感器目前标准信号电压测试主要有 690V、1140V、3300V、10kV 4 个等级;电流测试主要有 100A、200A、300A、400A、600A、1000A、2000A、3000A、4000A、5000A 10 个等级。其他电压以及电流测试范围可以根据用户实际需求进行定制。

Q4 – 12　SP 变频功率传感器详细技术指标参数怎么样?

SP 变频功率传感器技术指标参数如表 4.1 所列。

表 4.1　SP 变频功率传感器技术指标参数表

项目	指标	条件
采样率	250kSa/s	
带宽	100kHz	
电压	A 型:0.05% rd B 型:0.1% rd C 型:0.2% rd	基波频率:DC, 0.1 ~1500Hz
电流	A 型:0.05% rd B 型:0.1% rd C 型:0.2% rd	基波频率:DC, 0.1 ~1500Hz
功率	A 型:0.05% rd B 型:0.1% rd C 型:0.2% rd	功率因数 =1;额定电压、额定电流; 基波频率:45 ~66Hz
	A 型:0.1% rd B 型:0.2% rd C 型:0.5% rd	功率因数:0.2 ~1; 基波频率:DC,0.1 ~1500Hz
	A 型:0.2% rd B 型:0.5% rd C 型:1% rd	功率因数:0.05 ~0.2; 基波频率:DC,0.1 ~1500Hz
频率测量精度	0.02% rd	0.1 ~1500Hz
隔离电压	$2U_N + 1kV$	50/60Hz,1min

Q4 – 13　单个 SP 变频功率传感器的测量范围是 1mV ~ 15000V 吗?

不是,测量范围 1mV ~ 15000V 是指我们的传感器最低能准确测量的电压幅值是 1mV,最高能准确测量的电压幅值为 15000V,在此范围内,我们提供多种型号的传感器供用户选择,用户可以根据不同的需求及测量场合,选择匹配的传感器进行测量。

Q4-14 SP 变频功率传感器中电流测量技术原理是什么?

SP 变频功率传感器电流测试采用了零磁通电流传感器技术。图 4.2 所示为零磁通电流测试原理示意图。零磁通电流传感器的工作原理基于磁—电转换,依赖于磁材料的强非线性。根据麦克斯韦方程组,直流电流产生的静磁场没有可测的电效应,如果是线性系统,则系统的输出与输入电流之间没有任何关系,即线性系统不可能通过磁通感应测量直流电流。非线性系统可以在输入的直流电流和输出之间建立联系。

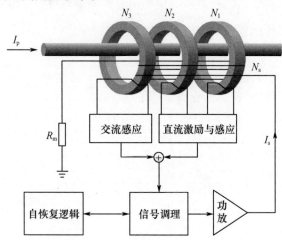

图 4.2 零磁通电流测试原理示意图

由于直流电流没有可测的电效应,为使系统能够"动"起来,首先需要构造一个交变电流 I_{ac} 与直流输入电流 I_{dc} 叠加,它们共同作用在非线性的磁材料上,即"磁调制"过程。设系统的响应函数为 $f(I_{dc}+I_{ac})$,它是一个非线性方程,为简单起见,这里仅考虑到二次项,忽略更高阶,即形式为

$$f(x) = ax + bx^2 \tag{4.1}$$

"调制"过程可表述为

$$f(I_{dc}+I_{ac}) = a(I_{dc}+I_{ac}) + b(I_{dc}+I_{ac})^2$$
$$= (a \cdot I_{dc} + b \cdot I_{dc}^2) + (a \cdot I_{ac} + b \cdot I_{ac}^2 + 2b \cdot I_{dc} \cdot I_{ac}) \tag{4.2}$$

由于直流电流没有可测电效应,式(4.2)中的前一部分没有作用,即等于 0,仅保留作用项:

$$f(I_{dc}+I_{ac}) = a \cdot I_{ac} + b \cdot I_{ac}^2 + 2b \cdot I_{dc} + I_{ac} \tag{4.3}$$

请注意式(4.3)中的最后一项 $2b \cdot I_{dc} \cdot I_{ac}$,该项体现了直流电流的影响,即

通过调制，非线性系统可以对直流电流做出响应；且非线性越强，即系数 b 越大，直流响应越强。如果是线性系统，系数 $b=0$，则不会响应直流电流。这就是为什么必须采用非线性系统的原因，幸运的是，磁材料本身的 B – H 特性就是强非线性的。

上述非线性系统的输出，不但包含了有用的直流电流信息，也包含了不需要的"调制"交流电流信息，整个系统的响应设计为与"调制"交流电流无关。即需要一个"解调"过程将不需要的"调制"交流电流信息去掉，即去掉项 $a \cdot I_{ac}$、$b \cdot I_{ac}^2$，还要将 $2b \cdot I_{dc} \cdot I_{ac}$ 项中的 I_{ac} 化为常数。

最终形式为

$$f(I_{dc} + I_{ac}) = a \cdot I_{dc} \tag{4.4}$$

原理图中的"DC Stim & Sense"部分代表直流电流激励和感应，包含"调制"过程。采用两个反激的磁心可抵消公式（4.3）中的 $a \cdot I_{dc}$ 项。"Signal Condition"部分包含"解调"部分，解调部分需要低通滤波器配合，用以去掉公式（4.3）中的 $b \cdot I_{ac}^2$ 项。这会造成 DC 支路信号带宽较低，此支路主要响应直流和低频交流输入。为拓展带宽，引入 AC 支路，即第三个磁心"AC Sense"，中高频交流电流输入主要靠此支路感应。"Signal Condition"部分的输出经过功放（PA）电路放大，输出电流 I_{out}，抵消掉输入电流 I_{in} 产生的磁通，平衡时达到零磁通状态，即 $I_{in} - I_{out} \cdot N_s = 0$ 也即

$$I_{in} : I_{out} = N_s : 1 \tag{4.5}$$

式中：N_s 为变比。输入与输出电流之比等于线圈匝比，与其他因素，如温度变化等无关。公式（4.5）直流成立，对一定频率范围内的交流电流同样成立，响应频率可实现百千赫～兆赫量级。因此，传感器具备宽频工作特性，工作频率可从直流一直到兆赫量级。

由于磁通几乎被完全封闭在环形铁芯中，有效磁导率非常高，漏磁非常少，加上系统很高的开环环路增益，公式（4.5）在很高的精度上成立，一般可达 10^{-6} 量级。这样的高精度带来多方面的好处：一是电流测量动态范围非常宽，单一传感器可从毫安量级一直覆盖到千安量级；二是可以实现非常大的电流变比，N_s 取值可高达 $1000 \sim 10000$ 或更高。另外，磁通状态受电流母线的相对位置、温度、外部电磁干扰等环境影响非常轻微，一般在 10^{-6} 量级附近。

输出电流信号 I_{out} 可通过高精度负载电阻 R_m 转换为电压 $V = I_{out} \cdot R_m$，用于进行测量。

Q4 – 15　SP 变频功率传感器精度如何？

SP 变频功率传感器采用系统精度标称，具有 A（0.05% rd）、B（0.1% rd）、

C(0.2% rd)三种精度等级。可以有效保证额定电压 0.5% ~ 100% U_N,额定电流 0.5% ~ 100% I_N,基波频率 DC/0.1 ~ 1500Hz 范围内测试精度满足标称精度。

Q4-16 SP 变频功率传感器能否过载?

SP 变频功率传感器电压、电流通道均具备一定的过载能力,电压通道可满足短时 8min 过载至 1.5U_N,电流可满足短时 2min 过载至 2I_N。比如选择 SP691102CP 型变频功率传感器,额定测试电压 U_N = 690V,额定测试电流 I_N = 1000A;则电压可在 690 ~ 1035V 范围内短时过载 8min,电流可在 1000 ~ 2000A 范围内短时过载 2min。

Q4-17 SP 变频功率传感器带宽有多宽?

银河电气 SP 系列变频功率传感器的电压通道带宽典型值为 100kHz,电流通道带宽典型值为 100kHz。对于传感器带宽,银河电气强调的是有效带宽,所谓有效,一方面是实际工程需要,另一方面是实际使用中可以实现。

就实际工程需要而言:SP 系列变频功率传感器的带宽主要是针对变频器输出电压、电流信号带宽而定,变频器输出电压为 PWM 波,含有丰富的谐波,要求较宽的带宽。由于变频器的负载多为感性的电机负载,其电流的谐波含量较小,对带宽要求远远低于电压带宽。这一点,与霍耳传感器的带宽现状正好相反。SP 系列变频功率传感器电压通道 100kHz 带宽满足 GB/T 22670—2008《变频器供电三相笼型感应电动机试验方法》的最高带宽要求。电流通道的 100kHz 带宽可以满足绝大多数变频器负载的要求。SP 系列传感器的电压通道带宽远宽于霍耳电压传感器的带宽(700Hz ~ 15kHz,一般而言,电压越高,带宽越窄)。SP 系列传感器的电流通道带宽比某些闭环式霍耳电流传感器窄,目前,霍耳电流传感器带宽可达 100kHz 以上。

就实际使用中可实现而言,银河电气 SP 系列变频功率传感器为数字量输出传感器,在传感器内部实现了 A/D 转换。依据奈奎斯特采样定理,采样频率至少是被分析信号最高频率的 2 倍或者以上时,才能还原真实信号,否则会出现模拟信号中的高频信号折叠到低频段的信号混叠现象。

SP 系列变频功率传感器的电压典型带宽为 100kHz,电流典型带宽为 100kHz,采样频率为 250kHz,满足采样定理的要求。其带宽为有效带宽。

然而,并非所有测量设备标称的带宽都为有效带宽,以目前的某些进口高精度功率分析仪为例,其最高采样频率为 200kHz,标称带宽却高达 1MHz。我们不理解其 1MHz 带宽的具体用途,可以肯定的是,对于变频电量的基波测量、谐波分析等基于数字采样及数字信号分析的用途而言,不论仪器本身具有多高的带宽,200kHz 的采样频率已经限制了其实际允许通过信号的最高带宽,仪器必须对输入信号进行带宽限制(通常采用防混叠滤波器实现),否则,将不能得到正确的结果。此时,仪器的实际带宽,取决于防混叠滤波器的截止频率。资料表明,该仪器的防混叠滤波器的最高截至频率为 50kHz,也就是说,该仪器的最高有效带宽为 50kHz。

Q4-18 如何保障 SP 系列变频功率传感器电压电流的同时采样与同步测量?

关于同时采样,同一台传感器的电压和电流通道在同一采样时钟控制下进行采样,确保了电压和电流采样的同时性。

每台 SP 系列变频功率传感器具有两根光纤,其中一根用于上传采样数据,一根用于接收来自分析仪(或数字主机)的控制信息,采样时钟就包含在这些控制信息中,连接在同一分析仪上的所有传感器的采样时钟信息均来自分析仪内部的采样时钟控制电路,因此,即便是不同的传感器,也能实现所有电压、电流通道的同时采样。其前提是电压、电流信号经过电压传感器和电流传感器时,相移可以忽略不计或延时为固定且相等的延时。一般而言,如果不是人为设计延时电路,只要传感器的带宽足够宽,电压传感器和电流传感器的相移可以忽略不计。

关于同步测量,同步测量是指采样周期与信号周期(基波周期)应保持同步。有下述三点要求:

(1)为了对信号进行准确的傅里叶变换,要求一个信号周期包含整数个采样周期。

(2)对于采用 FFT 的分析仪而言,还要求一个信号周期包含 2 的 N 次幂个采样点。

(3)每个通道参与傅里叶变换的数据应该对应整数个采样周期,并且数据的起始点和结束点相同。

对于第一点要求,当采样周期远小于信号周期,也就是采样频率远高于信号频率时,整数倍的影响可以忽略。

对于第二点要求,若采用 FFT,为了保持 2 的 N 次幂倍,采样频率必须根据基波频率进行变化,在采样前应当准确的知道基波频率。这一点,实际上是不可能的,因此,采用 FFT 的分析仪,实际上是将上一个信号周期应该采取的采样频率应用于下一个信号周期。

对于第三点要求,实际上也就是同步源的选择问题。对于同一个系统,比如一台三相或多相电机,电压和电流的基波频率是完全相同的,因此,只要知道某一电压或电流通道的基波频率,而其他电压或电流通道均以该通道为参考。这个通道,一般称为同步源。

银河电气 WP4000 变频功率分析仪采用 DFT(离散傅里叶变换),无须受第二点要求的限制,且采样频率为 250kHz,远远高于信号频率,也无须受第一点的限制。

关于同步源的选择问题,WP4000 变频功率分析仪与大部分进口高精度功率分析仪不同:

(1) WP4000 变频功率分析仪具有自动选择同步源的功能,所有传感器的所有电压和电流通道同时测量各自的信号频率,分析仪可以在所有测量成功的通道中选择一个频率最稳定的通道作为同步源。

(2) 大多数进口高精度功率分析仪的默认同步源为电流通道,其依据是电流通道谐波含量较小,可以测量出较稳定的频率。WP4000 变频功率分析仪的默认同步源为电压通道,这是因为银河电气考虑到目前大多数变频器为电压型变频器,电压型变频器输出可能没有电流,但是,只要有电流,就一定有电压,反之则不一定成立。这样,可以确保在变频器空载时,也能获取同步源。

Q4-19 变频功率传感器角差指标如何?

角差指标是影响功率测试的重要影响因素,尤其是在电机空载试验、大型电力变压器短路试验等功率因数工况下,角差是影响功率测量准确度的核心指标。

除了电压、电流互感器之外,目前适用于变频电量测量的诸如霍耳电压传感器、霍耳电流传感器、罗氏线圈等均不提供角差指标,采用该类传感器构建的功率测试系统,功率测量准确度缺乏科学保障。

SP 系列变频功率传感器采用国防科技大学专家团队耗费数年研究成功的,具有自主知识产权的电压、电流敏感元件,具有微小的相移指标。并且因为将电压、电流传感器组合为一体,大大简化了相位补偿电路。SP 变频功率传感器角差指标为 0.5′,满足低功率因数下的高精度测量。

Q4-20 SP 变频功率传感器的隔离电压、电流穿心口径为多少? 采样率和采样时间间隔是多少? 电流测试载流导体有哪些?

SP 变频功率传感器隔离电压指标为 $2U_N + 1kV, 50/60Hz, 1min$。

SP 变频功率传感器电流通道采用穿心非接触式测量,大电流 SP 标准穿心通孔直径为 90mm,小电流 SP 标准穿心通孔直径为 38mm。

SP 变频功率传感器为数字化传感器,采集前端被测电压电流就近转换,最高采样率 250kS/s,采样间隔 $4\mu s$。

SP 变频功率传感器可以根据载流量及穿心口径合理选择载流导体,主要载流导体有标准电缆、铜排、铜棒、铜管等。

Q4-21　SP 变频功率传感器无缝量程转换技术对电测量有什么意义？

我们知道,在电量测量中,量程转换是保证精度的主要手段,量程转换技术经历了手动切换式量程转换技术,自动量程转换技术,再到现在的无缝量程技术,目前无缝量程技术实现了数据的无缝链接,在量程的转换过程不会对数据、波形等造成任何影响,为实现高精度电量测量提供了保障。

传统的量程转换技术均是采用为传感器的原边或副边换挡方式来实现手动或者自动换挡,属于机械换挡。原边换挡需要大量的不同量程的传感器和开关来组成,组成价格高昂,建设成本非常高,而且操作起来不方便,同时在换挡过程会出现瞬态数据的丢失,对测量造成影响;而目前没有副边换挡的变频传感器,对于变频测量场合,根本不能采用副边换挡;所以传统的量程转换技术对于现在的日益发展的工业测量有越来越大的局限性。

无缝量程转换技术是湖南银河电气提出的应用在 SP 变频功率传感器上的一种数字式量程换挡技术,采用 2 的 N 次幂量程无缝量程转换方案,内部分别设置了 8 个量程,每个量程只工作在半量程以上区域,传感器根据实际瞬态采样信号的幅值进行自动连续的量程切换,达到无缝量程转换的目的,每个量程的满量程精度为 0.1% 时,可实现 256 倍动态范围内最低精度为 0.2% ,从而保证宽动态范围内的高精度测量。通过无缝量程转换,1 台 SP 变频功率传感器相当于 8 台高精度的其他测试仪器,可以节省大量的传感器和开关柜,使测量变得简单、经济、精确。

（1）SP 变频功率传感器无缝量程转换技术基于自动量程转换技术,但是优于自动量程转换技术,可以实现数据的连续,波形的连续,确保不丢失任何测量细节。

（2）很多仪表都有自动转换量程的功能,但是在量程转换的瞬间会出现测量的停滞,造成测量的不连续,这样对于对瞬态数据要求比较高的测量场合,短暂的停滞也会造成重要的瞬态数据的丢失,无缝量程转换技术经过对幅值的精密判断来实现数据的连续性,实现对瞬态数据的测量。

（3）无缝量程转换过程其实也是指小量程自动转换为大量程或大量程自动转换为小量程的过程,但是经过合理的算法,实现无缝转换,减少传感器和开关柜的投入,节省开支,方便操作。

无缝量程转换技术解决的是一个宽范围测量的技术,而无缝量程转换功率分析仪使得高压大电流的测量设备大大简化,测量稳定性大大提升,使得在高压大电流的测量仅仅只需一套测量系统就可以完成整个测量任务,再也不用为找不到合适换挡开关和开关柜结构设计大费周折,为设计者也为用户提供实实在在的便捷和经济上的实惠。

Q4 – 22 **SP 变频功率传感器无缝量程转换功能可以支持其他仪器的通信吗？**

传统互感器测量采用原边或副边换挡的方式来保障宽范围测试精度，变频测试目前尚无副边换挡传感器，而原边换挡需要的变频大电流开关制造困难，价格昂贵，建设成本高，切换完全靠手动方式，操作不方便。

SP 变频功率传感器在传感器内部分别设置了 8 个量程，传感器根据实际测量信号的大小进行自动连续的量程转换，使传感器始终工作于 1/2 量程范围以上，可以保证满量程范围内的测量精度。

SP 变频功率传感器使用时直接串接在一次回路中，通过光纤与分析仪构成测试系统，目前 SP 变频功率传感器自动无缝量程转换功能只能与银河的分析仪或者数字主机通信，不支持其他仪器的通信。

Q4 – 23 **SP 变频功率传感器的抗干扰能力如何？**

电磁环境日益复杂，电磁兼容是每一个仪器仪表厂家研究的一个重要内容，相比之下，SP 变频功率传感器与电磁环境较复杂的一次线路直接相连，要求有更强的抗干扰能力，因此，电磁兼容性是 SP 变频功率传感器的重要技术指标。

根据电磁干扰的机理，干扰源、传播途径、敏感设备是电磁干扰的三个环节中，做好每一个环节，都可有效地解决干扰问题，一般而言，作为测试设备，本身电磁发射一般可以忽略，而整改干扰源的工程量大，投资大，技术复杂。因此，切断或抑制传播途径、提高敏感设备的抗干扰能力是测试设备抗干扰的主要研究方向。

在提高敏感设备抗干扰能力方面，SP 变频功率传感器除了采用常规方法，诸如隔离、屏蔽、接地、滤波、接插件优化、专业布线等方法提高电磁兼容性能之外，在每一次技术革新或产品改型之后，都要依据 IEC 标准进行严谨的、全面的抗扰测试。

由于工业现场测试的大多数情况下，信号传输环节由用户处理，传感器、仪器仪表厂家只对自己的产品负责，因此，众多厂家都将抗干扰研究集中在提高敏感设备抗干扰性能方面，而忽视了电磁干扰的传播途径的技术研究。

通过切断传播途径，可以有效地抑制电磁干扰，是 SP 变频功率传感器前端数字化理念的理论基础。

图 4.3 所示为 SP 系列变频功率传感器传输通信示意图。

所谓电磁干扰，简单讲就是接收到了对系统有害的电磁波。对于传导耦合干扰，切断了传输线路，干扰就被隔离了。对于辐射耦合干扰，就像卫星电视接收节目（有用信息）需要专业的天线一样，接收到干扰（有害信息）同样需要天线，只不过后者的天线一般不是人为制造的，信号线、电源线，甚至是 PCB 板上

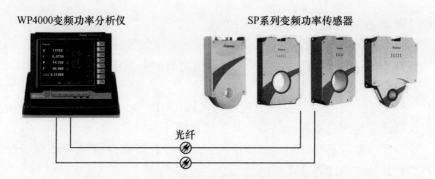

WP4000变频功率分析仪   SP系列变频功率传感器

光纤

图4.3　SP 系列变频功率传感器传输通信示意图

的一个 IC 引脚,都可能成为接收有害电磁波的天线,相比之下,信号线由用户负责,未经专业处理,且线路形式、长度、阻抗、布线方式等因素受现场使用条件限制,很难统一。因而,传输线路成了最有效的接收电磁干扰的天线。

　　SP 变频功率传感器正是通过消除这一天线,截断电磁波的主要传播途径,有效抑制电磁干扰。

三、SP 的工程应用

Q4 – 24　**SP 变频功率传感器在一次线路图中如何表示?**

　　AnyWay 的 SP 系列变频功率传感器属于数字量输出的变频电量变送器,在一次线路图中采用图4.4 所示标识符号。

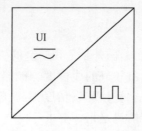

图4.4　SP 系列变频功率传感器标识符号

　　图中:正方形自左下角往右上角画一连线是各类变送器/变换器的标准符号。

　　UI 表示输入信号为电压和电流,UI 下方符号表示交直流两用。间隔不等的脉冲表示输出为数字编码信号。

Q4 – 25　**请说明 SP 变频功率传感器电流部分与柔性探头有什么区别?**

　　(1) 带宽。

　　SP 变频功率传感器电流部分可以测量交直流信号,低频特性较好,高频特性受限,不能准确测量 100kHz 以上的电流信号。

柔性探头是罗氏线圈的一种,只能测量交流信号,不能测量直流信号,低频特性较差,高频特性好,可测量 1MHz 甚至更高的电流信号。

(2)准确度。

SP 变频功率传感器最高准确级可做到 0.02S 级,目前用于国家变频电量测量仪器计量站测量基准的就是定制了该系列传感器。

罗氏线圈容易受环境磁场及摆放方式和位置影响,一般准确级低于 0.5 级,目前最高标称精度有 0.2 级的。

(3)可溯源性。

SP 变频功率传感器具有完整的溯源体系,可在国家变频电量测量仪器计量站或湖南银河电气有限公司变频电量检测中心检定或校准;柔性探头目前未见统一的校准规范和可行的校准检定装置,尤其是其角差溯源非常困难。

(4)输出。

SP 变频功率传感器采用数字量输出;柔性探头为模拟量输出。

Q4-26 SP 变频功率传感器输出接口能否兼容市面常见功率分析仪呢?

众所周知,SP 变频功率传感器是一种数字量光纤输出的数字变送器,为了更好地适应目前市场需求,银河电气 SP 变频功率传感器增加模拟量输出接口,电压及电流通道均可以输出与原边对应变比的 2.5V 电压模拟信号,可以很好适配其他功率分析仪表或信号采集设备。

Q4-27 我们能否用单个超高精度电流传感器取代 SP 变频功率传感器的 200 倍宽范围测试能力?

其所谓超高精度传感器,是国外某公司研制的一种电流传感器,其额定点的准确度很高,并且,传感器具有较好的线性度。他们提出的替代 SP 变频功率传感器的宽范围测量的理由是:满量程时,精度很高,超过指标要求,那么,小信号时,精度即便低一点,还是能够满足指标要求。

表面上看,该说法能够成立,并且无懈可击。

事实上,这种传感器,已被中车电机验证过:

(1)资料中表明的超高精度需要的环境,在工业现场,尤其是变频器使用的现场,几乎无法构建,现场干扰的影响不可忽视。

(2)需要仪表量程的匹配。中车电机在使用时,采用的就是第八设计院的方案,小信号时,且不说精度,仪器根本就不显示。

(3)该系统目前各大计量院不能溯源,最终由湖南省计量院出具了在工频下的 0.2 级的校准证书。其标称的宽频范围内的高精度指标,没有得到体现。

现在抛开上述问题,仅仅讨论一下,高精度替代宽范围的问题。

我们现在假设一种理想的状态进行分析,传感器以及仪表都不产生误差。

如果传感器输出额定二次电流为 500mA,现场干扰约 50μA,干扰的影响约 $50μA/500mA \times 100\% = 0.01\%$。对于电机试验的 0.2 级要求,此时干扰的影响,完全可以忽略不计。

当信号降低至额定的 1/200(SP 变频功率传感器保证准确测量的范围),信号为 2.5mA,但是,干扰不会因此减小,还是 50μA,此时,干扰的影响约 $50μA/2.5mA \times 100\% = 2\%$。

已经远远不能满足 0.2 级的要求。

最后,如果您还有疑问,不妨将整套系统送到计量院校准一下,先看看在远离干扰环境的计量室能不能实现。

Q4 – 28   SP 变频功率传感器单相电功率测试如何接线?

图 4.5 所示为单相电功率测试接线图,SP 变频功率传感器电流通道接入电流测试回路,测试流过负载电流,电压通道接入电压测试回路,测试负载两端电压。

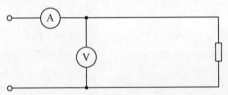

图 4.5   单相电功率测量时的 SP 系列变频功率传感器接线图

Q4 – 29   SP 变频功率传感器三相三线制电功率测试如何接线?

三相三线制电功率测量包括三种接线方式:

如图 4.6 所示,第一种接线方式采用最常见的二瓦计法。二瓦计法测量三相功率的理论依据是基尔霍夫电压定律和基尔霍夫电流定律。

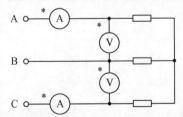

图 4.6   三相三线制电功率测量时的 SP 系列变频功率传感器接线图(二瓦计法)

如图 4.7 所示,第二种接线方式在第一种基础上增加了一个电流表,用于测量 B 相电流,该方式就测量功率而言,仍然是二瓦计法。由于安装在 B 相的 SP 变频功率传感器只用于测量电流,其电压测试线互相短接至电流输出端。

注:国标 GB/T 1032—2012 三相异步电动机试验方法中明确规定:在变频器供电电机中,当变频器开关频率较高时,考虑到电容泄漏电流可能不能忽视,应该每一相都安装一个电流表。

如图 4.8 所示,第三种接线方式采用三瓦计法,由于三相三线制无中性线,利用同型号的 SP 系列变频功率传感器的电压端口输入内阻相同的特性构建了一个虚拟中性点 N',虚拟中性点悬空。

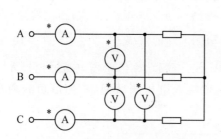

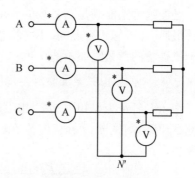

图 4.7 三相三线制电功率测量时的 SP 系列变频功率传感器接线图 (GB/T 1032 规定的方法)

图 4.8 三相三线制电功率测量时的 SP 系列变频功率传感器接线图 (虚拟中性点的三瓦计法)

Q4 –30 SP 变频功率传感器三相四线制电功率测试如何接线?

如图 4.9 所示为三相四线制电功率测量时的 SP 系列变频功率传感器接线图。与图 4.8 的区别在于,图 4.8 中三个变频功率传感器的电压负端互联后悬空,而图 4.9 中三个变频功率传感器的电压负端互联后连接至中性线。

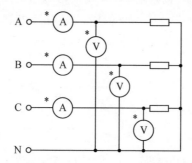

图 4.9 三相四线制电功率测量时的 SP 系列变频功率传感器接线图(三瓦计法)

Q4-31 SP 变频功率传感器能否只使用电流通道或者电压通道?

SP 变频功率传感器可以只使用电流通道或者电压通道。SP 变频功率传感器包含一个电压通道、一个电流通道,组合为功率传感器,使用时可以同时测量1 路电压、1 路电流;也可以只使用电压通道对电压进行测试或者只使用电流通道对电流进行测试。

Q4-32 SP 变频功率传感器能否接地? 是否需要配置专用电源?

2018 年前老款 SP 变频功率传感器采用等电位设计,外壳壳体与电流等电位,不允许接地;2018 年新推出 SP 变频功率传感器改进设计,配置接地端子,可以接地。

SP 变频功率传感器标准工作电压为 220V(50Hz/60Hz),为保证传感器稳定可靠运行,建议采用银河电气标配供电电源。

Q4-33 SP 变频功率传感器对安装有哪些要求和注意事项?

随着 SP 变频功率传感器的不断改进升级,安装也越来越方便。目前,SP 变频功率传感器主要有高压大电流、低压大电流、高压小电流、低压小电流四种结构方式。高压大电流、低压大电流、高压小电流由螺丝固定在紧固横梁上,紧固横梁打孔大小由传感器安装孔径决定;低压小电流提供了安装卡座,通过安装卡座固定在导轨上。

不同电压电流传感器详细电气隔离参数及柜体设计操作可参照银河电气提供的 SP 变频功率传感器安装规范,严格按照安装规范设计操作可以有效保障测试设备数据精准、运行安全可靠。

Q4-34 SP 变频功率传感器的各接口定义是怎么样的?

四种结构的 SP 变频功率传感器接线端口定义一致,以高压大电流为例,参见图 4.10,各接口定义如下,其他以此类推。

(1) PWR:工作电源接口,配置 SP 专用电源。

(2) 接地端子:保护用接地端子。

(3) AO:模拟量输出接口,额定输出信号为 2.5V。

(4) 光纤接口:TXD、光纤信号发送口;RXD、光纤信号接收口。

(5) Lo:电压信号输入(低端)。

(6) Hi:电压信号输入(高端)。

(7) 电流通测量穿心孔:电流流过方向按标识方向穿过。

Q4-35 SP 变频功率传感器的指示灯定义是怎么样的?

除低压小电流之外,其他三种结构的 SP 变频功率传感器均配置状态指示灯

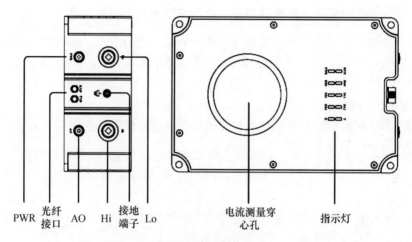

PWR　光纤接口　AO　Hi　接地端子　Lo　　　电流测量穿心孔　　　指示灯

图 4.10　SP 变频功率传感器端子标示图

（图 4.11），指示灯定义如下。

（1）RUN:测量运行指示灯。

（2）PWR:电源指示灯。

（3）T:光纤发送指示灯。

（4）R:光纤接收指示灯。

（5）D10、D11、D12:电压挡位指示灯（。指示灯灭 • 指示灯亮）。

（6）D00、D01、D02:电流挡位指示灯（。指示灯灭 • 指示灯亮）。

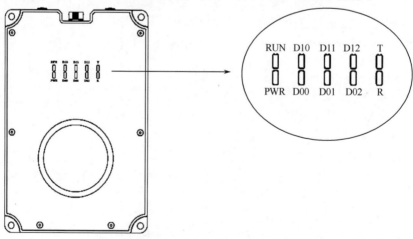

图 4.11　SP 变频功率传感器指示灯标示图

SP 变频功率传感器技术指标参数如表 4.2 所列。

表 4.2　SP 变频功率传感器技术指标参数表

电压挡位指示灯挡位对应			电流挡位指示灯挡位对应			挡位
D10	D11	D12	D00	D01	D02	
○	○	○	○	○	○	0 挡
●	○	○	●	○	○	1 挡
○	●	○	○	●	○	2 挡
●	●	○	●	●	○	3 挡
○	○	●	○	○	●	4 挡
●	○	●	●	○	●	5 挡
○	●	●	○	●	●	6 挡
●	●	●	●	●	●	7 挡

Q4-36　SP 变频功率传感器的外形尺寸参数如何？

SP 变频功率传感器一共分为高压大电流、低压大电流、高压小电流、低压小电流四种结构外形。

（1）高压大电流传感器外形（图4.12）。

高压大电流包括 12 种标准型号：SP332601XP、SP332102XP、SP332202XP、SP332302XP、SP332402XP、SP332502XP 、SP103601XP、SP103102XP、SP103202XP、SP103302XP 、SP103402XP、SP103502XP。

（2）低压大电流传感器外形（图4.13）。

低压大电流包括 12 种标准型号：SP691601XP、SP691102XP、SP691202XP、SP691302XP、SP691402XP、SP691502XP、SP112601XP、SP112102XP、SP112202XP、SP112302XP、SP112402XP、SP112502XP。

（3）高压小电流传感器外形（图4.14）。

高压小电流包括 8 种标准型号：SP332101XP、SP332201XP、SP332301XP、SP332401XP、SP103101XP、SP103201XP、SP103301XP、SP103401XP。

（4）低压小电流传感器外形（图4.15）。

低压小电流包括 8 种标准型号：SP691101XP、SP691201XP、SP691301XP、SP691401XP、SP112101XP、SP112201XP、SP112301XP、SP112401XP。

Q4-37　SP 变频功率传感器与 WP4000 变频功率分析仪如何接线？

SP 变频功率传感器通过数字光纤与 WP4000 变频功率分析仪通信，包含一根上行数据光纤和一根下行控制光纤。如图 4.16 所示为 SP 变频功率传感器与 WP4000 变频功率传感器接线示意图，WP4000 变频功率分析仪有 7 对光纤接

183

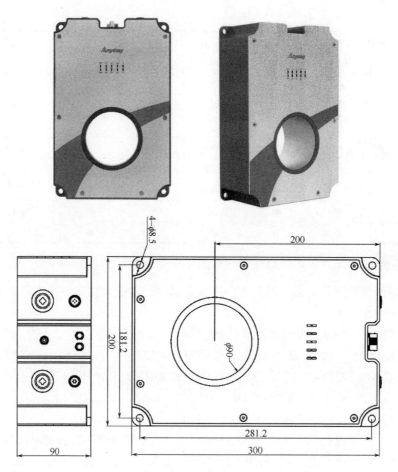

图 4.12　SP 变频功率传感器高压大电流传感器外形

口,T0/R0 接口为光纤同步接口,用于实现两台变频功率分析仪同步采集;而 T1/R1、T2/R2、T3/R3、T4/R4、T5/R5、T6/R6 均可接入 1 台 SP 变频功率传感器,连接时 SP 变频功率传感器 TXD 接入变频功率分析仪 R1,RXD 接入 T1,依次类推。

但是,需要注意,必须从 T1/R1 开始接入,不可将单台 SP 变频功率传感器接入其任意端口。

Q4 - 38　如何确定 SP 变频功率传感器通信是否正常?

首先 SP 变频功率传感器连接 WP4000 变频功率分析仪后,通信指示灯正常闪烁;再者,WP4000 变频功率分析仪可以正常匹配 SP 变频功率传感器显示传感器相关信息,则可以确定 SP 变频功率传感器通信正常。

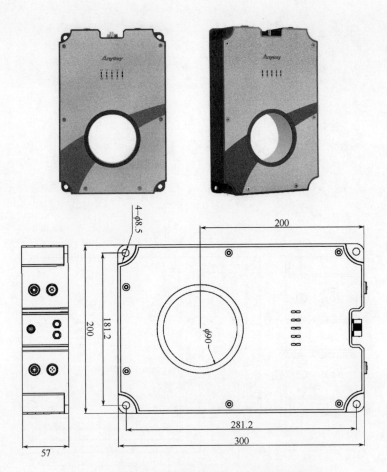

图 4.13　SP 变频功率传感器低压大电流传感器外形

Q4 - 39 **SP 变频功率传感器使用环境及温度是否有要求？是否对磁场敏感？**

　　SP 变频功率传感器储存环境温度为 - 25 ~ + 80℃，储存环境湿度为 20% ~ 80% RH(无结露)；SP 变频功率传感器工作环境温度为 0 ~ + 50℃，工作环境湿度为 20% ~ 80% RH(无结露)。

　　SP 变频功率传感器可以适用于 50℃以下环境的准确工作，在确定的高温环境下可以通过修正误差保证 SP 变频功率传感器适应更高工作温度的需求。同时，作为高精度测量设备，也需要保障其所需的标准工作环境，采用柜体安装，配置散热设备，保障合适的工作环境。

　　SP 变频功率传感器电流通道采用零磁通电流测量技术，因此本身即是对磁场的感应测量，会对外界的磁场敏感。但是经过良好的磁屏蔽设计，外界磁场对

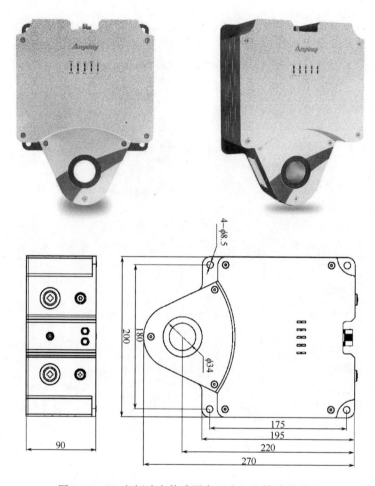

图 4.14　SP 变频功率传感器高压小电流传感器外形

电流测量基本不会产生影响,可以有效保障测试精度。

四、SP 的计量

Q4-40　**SP 变频功率传感器能否可以在全国计量检测机构进行检定并出具检定报告?**

　　目前,国内可以对 SP 变频功率传感器进行较全面计量校准的单位是国家变频电量测量仪器计量站和变频电量计量检测研究中心。前者设在湖南省计量检测研究院,主要提供符合标准的各类变频电量传感器、变送器、仪器仪表的计量校准服务。后者设在湖南银河电气有限公司,主要为各类变频电量传感器、变送

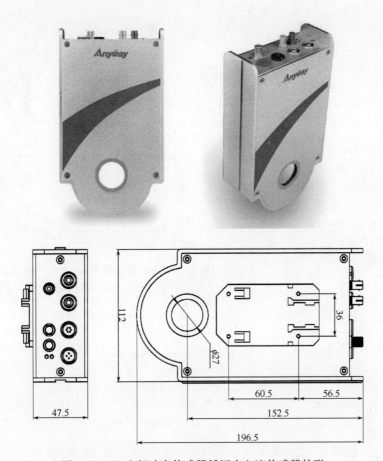

图 4.15　SP 变频功率传感器低压小电流传感器外形

器和仪器仪表提供型式试验和计量校准方法研究。

Q4-41　**SP 变频功率传感器能否提供 CNAS 检定报告？**

　　CNAS 证书，表明该机构已经通过了中国合格评定国家认可委员会的认可，是指实验室间互认结果的保证证明，便于和其他的检测机构互认结果。发证主体是中国合格评定国家认可委员会，所以并没有强制性要求的法律效力。获得 CNAS 证书的机构就可以为相关测试能力的测试产品提供 CNAS 校准服务。校准范围只与测试产品的测试范围有关，与测试产品的品牌无关，与测试产品的结构形式无关，与产品名称无关。

　　因此，CNAS 认证是指对实验室认证证明，并不能说提供 SP 变频功率传感器的 CNAS 检定报告。目前国内获得 CNAS 认证实验室仅可对 SP 变频功率

187

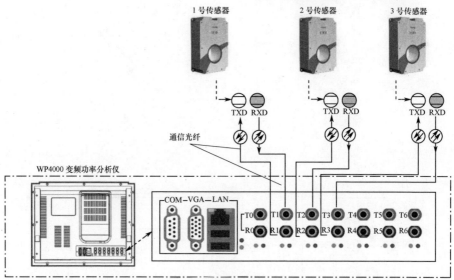

注:2号、3号传感器接线方式与1号相同,1台WP4000变频功率分析仪最多可接6台SP系列变频功率传感器,使用功率分析仪的T1/R1~T6/R6光纤通信接口。

图4.16 SP变频功率传感器与功率分析仪接线示意图

传感器、霍耳传感器、零磁通传感器等宽带传感器出具工频50Hz检定报告,简单地说就是SP变频功率传感器能提供经过CNAS认证实验室的50Hz检定报告。

Q4-42 目前SP变频功率传感器获得了哪些校准检定报告?

SP变频功率传感器目前已经获得了包括德国联邦物理实验室(DKD认证)、国家计量科学研究院、国家变频电量测量仪器计量站、国家高电压计量站、中国电力工业电气设备质量检验测试中心、湖南省计量检测研究院、湖南省电力科学研究院等权威部门的认可认证。

Q4-43 SP变频功率传感器如何进行角差溯源?

由专业计量检定机构对整体进行角差计量溯源,提供计量溯源校准证书。

Q4-44 SP变频功率传感器一般多久需要计量校准?

与一般测量用传感器类似,SP变频功率传感器一般一年进行一次计量校准,用户可以选择传感器发回银河电气进行计量检定或者选择派遣专业技术人员上门计量检定。

第二节　WP4000 变频功率分析仪

一、WP4000 的功能与性能指标

Q4－45　WP4000 变频功率分析仪的基本功能有哪些?

WP4000 变频功率分析仪基本功能,从分析结果表达方式看,功率分析仪基本功能主要包括:

(1)常规测量。功率分析仪测试参数主要包括传统功率表的测试参数:电压、电流、频率、功率、功率因数等,但是,测量功能比传统功率表强大,体现在同一测量参数可以采用多种特征值表现。如电压、电流可以采用真有效值(rms)、校准平均值(mean)、基波有效值(h01)、算术平均值(avg)四种特征值。而功率包括基波功率(h01)和总有功功率(avg)。

(2)实时波形。观测实时波形能够以最快的速度形象地了解未知的复杂信号,建立感性认识,许多时候还可以利用观测的波形进行故障诊断或干扰排除,实时波形属于时域分析。

(3)谐波分析。谐波分析属于频域分析方法,是包含多种频率成分的变频电量的基本分析方法,通常采用傅里叶变换实现复杂信号的分解。

目前大部分功率分析仪谐波分析最大次数在 100 次以内,部分进口功率分析仪可分析 500 次谐波。

实际上,对于电网谐波分析,50 次就足够了。而对于变频器谐波分析仪,由于变频器的基波频率是变化的,且包含了高频的谐波,谐波与基波的频率比值可能达到 2000 以上,也就是谐波次数可能达到 2000 次甚至更高次。

除了谐波检测之外,基波也可以认为特殊的谐波(一次谐波),常规测量中的基波有效值及基波相位也是通过傅里叶变换获取。电能质量分析中的各种表示谐波失真的特征值,也以傅里叶变换为基础。

(4)平均或积分功能。实际测量对象总是会出现不同程度的波动,对于能效计量检测等高精度试验,小的读数误差可能对结果造成较大的影响,为了获取能够代表波动读数的稳定值,且稳定值应能够代表实际信号的对结果的综合影响。通常采取多点读数求平均或积分求平均等数值处理方式。

WP4000 变频功率分析仪提供了滑动平均、指数平均、智能平均(适合叠频法等读数波动较大但是波动有潜在规律的场合)等方式。还可通过设置更新时间获取等同于积分平均的效果。

(5)采集与记录。功率分析仪测试或计算的参数较多,采集速度快,采集和

记录几乎是所有功率分析仪必备的功能之一。采集通常指实时采样数据的记录。而记录通常指运算完毕的特征值的记录,记录的数据量较小,采集的数据量很大。以 6 功率单元,250kHz 采样频率计算,1s 采集的基本数据高达 12MB,1GB 磁盘空间只能存储80s 的数据。常规的 4M、8M 存储深度的录波仪等设备往往不能满足存储需要。

Q4 – 46 WP4000 变频功率分析仪的主要测试参数有哪些?

WP4000 变频功率分析仪测试参数主要包括电压、电流、功率、相位、位移因数、功率因数等。

(1)电压、电流真有效值及有功功率测量。

真有效值是指电压/电流的基波、直流分量、所有谐波及间谐波的有效值平方和的平方根值,为了区别于基波或某次谐波的有效值,有时称全波有效值。

有功功率是指直流分量、基波、谐波及间谐波的有功功率的算术和,为了区别于基波有功功率和谐波有功功率,有时称总有功功率。

为了与传统的基于检波法的功率表的数值形成对比,某些功率分析仪提供了电压、电流的校准平均值。

为了兼顾直流测量,某些功率分析仪还提供了电压、电流的算术平均值。

银河电气的 WP4000 变频功率分析仪对交流电量提供了真有效值(rms)、校准平均值(mean)、基波有效值(h01)、算术平均值(avg)四种特征值测量模式;对直流电量提供了真有效值(rms)和算术平均值(avg)两种特征值测量模式。

此外,功率分析仪测试参数中还应提供与有功功率相关的功率因数。

注:对于非正弦电量测量,功率分析仪测试参数中有一个特别值得注意的参数。在正弦电路中,功率因数等于相位差的余弦,一般用 $\cos\varphi$ 表示,而非正弦电路中,功率因数只能通过下述定义式获取:

$PF = P/S$,PF 为 Power Factor 的缩写,表示功率因数,P 为有功功率,S 为视在功率。

功率因数也常用 λ 表示。

非正弦电路中,$\cos\varphi$ 称为位移因数,φ 为基波(或特定次数的谐波)电压与基波(或特定次数的谐波)电流的相位差。当 φ 为基波电压、电流相位差时,也称基波功率因数。

非正弦电路中,λ 不等于 $\cos\varphi$,一般有 λ 小于 $\cos\varphi$。

(2)电压、电流基波有效值及基波有功功率。

变频器输出电量谐波含量丰富,然而,对于电机而言,能够贡献转矩的主要是基波,因此,在电机试验中,基波有效值和基波有功功率是大部分试验的依据值,基波有效值和基波有功功率比真有效值更加重要。

基波功率因数(位移因数)等于基波有功功率与基波视在功率(基波电压电流有效值乘积)的比值。

(3) 电压、电流谐波幅值及谐波功率。

电压、电流谐波幅值通常也采用有效值表示,谐波功率通常指谐波的有功功率。

WP4000 变频功率分析仪未显示每次谐波的功率,仅显示了每次谐波电压和谐波电流的相位,可通过谐波功率的定义式计算获取:

$$P_n = U_n \cdot I_n \cdot \cos\varphi_n$$

式中:P_n、U_n、I_n、φ_n 分别为第 n 次谐波的有功功率、电压有效值、电流有效值、电压与电流的相位差。

(4) 谐波特征值。

变频电量输出谐波频谱复杂,除了少数研究性试验关注具体的某次谐波之外,多数情况下更加关注谐波的整体表现,谐波的整体表现主要通过谐波特征值表示。最常用的谐波特征值为总谐波畸变率(Total Harmonics Distortion,THD)和总谐波因数(Total Harmoni Factor,THF)。THD 也称波形畸变率,THF 也称总谐波失真。

除了上述两个谐波特征值之外,某些功率分析仪还针对具体应用领域提供相关标准关注的其他谐波特征值。如 AnyWay 系列变频功率分析仪还提供电机试验相关国家标准要求的谐波电压因数(HVF)和谐波电流因数(HCF)。

(5) 电能质量分析等其他功能。

部分功率分析仪为了测试方便,还提供了电能质量分析仪的电压稳定度、电流稳定度、频率稳定度及正序分量、负序分量、零序分量等表征三相不平衡度的参数。

Q4-47　WP4000 变频功率分析仪的超强运算能力有何意义?

电机试验、变频器特性试验中,某些工况要求试验的最低基波频率达 0.1Hz 左右,PWM 的宽频带和低基频导致 FFT 窗口数据长度超长,一般分析仪的谐波运算能力和数据存储容量不足,不能正确测量。

假设载波频率为 2kHz,变流器为电压型,按照 GB/T 22670—2008《变频器供电三相笼型感应电动机试验方法》的规定,测试系统带宽应不低于 12kHz,依据采样定理,采样频率应不低于 24kHz。

傅里叶时间窗至少为一个基波周期,约 10s,傅里叶时间窗采样点数不小于240000。当采样频率为 200kHz 时,傅里叶时间窗采样点数多达 2000000 点(某些谐波分析仪仅 1024 点）。对功率分析仪的存储容量和运算速度均提出了很高的要求。

WP4000 变频功率分析仪采用高性能的双核嵌入式 CPU 模块，内存容量不低于 2GByte，强大的运算能力和大容量存储能力为高采样频率和超长傅里叶时间窗提供了强有力的保障。

Q4-48　WP4000 变频功率分析仪带宽相关的几个重要指标是什么？

WP4000 变频功率分析仪带宽意指功率分析仪的电压或电流前向通道允许通过的信号的最高频率和最低频率之差。

带宽应该是包含上限和下限的一组数。但是，由于大部分宽频功率分析仪的带宽下限频率非常低或可直接测量直流电量，因此，许多时候，功率分析仪带宽等同于上限频率。

功率分析仪带宽上限主要受前向通道中电容、电感等储能元件的影响。有些电容或电感，是人为设置的，比如具有低通滤波器特性的防混叠滤波器中的电容。有些电容或电感是客观存在且不可避免的，比如说传输导线本身具有的电感，电阻元件具有的电感，导线与导线之间形成的分布电容及互感等。

与功率分析仪带宽相关的几个重要指标：

（1）信号带宽。信号采用傅里叶级数展开，含有一定比例的最高频率成分就是信号的带宽。

（2）固有带宽。这里指的固有带宽是指客观存在不可避免的带宽限制，主要是指受元器件及分布电容、电感的影响导致的带宽限值。例如，电路中应功能需要采用某运算放大器，该运算放大器的带宽为 2MHz，那么，前向通道的带宽必然小于或等于 2MHz。

目前，宽频带功率分析仪标称的最高带宽可达 10MHz 以上。

（3）数字带宽。对于宽频带功率分析仪而言，包括时域波形显示、时域波形分析、频域谐波分析等大部分分析功能，都基于数字采样技术。通过数字采样技术，将连续变化的模拟量转变为时域离散，幅值量化的离散时间数字信号（以下简称数字信号）。而几乎所有的分析功能的分析对象都是数字信号。

采样定理指出，只要离散系统的采样频率高于被采样信号的最高频率的 2 倍，就可以真实地还原被测信号；反之，会因为频谱混叠而不能真实还原被测信号。

因此，数字带宽等于最高采样频率除以 2，也就是奈奎斯特频率。

目前，宽频带功率分析仪的最高采样频率一般在 1MHz 以下，大部分进口宽频带功率分析仪的采样频率低于固有带宽。

（4）防混叠滤波器带宽。采样频率决定了前向通道的最终带宽，若功率分析仪带宽上限频率高于采样频率的 1/2（奈奎斯特频率），就有必要在采样之前对信号带宽进行限制，将信号带宽限制在 1/2 采样频率之内。限制的措施通常采用低通滤波器，称为防混叠滤波器。防混叠滤波器的截止频率就是防混叠滤波器带宽，某些文献中也称傅里叶频谱带宽。

（5）传感器带宽。对于高电压、大电流信号测量，一般而言，功率分析仪需要与电压、电流传感器传感器等组合构成功率测试系统。传感器是功率测试系统的最前端，直接与被测信号相连对被测信号进行感知，其带宽对测量的影响不言而喻。

宽频功率分析仪通常用于测量变频电量，目前，测量变频电量的电流传感器主要有霍耳电流传感器、罗氏线圈和 SP 变频功率传感器（电压、电流组合式传感器），高带宽的霍耳电流传感器带宽可达 100kHz 以上，而罗氏线圈的带宽可达 1MHz 以上，SP 变频功率传感器的电流典型带宽为 30kHz，三者均可满足大部分变频电量测试的带宽需要。

测量变频电量的电压传感器主要为霍耳电压传感器和 SP 变频功率传感器。

额定电压 1kV 以上的霍耳电压传感器的带宽普遍低于 5kHz，以 LEM 公司的霍耳电压传感器为例，目前额定电压最高的霍耳电压传感器为 LV200 - AW/2/6400，其带宽仅 700Hz，远远不能满足变频器输出的高谐波含量的变频电量的测量需要。

SP 变频功率传感器的电压典型带宽为 100kHz，可满足大部分变频电量测试的带宽需要。

| Q4 - 49 | WP4000 变频功率分析仪如何定义有效值、真有效值、基波有效值、全波有效值的？ |

有效值主要用于衡量交流电压、交流电流的幅值大小，出发点是热效应与直流电相同。有效值具体定义如下。

电压有效值：在相同的电阻两端分别施加直流电压和交流电压，经过一个交流电压周期的时间，如果它们在电阻上所消耗的电能相等的话，则把该直流电压的幅值作为交流电压的有效值。

电流有效值：在相同的电阻中分别通过直流电流和交流电流，经过一个交流电流周期的时间，如果它们在电阻上所消耗的电能相等的话，则把该直流电流的幅值作为交流电流的有效值。

正弦电压、电流有效值等于其最大值（幅值）的 $\frac{\sqrt{2}}{2}$，约 0.707 倍；也等于其校准平均值的$\frac{\sqrt{2}\pi}{4}$,约 1.1107 倍。

对于非正弦周期电压、电流信号,可以通过傅里叶变换的方式分解为直流分量、基波分量和各次谐波分量,其中,基波分量和谐波分量均为正弦信号。

有效值的计算方式有时域计算方式和频域计算方式两种,下面对两种计算方式说明。

有效值的时域计算公式:有效值等于其瞬时值在一个周期内的方均根值。

$$G_{rms} = \sqrt{\frac{1}{T}\int_{-\frac{T}{2}}^{\frac{T}{2}} g(t)^2 \mathrm{d}t} \tag{4.6}$$

式中:G_{rms} 和 g 为电压和电流。

有效值的频域计算公式:有效值等于直流分量、基波分量及所有谐波分量的有效值的方和根。

$$G_{rms} = \sqrt{\sum_{h=0}^{+\infty} G_h^2} \tag{4.7}$$

式中:G_{rms} 为电压和电流;G_h 为电压或电流的 h 次谐波,$h=0$ 时,为零次谐波,表示直流分量,$h=1$ 时,为一次谐波,表示基波。

由于有效值在数值上等于瞬时值的方均根(Root mean square),也称方均根值,通常采用符号 rms 表示。WP4000 变频功率分析仪中用 U_{rms} 和 I_{rms} 表示电压有效值和电流有效值。

就定义角度看,有效值的"有效"有等效的意思。因为交流电的瞬时幅值是变化的,用有效值可以反映交流电对电阻负载的平均做功能力。

然而,有效值的方均根计算方式电路实现较为复杂。为了简化电路,某些仪器仪表往往利用正弦波的峰值或整流平均值与有效值的换算关系,采用峰值检波电路或均值检波电路,先测量出峰值,再乘以对应的系数转变为有效值。传统的毫伏表、微安表、电压表、电流表、万用表等大多采用这种方法。其中峰值转变为有效值的系数为 0.707,而整流平均值转变为有效值的系数为 1.1107。采用均值检波法得到的有效值,也称校准到有效值的整流平均值,简称校准平均值,在 WP4000 变频功率分析仪中,采用 U_{mean} 和 I_{mean} 表示电压校准平均值和电流校准平均值。

峰值检波法或均值检波法利用了正弦波的峰值、整流平均值与有效值的换算关系,因此,这类方法只适合正弦信号的有效值测量。对于非正弦信号,测量得到的"有效值"不准确。为了区分这种有效值与严格依照有效值定义得到的有效值的区别,后者也称为真有效值,采用 T_{rms} 表示,其中,T 是 True 的缩写,意为"真正的"。

长期以来,人们已经习惯用有效值表示交流电量的幅值大小。然而,对于非正弦交流电而言,有时,有效值的意义不是很大,例如,富含谐波的 SPWM 电压的有效值,同时包含了基波和谐波的影响。问题是,对于电机负载而言,真正有效的,主要是其中的基波分量,即用基波分量的方均根值——基波有效值衡量 SPWM 电压的幅值,具有更大的现实意义。

IEC60349 - 2 规定电机端电压为端电压的基波有效值。由于基波也称为一次谐波(Harmonic),WP4000 变频功率分析仪中用 U_{h01} 和 I_{h01} 表示基波电压有效值和基波电流有效值。

为了区分有效值和基波有效值,有时也称有效值为全波有效值或全有效值。对于正弦波而言,基波有效值、有效值、真有效值、全波有效值及校准平均值在数值上全部相等,可不作区分。对于 SPWM 波而言,其校准平均值与基波有效值非常接近,在要求不高的场合中,可替代基波有效值。对于其他非正弦电量,上述几个概念需要慎用。

Q4 - 50 WP4000 变频功率分析仪主机是一台计算机吗?

WP4000 变频功率分析仪主机是一台计算机,是一台专用计算机,是一台相比目前所有功率分析仪内置微处理器而言,速度更快、存储容量更大、可靠性更高、安全性更好的仪器仪表专用计算机。

Q4 - 51 WP4000 变频功率分析仪设计主要参照哪几项标准?

WP4000 变频功率分析仪主要参照 JJF 1559—2016《变频电量分析仪校准规范》、JJG 780—1992《交流数字功率表》、GB/T 13978—2008《数字多用表》、《DB 43 变频电量测量仪器测量用变送器》等标准规范设计。

Q4 - 52 WP4000 变频功率分析仪为何标称全局精度?

全局精度是银河电气率先提出的概念,主旨在于规范功率分析仪精度标称方式,保护消费者的合法权益。

全局精度本意非常简单,要求标称精度与适用范围要一致。即标称精度在适用范围内均能成立。

例如:你的汽车在高速路上以 100km 时速匀速行驶的百千米油耗为 5L。在均速为 20km 的山路上行驶的百千米平均油耗为 20L。

这里,"高速路上以 100km 时速匀速行驶"和"均速为 20km 的山路上行驶"是百千米油耗的前提。离开前提去谈油耗是没有意义的,当然,"高速路上以 100km 时速匀速行驶"这个前提可以例外,因为,这是一个默认的前提。

例如,有人问你,"你的汽车油耗多少?"(没有前提,视为默认前提)

你说,5L! 对方是可以听懂的。

但是,如果人家问你,"均速为20km的山路上行驶,你的汽车油耗是多少?"

此时,前提已经非常明确了,并且,不是那个默认前提,正确答案应该是:20L!

如果你还说是5L,那就有弄虚作假的嫌疑。

对于变频功率分析仪而言,"高速路上以100km时速匀速行驶"相当于被测对象为简单的工频正弦波,而"均速为20km的山路上行驶"相当于被测对象为复杂的变频电量。

对于相同的功率分析仪,如果明确被测对象为工频正弦波电量,那么,标称该条件下的精度指标是无可厚非的。但是,如果明确是适用变频电量测试,就应该标称在适用的全局范围内均能成立的全局精度指标,而不能标称只有在工频正弦波条件下才能成立的精度指标。

Q4-53 WP4000变频功率分析仪为何标称相对精度?

相关国家标准、检定规程、校准规范均采用仪表的引用误差来定义电工仪表的准确度。

也就是说,电工仪表的准确度对应的精度指标,只有在仪表满量程处能够成立。

对于相对量程为小信号的测量对象,如果希望获取相同的测量精度,就必须采用更小量程的仪器仪表。

也就是说,仪器仪表标称的是引用误差或准确度,而实际测量关注的是相对精度或读数精度。或者说,引用误差或准确度用于衡量仪器仪表的测量质量,而相对误差或相对精度用于衡量测量结果的质量。

仪器仪表的这一特性,大大局限了其适用范围,提高了测试成本。

银河电气的WP4000变频功率分析仪等功率计类产品,采用无缝量程转换技术,并将200倍动态范围内的最大相对误差作为仪表的准确度评价依据,大大拓宽了功率计的准确测量范围,提高了测试效率和质量,降低了测试成本。

Q4-54 WP4000变频功率分析仪是如何保证系统精度的?

常规的测量方法是:电压/电流传感器先将高电压/大电流信号变换为低电压/小电流信号,再连接到分析仪,分析仪只测量低电压和小电流信号。这种方式下,传感器和分析仪及传输线路都会引入测量误差,一方面加大了测量误差,另一方面也使测量误差不好预计,用户对整个系统的测量精度无法进行衡量。

WP4000变频功率分析仪,不论是低电压、小电流还是高电压、大电流信号,均可采用各种不同量程的变频电量变送器/变频功率传感器直接连接一次回路,变送器/传感器直接输出数字信号,二次仪表只是对数字信号进行必要的运算,并不会增加误差,这样,引入误差的环节只有一个,只需要对变频电量变送器的误差进行试验,即可确定整个系统的误差,实验室计量状态与现场实际使用状态完全相同。

Q4 – 55 **WP4000 变频功率分析仪的精度表示与常规仪表精度表示方法有什么不同?**

WP4000 变频功率分析仪的准确度标称的确与常规仪表不同:

WP4000 变频功率分析仪标称的系统准确度,而普通仪表标称的是计量参比条件下(如 50Hz、功率因数等于 1、额定输入)的仪表准确度。

WP4000 变频功率分析仪标称的是适用频率范围内(基波频率 0.1 ~ 1500Hz)的最低准确度,而普通仪表标称的是最高准确度。

WP4000 变频功率分析仪标称的宽幅值范围内(电压 0.5% FS ~ 100% FS,电流 0.5% FS ~ 100% FS)的准确度,而常规仪表标称的是满量程点的准确度。

WP4000 变频功率分析仪标称的是适用功率因数范围内的最低准确度,而常规仪表标称的是功率因数为 1 时的准确度。

WP4000 变频功率分析仪标称以读数的百分比表示,而普通仪表是以量程或读数与量程的百分比的结合来表示。

上述所有标称方式都导致 WP4000 变频功率分析仪的标称准确级在降,WP4000 变频功率分析仪之所以采用这些方式标称。是因为考虑到用户对变频电量缺乏认识,用户不必考虑复杂的工况,只要准确级满足用户试验标准要求,即可获取准确的测量结果。

反例:某进口高精度功率分析仪标称的精度为 0.02% rd,实际精度为 0.02% rd + 0.04% FS。也就是说实际准确级最多就是 0.06 级,但是一般用户却误以为是 0.02 级。

此外,该准确度指标仅仅适用于工频,而该仪表宣称适用变频,其在 30Hz 以下的精度低于 0.5 级(考虑不同情况,实际在 0.5 ~ 1.8 级之间变化),一般用户不能辨识,最终吃亏的是用户。若采用 WP4000 变频功率分析仪的标称方式,该仪表的准确级低于 1.8 级,而不是 0.02 级。

Q4 – 56 **WP4000 变频功率分析仪的谐波运算主要测量了哪些量?**

(1) 各次谐波的幅值、相位。

(2) 总谐波含量(HC)。

(3) 谐波电压因数(HVF)。

（4）谐波失真（THD）。

（5）电话谐波因数（THF）。

Q4-57　WP4000 变频功率分析仪同步源来自电压还是电流信号？

同步源是功率分析仪进行正确傅里叶变换的前提，选择合理的功率分析仪同步源，可提高傅里叶变换的有效性和准确度。

电机为感性负载，采用变频器供电时，其电流信号的谐波含量远远小于电压信号的谐波含量。因此，一般认为，采用电流信号为功率分析仪同步源有利于正确捕获信号基波频率，有利于实现采样频率与基波频率的同步。

WP4000 变频功率分析仪同时检测电压信号和电流信号的频率，自动判断，并自动切换，以频率相对稳定的一路信号作为功率分析仪同步源。当不能判断两者的稳定度时，默认采用电压信号为同步源。之所以这么选择，是因为：

我们认为，功率分析仪的大部分应用场合，其电源均为电压源，也就是说，存在有电压、没电流的情况，而不存在有电流、没电压的情况。没电流时，将电流信号作为同步源是无效的，而此时仍然需要正确的测量电压信号。

变频器输出的 SPWM 电压信号，其谐波含量的确高于电流信号，但是，一般情况下，电压信号的低次谐波含量较小，而电流信号完全可能由于负载的非线性导致较大的低次谐波。对于频率测量电路而言，或者说，对于频率滤波器而言，滤除高次谐波的影响远远比滤除低次谐波的影响要容易。

Q4-58　WP4000 变频功率分析仪为何采用 DFT 而不采用 FFT？

FFT 对傅里叶变换的理论并没有新的突破，但是对于早期计算机运算速度受限的情况下，FFT 的发明使离散傅里叶变换在计算机系统或者说数字系统中得以广泛应用，可谓立下了汗马功劳。

世间万物，总是祸福相依，利弊相随，而且可以相互转化。

所谓成也萧何败也萧何，FFT 的优势就是快，但是，快也是付出了代价的。当处理器具备足够运算能力时，FFT 的局限性逐渐开始显现。

因为 FFT 在提高运算速度的同时，对样本序列的长度做出了要求，即要求样本序列的数量必须是 2 的 N 次幂。

正确的傅里叶变换，样本序列应该是代表一个或整数个信号周期。

对于固定频率的交流电测量，可以使采样频率为信号频率的 M 倍，且 $M=2^N$。

但是，对于变频器输出测量，如果测量前基波未知，那么，就无法同时满足样本数为 2^N 和整周期的要求。

DFT 运算速度远低于 FFT，但是，对样本数没有要求。

WP4000 变频功率分析仪内置高性能的嵌入式微处理器，运算速度快，存储容量大,可以实现实时 DFT 运算。在可以实现的前提下,速度快的 FFT 就没有明显优势了。而 DFT 对运算点数没有限制,处理反而变得更加灵活。

Q4 - 59　WP4000 变频功率分析仪可以实现每次谐波功率都单独计算出来吗?

WP4000 变频功率分析仪本身可以计算 0 ~ 99 次谐波的幅值(Mag)和相位(Phase),但不包含谐波功率。依据 $P = UI\cos\varphi$,可以计算出每次谐波的功率。

WP4000 变频功率分析仪致力于精确获取变频电量的各种常规特征值,对于一些行业特殊应用,通过扩展上位机软件实现,这样做的目的是既保证了产品的可靠性、稳定性,又可满足用户的个性需求。

WP4000 扩展上位机该软件安装于上位机,通过以太网与 WP4000 变频功率分析仪相连,可获取 WP4000 变频功率分析仪中的原始采样数据和所有特征值参数。既可以利用 WP4000 运算的各次谐波幅值和相位进行简单计算获取各次谐波的功率,也可对原始数据重新进行傅里叶变换获取谐波幅值和相位再计算谐波功率,还可计算更高次数的谐波的幅值、相位和功率。

WP4000 扩展上位机软件属于半定制化软件:

(1)具有一些固定的功能,如波形记录及回放系统、数字滤波器、谐波分析(可分析至 2000 次谐波)等。

(2)可根据用户需要提供定制服务。

(3)提供接口协议和例程源码,协助用户自行编程。

Q4 - 60　WP4000 变频功率分析仪能不能测量间谐波?

交流非正弦信号可以分解为不同频率的正弦分量的线性组合。当正弦波分量的频率与原交流信号的频率相同时,称为基波(Fundamental Wave);当正弦波分量的频率是原交流信号的频率的整数倍时,称为谐波(Harmonics);当正弦波分量的频率是原交流信号的频率的非整数倍时,称为分数谐波,也称分数次谐波或间谐波(Inter - harmonics)。

通常的谐波测量仪器使用傅里叶变换的方法进行谐波分析,而傅里叶变换的前提是假设所有的周期波形都是相同的,从这个角度讲,傅里叶变换只适用于整数次谐波的分析。对于包含间谐波的信号,每个相邻周期(基波周期)的信号可能不同,也就是说,信号是变化的,当变化满足一定的规律时,比如,每 N 个基波周期变化重复一次。我们可以将 N 个基波周期视为一个周期,这样,信号就是周期信号了。对该周期信号取 N 个基波周期进行傅里叶变换,可以得到下述表达式:

$$f(t) \ = \ c_0 \ + \ \sum_{m=1}^{\infty} \ (c_m \sin \frac{m\omega_1 t}{N} \ + \ \varphi_m) \qquad (4.8)$$

其中:

$$c_m = |b_m + \mathrm{j}a_m| = \sqrt{a_m^2 + b_m^2} \tag{4.9}$$

当 $b_m \geq 0$ 时

$$\varphi_m = \arctan\left(\frac{a_m}{b_m}\right) \tag{4.10}$$

当 $b_m < 0$ 时

$$\varphi_m = \pi + \arctan\left(\frac{a_m}{b_m}\right) \tag{4.11}$$

$$a_m = \frac{2}{T_\omega}\int_0^{T_\omega} f(t)\cos\left(\frac{m\omega_1}{N} + \varphi_m\right)\mathrm{d}t \tag{4.12}$$

$$b_m = \frac{2}{T_\omega}\int_0^{T_\omega} f(t)\sin\left(\frac{m\omega_1}{N} + \varphi_m\right)\mathrm{d}t \tag{4.13}$$

$$c_0 = \frac{2}{T_\omega}\int_0^{T_\omega} f(t)\,\mathrm{d}t \tag{4.14}$$

式中: ω_1 为基波角频率, $\omega_1 = 2\pi f_1$, f_1 为基波频率, $T_1 = 1/f_1$ 为基波周期; T_w 为傅里叶时间窗的宽度(持续时间), $T_w = NT_1$; c_0 为直流分量; c_m 为频率 $f_m = mf_1/N$ 的正弦分量的幅值。当 m/N 为整数时,该正弦分量为称为谐波;当 m/N 为非整数时,该正弦分量称为分数次谐波,也就是间谐波。

国标 GB/T 24337—2009《电能质量公用电网间谐波》规定了公用电网谐波的限值及测量方法。WP4000 变频功率分析仪可以对傅里叶时间窗的基波周期数进行选择,当对应的 N 较大时,可以准确测量间谐波。N 越大,可分析的间谐波的频率越低。

Q4-61 WP4000 变频功率分析仪各特征参数算法是怎么样的?

WP4000 变频功率分析仪是用于复杂变频电量测量分析的仪器,是功率表或功率计的升级换代产品。WP4000 对传统的电压、电流和功率进行了重新定义。其测量参数除了传统功率表或功率计的电压、电流和功率外,还包括电压、电流的基波、谐波及各种谐波特征值。

下面就罗列了 WP4000 变频功率分析仪各基础测量参量的相关计算公式。

周期信号的数学模型:

$$f(t) = a_0 + \sum_{n=1}^{\infty}(a_0\cos n\omega t + b_n n\omega t)$$

$$a_0 = \frac{1}{T}\int_{-\frac{T}{2}}^{\frac{T}{2}} f(t)\,\mathrm{d}t$$

$$a_n = \frac{2}{T}\int_{-\frac{T}{2}}^{\frac{T}{2}} f(t)\cos(n\omega t)\,\mathrm{d}t \quad b_n = \frac{2}{T}\int_{-\frac{T}{2}}^{\frac{T}{2}} f(t)\sin(n\omega t)\,\mathrm{d}t \tag{4.15}$$

功率分析仪电压真有效值计算公式:

$$U_{RMS} = \sqrt{\frac{1}{T}\int_{-\frac{T}{2}}^{\frac{T}{2}} u(t)^2 \mathrm{d}t} \qquad (4.16)$$

功率分析仪电流真有效值计算公式:

$$I_{RMS} = \sqrt{\frac{1}{T}\int_{-\frac{T}{2}}^{\frac{T}{2}} i(t)^2 \mathrm{d}t} \qquad (4.17)$$

功率分析仪瞬时功率计算公式:

$$p(t) = u(t)i(t) \qquad (4.18)$$

功率分析仪有功功率计算公式:

$$P = \frac{1}{T}\int_{-\frac{T}{2}}^{\frac{T}{2}} u(t)i(t)\mathrm{d}t \qquad (4.19)$$

注:当电压和电流均为正弦波时,下述公式成立:

$$P = U_{RMS}I_{RMS}\cos\varphi \qquad (4.20)$$

式中:φ 为电流滞后电压的角度。

功率分析仪电压基波有效值及基波相位计算公式:

$$(4.21) \quad \begin{cases} U_{h01} = \sqrt{U_{a1}^2 + U_{b1}^2} \\ \varphi_{U1} = \arctan\left(\dfrac{U_{a1}}{U_{b1}}\right), U_{a1} > 0 \\ \varphi_{U1} = \pi + \arctan\left(\dfrac{U_{a1}}{U_{b1}}\right), U_{a1} < 0 \\ U_{a1} = \dfrac{2}{T}\int_{-\frac{T}{2}}^{\frac{T}{2}} u(t)\cos(\omega t)\mathrm{d}t \\ U_{b1} = \dfrac{2}{T}\int_{-\frac{T}{2}}^{\frac{T}{2}} u(t)\sin(\omega t)\mathrm{d}t \end{cases}$$

功率分析仪电流基波有效值及基波相位计算公式:

$$(4.22) \quad \begin{cases} I_{h01} = \sqrt{I_{a1}^2 + I_{b1}^2} \\ \varphi_{I1} = \arctan\left(\dfrac{I_{a1}}{I_{b1}}\right), I_{a1} > 0 \\ \varphi_{I1} = \pi + \arctan\left(\dfrac{I_{a1}}{I_{b1}}\right), I_{a1} < 0 \\ I_{a1} = \dfrac{2}{T}\int_{-\frac{T}{2}}^{\frac{T}{2}} i(t)\cos(\omega t)\mathrm{d}t \\ I_{b1} = \dfrac{2}{T}\int_{-\frac{T}{2}}^{\frac{T}{2}} i(t)\sin(\omega t)\mathrm{d}t \end{cases}$$

功率分析仪基波有功功率计算公式：

$$P = U_{h01} I_{h01} \cos\varphi_1 \qquad (4.23)$$

式中：φ_1 为基波电流滞后基波电压的角度。

功率分析仪电压谐波幅值及相位计算公式如下：

$$
\begin{cases}
U_n = \sqrt{U_{an}^2 + U_{bn}^2} \\[2mm]
\varphi_{Un} = \arctan\left(\dfrac{U_{an}}{U_{bn}}\right), U_{an} > 0 \\[2mm]
\varphi_{Un} = \pi + \arctan\left(\dfrac{U_{an}}{U_{bn}}\right), U_{an} < 0 \\[2mm]
U_{an} = \dfrac{2}{T}\displaystyle\int_{-\frac{T}{2}}^{\frac{T}{2}} u(t)\cos(n\omega t)\,\mathrm{d}t \\[2mm]
U_{bn} = \dfrac{2}{T}\displaystyle\int_{-\frac{T}{2}}^{\frac{T}{2}} u(t)\sin(n\omega t)\,\mathrm{d}t
\end{cases}
\qquad (4.24)
$$

功率分析仪电流谐波幅值及相位计算公式如下：

$$
\begin{cases}
I_n = \sqrt{I_{an}^2 + I_{bn}^2} \\[2mm]
\varphi_{I_n} = \arctan\left(\dfrac{I_{an}}{I_{bn}}\right), I_{an} > 0 \\[2mm]
\varphi_{In} = \pi + \arctan\left(\dfrac{I_{an}}{I_{bn}}\right), I_{an} < 0 \\[2mm]
I_{an} = \dfrac{2}{T}\displaystyle\int_{-\frac{T}{2}}^{\frac{T}{2}} i(t)\cos(n\omega t)\,\mathrm{d}t \\[2mm]
I_{bn} = \dfrac{2}{T}\displaystyle\int_{-\frac{T}{2}}^{\frac{T}{2}} i(t)\sin(n\omega t)\,\mathrm{d}t
\end{cases}
\qquad (4.25)
$$

功率分析仪电压及电流总谐波畸变率计算公式：

$$
\begin{cases}
\mathrm{THD_U} = \sqrt{\dfrac{U_{RMS}^2 - U_{h01}^2}{U_{h01}^2}} \\[4mm]
\mathrm{THD_I} = \sqrt{\dfrac{I_{RMS}^2 - I_{h01}^2}{I_{h01}^2}}
\end{cases}
\qquad (4.26)
$$

功率分析仪电压及电流总谐波因数计算公式：

$$
\begin{cases}
\mathrm{THF_U} = \sqrt{\dfrac{U_{RMS}^2 - U_{h01}^2}{U_{RMS}^2}} \\[4mm]
\mathrm{THF_I} = \sqrt{\dfrac{I_{RMS}^2 - I_{h01}^2}{I_{RMS}^2}}
\end{cases}
\qquad (4.27)
$$

注：THD 与 THF 的主要区别在于根号内的分母，THD 可能大于 1，而 THF 不会大于 1。

功率分析仪谐波电压因数计算公式：

$$HVF = \sqrt{\sum_{n=2}^{H} \frac{\left(\dfrac{U_n}{U_{h01}}\right)^2}{n}} \tag{4.28}$$

注：$H = 13$，参见 GB 755—2008 旋转电机定额和性能。

功率分析仪谐波电流因数 HCF 计算公式：

$$HCF = \sqrt{\sum_{n=2}^{H} \left(\frac{I_n}{I_{h01}}\right)^2} \tag{4.29}$$

注：$H = 13$，参见 GB 755—2008 旋转电机定额和性能。需注意 HCF 与 HVF 形式上的不同。

功率分析仪电压校准平均值计算公式：

$$U_{mean} = \frac{\pi}{2\sqrt{2}T} \int_{-\frac{T}{2}}^{\frac{T}{2}} |u(t)| \, dt \tag{4.30}$$

功率分析仪电流校准平均值计算公式：

$$I_{mean} = \frac{\pi}{2\sqrt{2}T} \int_{-\frac{T}{2}}^{\frac{T}{2}} |i(t)| \, dt \tag{4.31}$$

Q4–62 WP4000 变频功率分析仪的电能质量检测主要包含哪些参量？

按照 GB/T 19682—2005《电能质量监测设备通用要求》的规定，电能质量的指标主要包含电压偏差、频率偏差、三相不平衡度、负序电流、谐波、闪变、电压波动和电压暂降、电压暂升、短时中断等。电压偏差是指一种相对缓慢的稳态电压变动，用某一节点的实际电压与系统标称电压之差对系统标称电压的百分数表示。频率偏差是指系统的实际值与标称值之差；不平衡度在电力系统中，专指三相不平衡度，一般用电压或电流的负序分量与正序分量的方均根值百分比表示；负序电流是指三相电流的负序分量，是三相电流不平衡度的量化指标，用于标称用电质量；谐波是指周期性的电压或电流信号中，频率为基波频率的整数倍的正弦分量；闪变是衡量电网电压波动的指标，主要参数有段时间闪变值、长时间闪变值、等效闪变值和 CPF 曲线等；电压波动是电压方均根值一系列的变动或连续的改变，主要通过电压方均根值曲线、电压变动和电压变动频度衡量；电压暂降也称电压凸起，指电力系统中某点电压暂时升高的事件；短时中断是电压短时中断的简称，指供电电压消失一段时间，其中断时间在规定的时限内。

Q4-63 什么是正序、负序和零序分量？

正序、负序、零序的出现是为了分析在系统电压、电流出现不对称现象时，把三相的不对称分量分解成对称分量（正、负序）及同向的零序分量，只要是三相系统，就能分解出上述三个分量。对于理想的电力系统，由于三相对称，因此负序和零序分量的数值都为零，这就是我们常说正常状态下只有正序分量的原因。当系统出现故障时，三相变得不对称，这时就能分解出有幅值的负序和零序分量了。因此通过检测这两个不应正常出现的分量，就可以知道系统的问题。一般单相接地故障时，系统有正序、负序和零序分量，两相短路故障时，系统有正序和负序分量，两相短路接地故障时，系统有正序、负序和零序分量。

Q4-64 什么是对称分量法？

称分量法是电工中分析对称系统不对称运行状态的一种基本方法。正序、负序和零序分量是电力系统用对称分量法分解出来的，由线性数学计算可知：三个不对称的相量，可以唯一地分解为三组对称的相量，因此在线性电路中，系统发生不对称短路时，将网络中出现的三相不对称的电压和电流，分解为正、负、零序三组对称分量，分别按对称三相电路去解，然后将其结果叠加起来，这种分析方法称为对称分量法，任意一组不对称的三相正弦电压或电流相量，都可以分解成三相对称的分量，一组是正序分量，相序与原不对称正弦量的相序一致，各相位互差120°，一组是负序分量，相序与原正弦量相反，相位间也差120°；另一组是零序分量，三相的相位相同。

Q4-65 什么是三相不平衡度？

在三相电力系统中指三相不平衡的程度，用电压、电流的负序基波分量或零序基波分量与正序基波分量的方均根百分比表示。电压、电流的负序不平衡度和零序不平衡度分别用 ε_U、ε_{UN}、ε_I、ε_{IN} 表示。

电压不平衡：三相电压在幅值上不同或相位差不是120°，或兼而有之。

正序分量：将不平衡三相系统的电量按对称分量法分解后其正序对称系统中的分量。

负序分量：将不平衡三相系统的电量按对称分量法分解后其负序对称系统中的分量。

零序分量：将不平衡三相系统的电量按对称分量法分解后其零序对称系统中的分量。

公共连接点电力：系统中一个以上用户的连接处。

电压不平衡度测量误差应满足下式的规定：

$$|\varepsilon_{\mathrm{U}} - \varepsilon_{\mathrm{UN}}| \leqslant 0.2\% \tag{4.32}$$

电流不平衡度测量误差应满足下式的规定：

$$|\varepsilon_{\mathrm{I}} - \varepsilon_{\mathrm{IN}}| \leqslant 1\% \tag{4.33}$$

WP4000 变频功率分析仪的上位机扩展软件包(如电能质量分析仪模块)包含上述所有标准的计算方法,用户可根据相关行业标准及自身需要进行选择。对于电机试验而言,由于大多采用三相三线制供电,测量的电压为线电压、无零序分量,无中性线、电流无零序分量,推荐采用国标简化算法。

此外,对称分量法只适用于正弦量的分析,对于非正弦的变频电量,可对其基波分量采用对称分量法计算其三相不平衡度。

Q4-66 WP4000 变频功率分析仪对电能质量特征量是如何计算测量的?

电能质量即电力系统中电能的质量,在现代电力系统中,由于大量的变频器的使用产生谐波导致的电压波形畸变,以及电压暂降、暂升和短时中断等,都成为很重要的电能质量问题。WP4000 变频功率分析仪对电能质量的测量包括三相对称分析和谐波运算两大方面,比较概括的对电能质量对出了分析。

WP4000 变频功率分析仪的三相对称分析包括 6 个方面的分析:

电压相间不平衡度为

$$E_u = \frac{U_{\max} - U_{\min}}{U_{\mathrm{avg}}} \tag{4.34}$$

电流相间不平衡度为

$$E_i = \frac{I_{\max} - I_{\min}}{I_{\mathrm{avg}}} \tag{4.35}$$

电压正序分量为

$$\mathrm{PSC}_u = \sqrt{\frac{(u_a^2 + u_b^2 + u_c^2) + \sqrt{3(2u_a^2 u_b^2 + 2u_b^2 u_c^2 + 2u_c^2 u_a^2 - u_a^4 - u_b^4 - u_c^4)}}{6}} \tag{4.36}$$

电压负序分量为

$$\mathrm{NSC}_u = \sqrt{\frac{(u_a^2 + u_b^2 + u_c^2) - \sqrt{3(2u_a^2 u_b^2 + 2u_b^2 u_c^2 + 2u_c^2 u_a^2 - u_a^4 - u_b^4 - u_c^4)}}{6}} \tag{4.37}$$

电流正序分量为

$$\mathrm{PSC}_i = \sqrt{\frac{(i_a^2 + i_b^2 + i_c^2) + \sqrt{3(2i_a^2 i_b^2 + 2i_b^2 i_c^2 + 2i_c^2 i_a^2 - i_a^4 - i_b^4 - i_c^4)}}{6}} \tag{4.38}$$

电流负序分量为

$$\text{NSC}_i = \sqrt{\dfrac{(i_a^2 + i_b^2 + i_c^2) - \sqrt{3(2i_a^2 i_b^2 + 2i_b^2 i_c^2 + 2i_c^2 i_a^2 - i_a^4 - i_b^4 - i_c^4)}}{6}} \qquad (4.39)$$

WP4000 变频功率分析仪的谐波运算包括 5 个方面:

谐波失真为(IEC 标准)

$$\text{THD} = \dfrac{\sqrt{X_{\text{rms}}^2 - X_{h00}^2 - X_{h01}^2}}{X_{h01}} \qquad (4.40)$$

谐波含量为(DIN 标准)

$$\text{HC} = \dfrac{\sqrt{X_{\text{rms}}^2 - X_{h00}^2 - X_{h01}^2}}{\sqrt{X_{\text{rms}}^2 - X_{h00}^2}} \qquad (4.41)$$

谐波电压因数为(国标)

$$\text{HVF} = \dfrac{\sqrt{\dfrac{X_{h02}^2}{2} + \dfrac{X_{h04}^2}{4} + \dfrac{X_{h05}^2}{5} + \dfrac{X_{h07}^2}{7} + \dfrac{X_{h08}^2}{8} + \dfrac{X_{h10}^2}{10} + \dfrac{X_{h11}^2}{11} + \dfrac{X_{h13}^2}{13}}}{X_{h01}} \qquad (4.42)$$

波形畸变率为(国标)

$$K(\%) = \dfrac{\sqrt{X_{\text{rms}}^2 - X_{h00}^2 - X_{h01}^2}}{x_{h01}} \times 100 \qquad (4.43)$$

电话谐波因数为(国标)

$$\text{THF} = \dfrac{\sqrt{\displaystyle\sum_{n=1}^{99}(X_{hn} \cdot \lambda_n)^2}}{X_{\text{rms}}} \qquad (4.44)$$

变频电源的使用带来了很多电源使用方面的改革,变频节能也是目前最热门的话题,随着变频电源的发展,变频电源对电网的污染也不容忽视,传统的电能质量测试手段存在着一定的局限性,我们需要利用现代先进的测量技术得到准确的测量数据,实现对电能质量准确地把控,保障电力系统的安全可靠运行。

Q4 - 67 **WP4000 变频功率分析仪的无缝转换量程与横河 WT3000 的自动转换量程有何区别?**

包括数字万用表在内,许多仪表都具有自动转换量程功能。自动转换量程,需要先对被测信号进行判断,判断是否超量程或欠量程,然后选择更高的量程、更低的量程,或保留当前量程。

一般仪器仪表,包括横河 WT3000 功率分析仪,量程判断的依据是信号的有效值,也就是说,至少需要对一个周波的信号进行判断,这样,当判断出需要切换至更高量程时,很有可能信号已经超量程了,已经被"削波"了。

此外,切换量程时,大部分仪器仪表都是采用机械继电器进行切换,切换过程中,被测信号会中断,WT3000 大约中断 1s。

上述两个原因,都会造成在转换量程时候,信号信息的短暂丢失。对于一些动态试验,这种量程转换是不允许的。

WP4000 的无缝转换量程则不同,其判断量程切换是依据被测信号的瞬时值、上升速率、信号周期、采样率等进行综合判断,确保在信号下一采样点可能超量程的时候,就将量程切换到更高量程。

并且,WP4000 的量程转换采用电子开关,其转换时间小于采样周期,可以保证在量程转换过程中,信号不"削波",不间断。

WP4000 的无缝量程转换技术,使其非常适合各种短时间之内幅值变换范围较大的动态试验。

Q4-68　WP4000 变频功率分析仪是否配置抗混叠滤波器?

WP4000 变频功率分析仪标准有效带宽为 100kHz,搭配有 100kHz 频率抗混叠滤波器。

Q4-69　三相不平衡度有哪些算法,WP4000 变频功率分析仪采用何种算法?

(1) 三相不平衡度的国标计算方法。

三相电压不平衡度包括三相电压零序不平衡度和三相电压负序不平衡度,分别为零序分量与正序分量的比值及负序分量与正序分量的比值。

$$\varepsilon_{U_0} = \frac{U_0}{U_1} \times 100\% \tag{4.45}$$

$$\varepsilon_{U_2} = \frac{U_2}{U_1} \times 100\% \tag{4.46}$$

$$U_0 = \frac{1}{3}(\dot{U}_A + \dot{U}_B + \dot{U}_C) \tag{4.47}$$

$$U_1 = \frac{1}{3}(\dot{U}_A + e^{j120°}\dot{U}_B + e^{j240°}\dot{U}_C) \tag{4.48}$$

$$U_2 = \frac{1}{3}(\dot{U}_A + e^{j240°}\dot{U}_B + e^{j120°}\dot{U}_C) \tag{4.49}$$

式中:ε_{U_0} 为三相电压零序不平衡度;ε_{U_2} 为三相电压负序不平衡度;U_0、U_1、U_2 分别为三相电压的零序分量、正序分量和负序分量。

(2) 三相不平衡度的国标简化计算方法。

在三相三线制系统中,没有零序分量。对于没有零序分量的三相系统,国标推荐的三相不平衡度的简化计算方法如下：

$$\varepsilon_2 = \sqrt{\frac{1 - \sqrt{3 - 6L}}{1 + \sqrt{3 - 6L}}} \times 100\% \tag{4.50}$$

$$L = \frac{a^4 + b^4 + c^4}{(a^2 + b^2 + c^2)^2} \tag{4.51}$$

式中：ε_2 为三相负序不平衡度；a、b、c 分别为三相电压或电流的基波分量的有效值。

（3）三相不平衡度的 IEEE std 936—1987 计算方法。

IEEE std 936—1987 定义的电压不平衡度为相电压不平衡率（PVUR），PVUR 等于三相相电压中的最大方均根电压与最小方均根电压的差值与平均相电压方均根值的比值：

$$\text{PVUR} = \frac{\max(U_A, U_B, U_C) - \min(U_A, U_B, U_C)}{U_{avg}} \times 100\% \tag{4.52}$$

$$U_{avg} = \frac{U_A + U_B + U_C}{3} \tag{4.53}$$

式中：U_A、U_B、U_C 分别为三相相电压的有效值（不是基波分量有效值，但在电网中，电压的有效值与基波分量有效值非常接近，实际运算也可用基波有效值替代）。

（4）三相不平衡度的 IEEE std 112—1991 计算方法。

IEEE std 112—1991 定义的电压不平衡度为相电压不平衡率（PVUR），PVUR 等于三相相电压方均根值与三相相电压方均根值的平均值之差的最大值与三相相电压方均根值的平均值的比值：

$$\text{PVUR} = \frac{\max[\,|U_A - U_{avg}|, |U_B - U_{avg}|, |U_C - U_{avg}|\,]}{U_{avg}} \times 100\% \tag{4.54}$$

$$U_{avg} = \frac{U_A + U_B + U_C}{3} \tag{4.55}$$

（5）三相不平衡度的美国电器制造商协会（NEMA）计算方法。

NEMA 定义的电压不平衡度为线电压不平衡率（LVUR），LVUR 的定义与 IEEE std 112—1991 类似，只不过将相电压换为线电压：

$$\text{LVUR} = \frac{\max[\,|U_{AB} - U_{avg}|, |U_{BC} - U_{avg}|, |U_{CA} - U_{avg}|\,]}{U_{avg}} \times 100\% \tag{4.56}$$

$$U_{avg} = \frac{U_{AB} + U_{BC} + U_{CA}}{3} \tag{4.57}$$

（6）三相不平衡度的国际大电网委员会（GIGRE）计算方法。

国际大电网委员会定义的电压不平衡度为线电压不平衡率（LVUR），其计算式与国标简化计算方法相同：

$$LVUR = \sqrt{\frac{1 - \sqrt{3 - 6L}}{1 + \sqrt{3 - 6L}}} \times 100\% \qquad (4.58)$$

$$L = \frac{a^4 + b^4 + c^4}{(a^2 + b^2 + c^2)^2} \qquad (4.59)$$

因为线电压必定不包含零序分量，因此，国标的简化算法与 GIGRE 算法是完全相符的，实际上都是属于对称分量法在不含零序分量时的推导结果，因此，可以看作是国标的特例。

WP4000 变频功率分析仪三相不平衡度采用国际简化算法，同时上位机扩展软件包（如电能质量分析仪模块）包含上述所有标准的计算方法，用户可根据相关行业标准及自身需要进行选择。对于电机试验而言，由于大多采用三相三线制供电，测量的电压为线电压、无零序分量，无中性线、电流无零序分量，推荐采用国标简化算法。

Q4-70　WP4000 变频功率分析仪测试的最高峰值因数是多少？

（1）峰值因数的含义。

某些功率分析仪将可测量峰值因数作为重要特点进行宣传。例如，某高精度功率分析仪标称最大可测量峰值因数为 6，另一高精度功率分析仪则标称最大可测量峰值因数为 10，将最大可测量峰值因数作为技术指标进行对比。

那么，是不是后者的测试能力更强、性能更加优越，或适用面更广？

要对该问题做出判断，必须真正理解了峰值因数的含义和高峰值因数对功率分析仪的测量要求。

峰值因数是指被测信号的瞬时值的峰值与有效值的比值。例如：正弦波的峰值因数为 $\sqrt{2}$（约等于 1.414）；锯齿波和三角波的峰值因数为根号 $\sqrt{3}$；直流波形或对称交流方波具有最低的峰值因数，其峰值因数为 1。

传统的交流电测仪表就是利用正弦波峰值因数为 1.414 的特点，采用峰值检波电路将交流电量转变为与波形峰值成正比的直流电压信号，再依据正弦波峰值因数反算出被测电参量的有效值。因此，该类电测仪表只能满足正弦波的测量需要。

功率分析仪一般适用标称带宽内任意波形电参量的测量。不同波形的电参量具有不同的峰值因数，对功率分析仪的测量要求有所不同，相同功率分析仪对不同峰值因数的电参量测量精度也有所不同。

（2）高峰值因数对功率分析仪的测量要求。

计算机通常采用开关电源供电，开关电源输入侧的二极管整流电路导致输入电流产生较大的畸变，电流波形的峰值因数高达 2.4～2.6，因此，一般 UPS 要求可驱动峰值因数为 3 的负载。

6 或 10 的高峰值因数波形，一般发生在变频器输出的 PWM 波。理论上，PWM 波的峰值因数可达无穷大。因为 PWM 波在输出不同基波有效值电压时，其峰值始终保持不变，因此，输出电压基波有效值越低，峰值因数越高。以额定电压 690V 的变频器为例，输出电压（基波有效值）690V 时，峰值因数接近正弦波峰值因数 1.414，而输出电压为 69V 时，峰值因数接近 14.14，输出电压为 6.9V 时，峰值因数接近 141.4。

事实上，上述标称最大峰值因数为 6 或 10 的功率分析仪，均可对更高峰值因数的波形进行测量，只是功率分析仪的测量原理不同时，仪器设置和测量精度有所不同。

PWM 波的峰值因数较高时，调制比较小，脉冲宽度较窄，因此，有一种观点认为，高峰值因数的 PWM 波，要求更高的带宽和采用频率。

实际上，这仅仅是局限于直观、简单的时域理解，对于 PWM 波而言，载波频率确定了，其谐波分布和谐波频率就基本确定，如果我们关注的谐波频率是固定的，那么，测量带宽和采样频率与调制比无关。

峰值因数的影响体现为：

① 高峰值因数（低调制比）时，基波含量变大，高次谐波相对含量较小，受带宽限制不能准确测量影响带来的影响较小；低峰值因数（高调制比）时，基波含量变小，高次谐波相对含量变大，受带宽限制不能准确测量影响带来的影响较大。如果上述高次谐波不是关注对象，由此带来的影响可以忽略。

② 信号基波频率是 FFT 算法的重要输入参数，基波频率测量错误或不准确，将导致 FFT 运算结果的错误或不准确。峰值因数越高，波形畸变越大，准确测量基波频率的难度越大。

③ 相同的有效值的 PWM 电压，峰值因数越高，峰值越大，需要采用更大的量程测量，测量精度下降。目前大部分功率分析仪具有自动转换量程功能，自动转换量程的依据是信号有效值，这样，当被测信号的峰值因数高于仪器默认的峰值因数时，会导致量程转换错误。例如，某功率分析仪具有 1000V、600V、300V 的量程，量程对应峰值因数为 1.5，被测变频器的额定电压为 690V。由于变频器输出为 PWM 波，正确的量程转换方案下，不论变频器输出电压为多少，都应该采用 1000V 的量程进行测量。采用有效值作为量程转换依据的功率分析仪，当输出电压低于 600V 时，会出现量程转换失误，由于 PWM 波为方波，削波后波

形不变,但是,幅值按比例下降,一般不易察觉。

(3)理想的峰值因数处理方案。

WP4000 变频功率分析仪采用无缝量程转换方案,按照被测信号的瞬时值进行量程切换,可以适用任意峰值因数波形的测量。无须根据峰值因数大小选择功率分析仪的量程,不会因为量程选择不当导致波形被削波造成错误测量结果。

Q4－71　WP4000 变频功率分析仪如何实现无缝量程转换?

无缝量程转换功率分析仪就是一种基于无缝量程技术、无须换挡就能实现满量程高精度测量的功率分析仪。它实现了电参量的宽范围测量,为电参量测量的数字化、智能化提供了技术基础。

传统的量程转换技术均是采用为传感器的原边或副边换挡方式来实现手动或者自动换挡,属于机械换挡。原边换挡需要大量的不同量程的传感器和开关来组成,组成价格高昂,建设成本非常高,而且操作起来不方便,同时在换挡过程会出现瞬态数据的丢失,对测量造成影响;而目前没有副边换挡的变频传感器,对于变频测量场合,根本不能采用副边换挡;所以传统的量程转换技术对于现在的日益发展的工业测量有越来越大的局限性。

无缝量程转换技术是湖南银河电气提出的应用在 WP4000 变频功率分析仪上的一种数字式量程换挡技术,采用 2 的 N 次幂量程无缝量程转换方案,内部分别设置了 8 个量程,每个量程只工作在半量程以上区域,传感器根据实际瞬态采样信号的幅值进行自动连续的量程切换,达到无缝量程转换的目的,每个量程的满量程精度为 0.1% 时,可实现 256 倍动态范围内最低精度为 0.2% ,从而保证宽动态范围内的高精度测量。通过无缝量程转换,1 台 AnyWay 变频功率传感器相当于 8 台高精度的其他测试仪器,可以节省大量的传感器和开关柜,使测量变得简单、经济、精确。

WP4000 变频功率分析仪无缝量程转换功率分析仪的技术优势:

(1)无缝量程转换技术基于自动量程转换技术,AnyWay 系列无缝量程转换功率分析仪转换期间,数据变化连续,波形连续,确保不丢失任何细节。

(2)很多仪表都有自动转换量程的功能,但是在量程转换的瞬间会出现测量的停滞,造成测量的不连续,这样对于对瞬态数据要求比较高的测量场合,短暂的停滞也会造成重要的瞬态数据的丢失,AnyWay 系列无缝量程转换功率分析仪经过对幅值的精密判断来实现数据的连续性,实现对瞬态数据的测量。

(3)无缝量程转换过程其实也是指小量程自动转换为大量程或大量程自动

转换为小量程的过程,AnyWay 系列无缝量程转换功率分析仪经过合理的算法,采用 2^n 无缝量程转换技术,传感器内部根据实际测量幅值,自动进行量程转换,确保数据不丢失。

Q4-72 为什么说 WP4000 变频功率分析仪是整体溯源功率分析仪?

整体溯源功率分析仪就是指测量系统采用的溯源(计量)方式是以整个系统进行的,功率分析仪的精度为整个测试系统的精度,减少了溯源系统中的繁杂且精度不可控的因数,为测量提供最为准确的数据。

目前大部分的测量方式都是以传感器或互感器测量一次回路的大信号,然后功率分析仪测量二次回路的信号,再经过计算和处理还原测量信号。这种测量方法采用的溯源(计量)方式分两步进行:第一步是前端的传感器或互感器的计量;第二步是功率分析仪的计量。这种计量方式理论上是没问题的,因为所有参与测量的器件均进行了溯源计量。但是我们往往忽视了一个很重要的环节——信号的传输环节。在实际测量中,二次回路的信号传输线路往往比较长,而且传输线路所处的环境完全处于不可控的状态,特别是在变频器供电的复杂电磁环境中,信号很容易受到干扰,导致高精度的传感器(互感器)和高精度功率分析仪组建的测试系统测量出来的数据误差很大。在这个情况下,作为使用者的用户,花大价钱购买的高精度测试系统根本达不到使用要求,而且测试系统的供应商也不会为此负责。

在整体溯源功率分析仪中,比如 WP4000 变频功率分析仪,它的精度只取决于前端测量的功率测量单元,传输环节采用的是光电隔离的光纤,不受外界干扰,我们只需保证功率测量单元的准确度就能确保整个系统的准确度,减少影响准确度的不可控因数。整体溯源功率分析仪的供应商保证的是整个测试系统的精度,任何发生测量不准确的现象供应商必须负责,这就维护了用户的利益,减少在使用中的纠纷。

整体溯源功率分析仪只需计量前端的功率单元。对于工频的计量我们可以用变压器和升流器的组合方式进行,对于变频整体溯源功率分析仪可以采用 ATITAN 变频功率标准源,ATITAN 天涛变频功率标准源可全面覆盖 0～10kV、0～1000A、5～400Hz、相位角 0～359.99°范围内的变频及工频电量测量仪器/系统的校准、检定需求,其基本准确度为 0.05%。

整体溯源功率分析仪为用户提供了最真实的测试准确度,把影响准确度的不确定因素扼杀在溯源环节,给用户准确度上的保障,为用户提供值得信赖的数据。

Q4-73 WP4000 变频功率分析仪的谐波分析功能可以分析至多少次?

谐波分析是信号处理的一种基本手段。在电力系统的谐波分析中,主要采用各种谐波分析仪分析电网电压、电流信号的谐波,该类仪表的谐波分析次数一般在 40 次以下。

对于富含谐波的变频器输出的 PWM 波,其谐波主要集中在载波频率的整数倍附近,当载波频率高于基波频率 40 倍时,采用上述谐波分析设备,其谐波含量近似等于零,不能满足谐波分析的需要。

上述场合,当载波频率固定时,谐波的频率范围相对固定,而所需分析的谐波次数,与基波频率密切相关,基波频率越低,需要分析的谐波次数越高。一般宜采用宽频带的,运算能力较强、存储容量较大的变频功率分析仪,根据需要,其谐波分析的次数可达数百甚至数千次。例如,当载波频率为 2kHz,基波频率为 50Hz 时,其 40 次左右的谐波含量最大;当基波频率为 5Hz 时,其 400 次左右的谐波含量最大,需要分析的谐波次数一般至少应达到 2000 次。

WP4000 变频功率分析仪仪器配置谐波分析功能,提供 100 次谐波分析(表格、柱状图显示,提供谐波相位及幅值)。WP4000 变频功率分析仪开放数据端口,通过上位机软件处理,最高谐波分析次数可达 2000 次。

Q4 - 74　WP4000 变频功率分析仪的带宽是否指 -3dB 带宽?

一般没有特殊声明的话,测量仪器标称带宽都是指 -3dB 带宽,即信号功率衰减到输入的 1/2,幅值衰减到输入的 0.707 倍对应的频率。WP4000 变频功率分析仪标称带宽即为 -3dB 带宽,除带宽指标之外,还有两个相关的指标值得关注:

(1) 准确测量频率范围。

某些高精度功率分析仪,标称带宽很宽,精度很高,但是,标称的精度指标与带宽并无本质联系。其精度指标往往是指工频正弦波的测量精度,在带宽范围内的其他频率下,其精度指标可能会有较大的差异。

因此,WP4000 变频功率分析仪率先提出了准确测量频率范围的概念,除了带宽指标之外,明确标称准确级对应的频率范围。例如,SP 系列变频功率传感器的准确测量频率范围一般为 0.1 ~ 1500Hz。

(2) 实际可用带宽。

按照采样定理,采样频率必须是带宽的 2 倍以上,因此,高精度功率分析仪启用数字采样尤其是傅里叶变换功能时,其实际带宽必须限制在采样频率的 1/2以内,这种限制一般通过开启合适截止频率的抗混叠滤波器实现。

例如,某功率分析仪的标称带宽为 1MHz,而最高采样频率为 200kHz,那么,在测量基波或谐波时,其实际可用的带宽不大于 100kHz。

二、WP4000 的工程应用

Q4-75 功率表和功率分析仪有什么本质的区别？

从功能上来讲,功率表大多只能适用于正弦电路的功率测量,即便是可以测量非正弦电路功率的功率表,也只能测量出电压、电流的真有效值和总有功功率。而在实际测量应用中,除了电压、电流真有效值和总有功功率之外,我们还希望了解电压、电流的基波有效值、总谐波含量、各次谐波的幅值、基波功率等信息。而功率分析仪不但可以测量正弦和非正弦电路的有功功率,还可以测量非正弦电路的基波功率和谐波功率,从时域(实时波形)和频域(谐波分析)分析的角度对被测信号进行准确的量化。

功率分析仪除了具备功率表的电压、电流有效值、总有功功率测量之外,还具备时域分析和频域分析两大功能,可分析信号的复杂程度远远高于功率表。概括来说,功率分析仪是功率表的升级产品,不仅仅表现在屏幕大小和数据显示的多样性上,更表现在它囊括了功率表的所有测量功能,并且功能更强,适用面更广。

Q4-76 WP4000 变频功率分析仪主要应用在哪些行业？

WP4000 变频功率分析仪广泛应用于:

(1) 各类电气产品的谐波发射检测。

(2) 逆变器、变流器、变频器、变频电机产品检试验及能效计量。

(3) 电力变压器短路试验及空载试验。

(4) 风力发电部件及整机试验。

(5) 轨道交通电气传动系统试验。

(6) 光伏发电及并网试验。

(7) 舰船电力推进系统试验。

(8) 电力驱动坦克装甲传动系统试验。

(9) 开关电源、充电器、电源适配器等的待机功耗及能效测试。

(10) 变频空调、变频冰箱、变频洗衣机等变频节能家电的产品检试验及能效测试。

(11) 霍耳电压传感器、电子式电压互感器等变频电压传感器或变频电压变送器的校准或检定。

Q4-77 WP4000 变频功率分析仪有哪些特点？

WP4000 变频功率分析仪的前端数字化技术使该测试系统在复杂电磁环境

下仍可提供可信赖的数据。同时,采用独有的大仪器技术,将传感器与数字主机通过光纤传输实现有机的完美整合。

(1)唯一一款标称系统精度的变频功率分析仪。常规功率测试系统由功率分析仪、电压传感器、电流传感器、辅助电源及传输线路等部件构成。各个部件的精度及各个部件的匹配度都会对系统精度造成影响。而测量系统所追求的目标精度是系统精度。部件精度犹如木桶效应中一块木板的长度,最低精度的部件对系统精度起到决定性作用,最高精度的部件在系统中无用武之地。而WP4000 功率分析仪采用前端数字化技术,传输光纤和数字主机,不会引入误差,传感器的精度就是系统精度。

(2)唯一一款标称全局精度的变频功率分析仪。全局精度是指在仪器的适用范围内,变频功率分析仪均能满足标称的精度指标。部分进口高精度功率分析仪采用最佳精度点的精度作为标称精度,同时标称了很宽的适用范围,标称精度与适用范围脱节。

(3)唯一一款标称相对精度的变频功率分析仪。几乎所有仪表的精度指标都是反映引用误差,精度指标只有在满量程时有效,即精度与量程是不可分割的一个整体。判断测量结果是否准确,真正关心的是相对误差。

Q4-78　为什么说 WP4000 变频功率分析仪是真正的变频功率测试系统?

多数用于变频电量测量的传感器和仪器仪表,往往在适用范围中明示适用于甚至是专业针对变频电量测试,而标称的准确度指标却只能在工频下能够成立。非工频下的测量准确度要么较低,要么不明示,导致用户采购了标称准确度很高的测量设备,测量结果却与实际大相径庭。

WP4000 变频功率分析仪实现了在电机、变频器、变压器等关注的全频率内的高准确度测量,以全频率范围内最低的准确度指标标称设备准确度指标。

Q4-79　WP4000 变频功率分析仪与 W3000 变频功率分析仪有什么区别?

WP4000 变频功率分析仪是 WP3000 变频功率分析仪的升级版本,除了主要通道数、采样率等参数有差异,其他所有性能指标不变。WP4000 是银河电气继WP3000 变频功率分析仪之后推出的又一款多通道宽频带的高精度功率分析仪,适用于变压器、整流器、逆变器、变频器等各类变流器及电机、电器产品的检试验、能效评测及谐波检测。

WP4000 增加了为提高低频处理能力的部分电路,傅里叶时间窗长度由WP3000 变频功率分析仪的 62500 点变为 2500000 点,基波测量及谐波检测的频率下限由 4Hz 降低至 0.1Hz。

WP4000 增加了部分扩展功能,增加了转矩、扭矩、温度等扩展测试接口和软件,增加了 VGA 扩展输出接口,增加了 WIFI 扩展接口。

Q4-80 WP4000 变频功率分析仪与功率表的区别在哪里?

概括地讲,WP4000 变频功率分析仪是功率表的升级产品,包括了功率表的有功功率测量的功能,并且功能更强、适用面更广。

功能上讲,功率表大多只能适用正弦电路的功率测量。即便是可以测量非正弦电路功率的功率表,也只能测量出电压、电流真有效值和总有功功率。

在非正弦电功率测量的实际应用中,除了电压、电流真有效值和总有功功率之外,我们还希望了解电压、电流的基波有效值、总谐波含量、各次谐波的幅值、基波功率及各次谐波的功率。WP4000 变频功率分析仪可以测量正弦和非正弦电路的有功功率,还可测量非正弦电路的基波功率和谐波功率。

换言之,功率表主要处理正弦信号,WP4000 变频功率分析仪可以处理正弦和非正弦信号。或者说,功率表对非正弦信号的处理功能较弱,只能观其大概(信号的真有效值和有功功率),WP4000 变频功率分析仪可以通过频域分析了解信号的详细构造(谐波幅值和谐波功率)。

频域分析的特点是准确但过于抽象,频域分析让我们对信号的内部构造和细节进行准确的量化,但不够直观。

观测实时波形可以最快的速度形象地了解未知的复杂信号,建立感性认识,许多时候还可以利用观测的波形进行故障诊断或干扰排除,实时波形属于时域分析。

基于上述需求,WP4000 变频功率分析仪除了应该具备功率表的电压、电流有效值测量、总有功功率的测量之外,还应具备时域分析和频域分析两大功能。

从功率表和 WP4000 变频功率分析仪工作原理来说,基于频率域的谐波分析是功率分析仪区别于功率表的关键之处。

Q4-81 WP4000 变频功率分析仪带宽是否越宽越好?

WP4000 变频功率分析仪带宽越宽,对被测对象的适用性越强,就这一点而言,带宽越宽越好。实际选购时,需要注意:

仪器的真实带宽是多少? 或者说,在实际使用中,仪器的宽频带性能能够施展多少?

带宽相关指标包括信号带宽、前端传感器带宽、固有带宽、数字带宽、防混叠滤波器带宽等,如图 4.17 所示:对于某次测量而言,功率分析仪的实际带宽(下称有效带宽)取决于上述带宽指标中最小者,而不是最大者。

分析仪固有带宽一般较宽,目前技术可达 1MHz 甚至更高。

而传感器尤其是电压传感器带宽目前相对较窄,目前电流传感器可实现

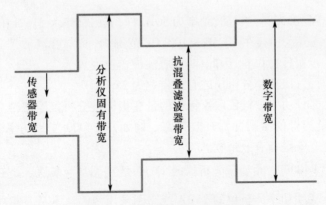

图 4.17 分析仪实际带宽示意图

100kHz 甚至更高,而电压传感器带宽普遍较窄,额定电压 1kV 以上的霍耳电压传感器的带宽普遍低于 5kHz,以 LEM 公司的霍耳电压传感器为例,目前额定电压最高的霍耳电压传感器为 LV200 - AW/2/6400,其带宽仅为 700Hz。

防混叠滤波器带宽与数字带宽有关,传感器带宽、分析仪固有带宽和防混叠滤波器带宽中,至少有一个要低于数字带宽,否则,会产生混叠现象,无法真实还原被测信号。一般是将防混叠滤波器的带宽设置为低于数字带宽。

提高采样频率即可提高数字带宽,但是,采样频率越高,基波频率越低,需要功率分析仪的存储容量越大,傅里叶时间窗的数据长度也越大,对处理器的运算能力要求也越高。因此,目前许多功率分析仪在较低基波频率时,其采样频率较低,这就决定了其数字带宽较窄。

以某进口功率分析仪为例,其标称带宽为 5MHz,最高采样频率为 2MS/s。可见,其最高的数字带宽为 1MHz。其最高有效带宽为 1MHz。另外,谐波模式下,在不同基波频率 f 下其实际采样率表 4.3 所列。

表 4.3 某进口功率分析仪实际采样率参数

FFT:8192 点(数据更新率 500m、1s、2s、5s、10s、20s)				
基频	采样率	窗口宽度	被测次数的上限	
			U、I、P、Φ、Φ_U、Φ_I	其他测量值
0.5 ~ 1.5Hz	$f \times 8192$	1	500 次	100 次
1.5 ~ 5Hz	$f \times 4096$	2	500 次	100 次
5 ~ 10Hz	$f \times 2048$	4	500 次	100 次
10 ~ 600Hz	$f \times 1024$	8	500 次	100 次
600 ~ 1200Hz	$f \times 512$	16	255 次	100 次
1200 ~ 2600Hz	$f \times 256$	32	100 次	100 次

以变频器测试为例,当基波频率为 50Hz 时,其采样率为 51.2kHz,数字带宽为 25.6kHz。资料表明,在 100Hz ~ 100kHz 范围内,防混叠滤波器采用数字滤波,以 100Hz 步幅任意设置,因此,防混叠滤波器可设置为 25.6kHz,就该条件下的谐波测试而言,该功率分析仪的有效带宽为 25.6kHz。

目前,大部分功率分析仪厂家标称的带宽指标指分析仪固有带宽。AnyWay 系列变频电量测量仪器则标称有效带宽。例如,WP4000 变频功率分析仪标称的 100kHz 带宽就是指有效带宽。

Q4 – 82 **WP4000 变频功率分析仪的 2V3A 线路图是两表法还是三表法?**

WP4000 变频功率分析仪的 2V3A 线路图采用两表法测量三相功率。2V3A 是指实际测量两路电压和三路电流。WP4000 变频功率分析仪的 2V3A 接线原理图如图 4.18 所示。

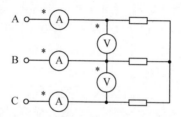

图 4.18　WP4000 变频功率分析仪的 2V3A 接线原理图

图中,连接在 A 相和 C 相的两个变频功率传感器相当于两个单相有功功率表,构成两表法测功电路。连接在 B 相的变频功率传感器的电压测试线互相短接,仅仅电流测量通道其作用,用于测量 B 相电流。

WP4000 变频功率分析仪的 2V3A 线路图适用于三相三线制。就两表法而言,只需要实测两路电压和两路电流,也可采用 2V2A 线路图。

WP4000 变频功率分析仪的 2V2A 测试中,依据基尔霍夫电流定律,可以准确运算出第三相电压和第三相电流。2V3A 接线图在 2V2A 基础上增加了一路实测电流,主要适用于基尔霍夫电流定律不适用的三相三线制回路(比如变频电机试验的国家标准中有明确规定,需对三相电流均进行实际测试)。

2V3A 线路图的典型应用案例是:

在变频器供电的电机试验测试中,即便采用三相三线制,由于变频器输出包含高次谐波,而绕组对地、或对机壳、或对其他绕组之间存在分布电容,高次谐波会通过分布电容另外形成泄漏电流,基尔霍夫电流定律不再适用。依据基尔霍夫电流定律运算的第三相电流可能会存在较大的误差。但是,三相三线制中又不宜采用三表法测量功率,因此,才有上述 2V3A 这样的变通测量方案。

Q4－83　WP4000 变频功率分析仪可以测量同步机励磁电压、电流吗？

WP4000 变频功率分析仪可以用于测量同步机励磁电压、电流。只要量程匹配，WP4000 变频功率分析仪的任一功率单元均可用于测量同步机励磁电压、电流。

Q4－84　WP4000 变频功率分析仪是如何应用于 15 相新型感应电机试验的？

WP4000 变频功率分析仪是一种宽频带的高精度功率分析仪，一台分析仪可连接 6 个变频功率传感器，15 相采用 3 台 WP4000 变频功率分析仪即可，重要的是如何实现与 3 台分析仪连接的 15 个变频功率传感器的电压和电流信号的同步测量。

WP4000 变频功率分析仪从三个环节保证输入信号的同步采样，实现任意相数电机的电压、电流、功率等的准确、同步测量。

（1）同一个传感器的电压、电流通道同步采样。

SP 变频功率传感器将一对电压、电流传感器及测量电路做在同一个传感器内，电压、电流信号采用同一片多通道 AD 转换器进行转换，AD 转换器采用同一个启动时钟，实现严格的同步测量。

（2）功率分析仪内多个传感器之间的信号同步采样。

每台传感器有两根光纤，一根为上行光纤，用于上传采样数据包，一根为下行光纤用于下传携带了时基信号的同步采样信号及其他参数信息。

功率分析仪产生同步信号，一个同步信号经 6 个驱动器驱动分为 6 路，6 路同步信号的时间特征完全相同，通过 6 根下行光纤到达 6 个传感器。不同传感器在同一时刻收到同步采样信号，在同步采样信号的控制下进行 AD 转换。传感器的采样是同步的，采样结果打包上传，数据包中包含了统一的时基信号。

功率分析仪接收到来自每个传感器的数据，根据时基信号将数据同步。

（3）多台功率分析仪的同步。

每台功率分析仪有一个同步信号发送端口（TO）和一个同步信号接收端口（RO）。

多台功率分析仪需要实现同步采样时，将其中一台功率分析仪设为主机，另外的功率分析仪设为从机，主机产生与本机传感器一致的同步信号。从机自身不产生同步信号，而是将来自同步信号接收端口的同步信号复制下传给本机的所有传感器。

实际使用时，主机的同步信号发送端与 1 号从机的同步信号接收端通过光纤相连，1 号从机的同步信号发送端再与 2 号从机的同步信号接收端通过光纤相连，依次类推，将所有要实现同步采样的功率分析仪依次串联。

每台 WP4000 变频功率分析仪将来自主机的时基信号与采集数据一起打包。携带时基信号的数据上传到上位机后,由上位机根据时基信号进行数据同步重组。

Q4-85 如何确定 WP4000 变频功率分析仪选用二瓦计法或三瓦计法?

采用 WP4000 变频功率分析仪对三相回路进行测试时可参照以下原则确定采用二瓦计法或三瓦计法。

二瓦计法的理论依据是基尔霍夫电流定律,即在集总电路中,任何时刻,对任意结点,所有流入、流出结点的支路电流的代数和恒等于零。也就是说,两根火线的流入电流等于第三根火线的流出电流,或者说,三根火线的电流的矢量和等于零。采用这种方法进行三相总功率测量时,只需要测量两个电压和两个电流,三相电路总功率等于两个的功率之和,每块功率表测量的功率本身无物理意义。适用如下场合选用:

(1)三相三线制接法中线不引出(只能采用两瓦计法)。

(2)三相三线制接法中线引出但不与地线或试验电源相连的场合,与是否三相平衡无关。

对于三瓦计法,三瓦计法由于需要采用中性点作为电压的参考点,因此适用于如下场合选用:

(1)三相三线制中性线引出,但中性线不与电源或地线连接的场合。

(2)三相四线制,由于无法判断三相负载是否平衡或是否在中性线上有零序电流产生,只能采用三瓦计法。

Q4-86 WP4000 变频功率分析仪是否可以对自动换挡进行控制?

WP4000 变频功率分析仪可以通过网络接口对自动换挡功能进行控制。为有效满足不同试验要求,WP4000 变频功率分析仪开放 LAN 控制接口,可以通过上位机软件对自动换挡进行控制,开启手动控制挡位模式,可以根据试验需求选择当前工作挡位。

Q4-87 WP4000 变频功率分析仪能否与组态王软件进行通信,获取相关测试数据?

WP4000 变频功率分析仪采用 LAN 以太网接口实现上位机通信,开放数据通信协议,只要用户系统具备以太网接口,相关测试稳态数据及瞬态原始波形数据均可获取。

Q4-88 如何正确选择 WP4000 变频功率分析仪电压电流的测量模式?

WP4000 变频功率分析仪在测量电信号的场合使用非常普遍,随着电力行业的发展,我们面对的测试对象变得越来越复杂。同时 WP4000 变频功率分析仪的功能也越来越强大,功率分析仪本身配备的测量模式也越来越多。原先万用表的单一测量模式,变为现在功率分析仪的多测量模式,那么,每种测量模式的计算方法是怎样的? 什么样的测量模式适合什么样的测试场合?

目前,市面上的功率分析仪品牌众多,侧重点也不一样,以 WP4000 变频功率分析仪为例,该功率分析仪测量方式与传统万用表采用的模拟电路方式不同,采用高精度 ADC 采样技术和 FPGA 运算处理,独创先进的自动无缝量程转换技术和前端数字化技术,可实现更高精度和带宽。

WP4000 变频功率分析仪的电压电流通道各具备:h01(基波有效值)、rms(真有效值)、mean(校准平均值)三种测量模式可供用户选择。

h01(基波有效值):采用 DFT 离散傅里叶算法对采样信号点进行分析,利用傅里叶级数将信号展开成直流分量与多个不同频率的谐波信号的线性叠加,如下式所示:

$$f(x) = a_0 + \sum_{n=1}^{\infty} \left(a_n \cos \frac{n\pi x}{L} + b_n \sin \frac{n\pi x}{L} \right) \tag{4.60}$$

提取一次谐波分量的幅值,并乘以波峰因数,进而得到一次谐波的有效值,称为基波有效值,IEC60349—2:2002《电力牵引轨道机车车辆和公路车辆用旋转电机—第 2 部分:电子变流器供电的交流电动机》中已明确指出:电压测量采用基波有效值。适用场合:适用于频率稳定,谐波含量大的场合。

rms(真有效值):rms 真有效值(x:电压电流采样点),如下式所示:

$$Y_{rms} = \sqrt{\frac{1}{T}\int_0^T x^2(t)\,\mathrm{d}t} \approx \sqrt{x^2} \tag{4.61}$$

适用场合:适用于频率变化大,谐波含量小的场合。

mean(校准平均值):将信号的 1 个或 N 个周期进行整流,即采样数据绝对值的积分平均值,再乘以波形因数就得到校准平均值。

$$Y_{mean} = \frac{\pi}{2\sqrt{2}T}\int_{-\frac{T}{2}}^{\frac{T}{2}} |x(t)|\,\mathrm{d}t \tag{4.62}$$

校准平均值等于正弦波的真有效值,等于正弦脉宽调制 SPWM 波形的基波有效值,但在 SPWM 的开关频率较低或者非 SPWM 调制模式时,测量误差较大。

适用场合:适用于正弦波信号,SPWM 调制(载波比大)模式下。

简而言之,WP4000 变频功率分析仪的基波有效值模式常用于变频器 PWM信号分析,真有效值模式主要用于正弦波信号分析,校准平均值模式主要用于正弦信号和简单的 SPWM 信号分析。

对于不同的测量对象与场合,该选择哪种测量模式,使用者不仅需要知其然,还得知其所以然,否则由于测量模式选择不当,导致测试结果产生误差,再先进的测试仪器也无法发挥它应有的功能。

Q4-89 WP4000 变频功率分析仪是否具备 delta 功能?

目前市面常见功率分析仪所配置 delta 功能,这是一个典型的二瓦计法测试应用,采用两个功率表分别测量 A 相和 C 相的电压、电流信号,然后根据基尔霍夫定律分别计算出 B 相的电压和电流,从而得到三相电压、电流的幅值、相位参数。

(1) 基尔霍夫电流定律:电路中任一个节点上,在任一时刻,流入节点的电流之和等于流出节点的电流之和。

(2) 基尔霍夫电压定律,任何一个闭合回路中,各元件上的电压降的代数和等于电动势的代数和,即从一点出发绕回路一周回到该点时,各段电压的代数和恒等于零,即 $\sum U = 0$。

相比于其他功率分析仪需要增加 delta 选件用于二瓦计法不同,WP4000 自带 delta 运算功能,通过选择不同的线路图就可以实现二瓦计法,使用简单灵活,无须配置选件而增加额外的成本。

Q4-90 WP4000 变频功率分析仪可以连接霍耳电流传感器吗?

可以,WP4000 变频功率分析仪的功率单元采用 DT 数字变送器时,可以与各种型号的霍耳电流传感器、霍耳电压传感器、罗氏线圈、电压互感器、电流互感器等电量传感器接口。

DT 数字变送器有多种型号,选择不同的型号,可准确测量 1mV ~ 1200V 的电压信号及 100μA ~ 120A 的电流信号。

采用不同电量传感器时,建议选择不同型号的 DT 数字变送器。

Q4-91 如何设置 WP4000 变频功率分析仪更新时间?

WP4000 数据更新时间的设置方法非常简单,在主界面下按"设置"键,选择"时间设置"就可以设置数据更新时间了,WP4000 更新时间与主界面的数据刷新时间保持一致,如图 4.19 所示。

需要注意的是,WP4000 的设置更新时间只是参考值,因为 WP4000 的运算永远是通过整周期来进行的,WP4000 的实际更新时间会自动根据当前的基波频率和设定的更新时间来确定合适的运算更新时间。所以 WP4000 设定的更新时间只具有参考价值,而实际的更新时间是根据当前基波频率变化而变化的。这也是 WP4000 与其他功率分析仪的区别。

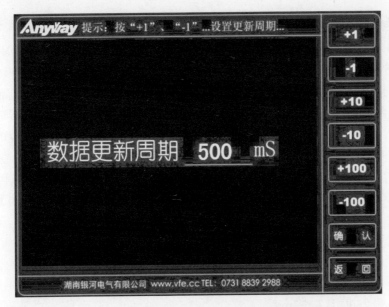

图4.19　WP4000变频功率分析仪数据刷新周期设置界面

WP4000有别于其他功率分析仪的数据更新时间方式,WP4000采用整周期测试的运算方法。比如一个50Hz的交流信号,更新周期是20ms,那它最快的更新时间为20ms。但是我们也知道,这个50Hz的交流信号有可能是在49.8~50.2Hz之间变化的信号,并不是整50Hz,这个时候再设置成20ms的更新时间不是一个整的采样周期。而WP4000会根据当前的频率的变化自动匹配整数个数据更新时间,完整的采下整个周期的信号。

补充说明:WP4000数据更新时间设置技巧:设置的更新时间比一般更新周期的整数倍稍小一点。例如50Hz的交流信号,可以设置成19ms或者18ms,这样就可以保证更新时间最为合适。

在低频测量的时候,整周期测试的优势更为明显。低频信号频率低,数据周期大,单周期内数据量非常大,这就要求测量的更新时间足够大,一旦设置的更新时间不合适,就会导致测量数据出现非常大的波动,导致测量出现误差,这就是很多功率分析仪低频测量不稳定的主要原因之一。而采用整周期测试,可以完美避免这个问题。

WP4000数据更新时间的设置相对来说非常灵活,可以解决其他功率分析仪由于数据更新时间引起的测量不稳定问题,用户也不用担心设置的不当会给结果带来重大的误差,WP4000采用的整周期测试算法可以完美匹配被测信号周期,达到最佳的测量结果。

Q4-92 如何正确设置 WP4000 变频功率分析仪中转矩和转速的变比?

WP4000 变频功率分析仪,通过仪器外壳背面 485 通信接口搭配 DM4022/DM4028 频率测试子站或通过仪器外壳背面的光纤接口搭配 DT144TN 扭矩转速模块,同时配置合适的转矩转速传感器,即可实现被试电机转矩转速的准确测量。然而,大多数 WP4000 变频功率分析仪用户,在使用这种方式测量转矩转速时,常常不知该如何设置仪器上转矩和转速的变比。下面就详细阐述转矩转速变比的推算过程。

转矩转速变比 A 和 B 与配置转矩转速传感器的技术参数密切相关,因此在确认转矩转速变比的第一步就是根据使用的转矩转速传感器型号确认如下技术参数:

① 零转矩频率输出: F_0 Hz。

② 正向转矩满量程频率输出: F_{max} Hz。

③ 反向转矩满量程频率输出: F_{min} Hz。

④ 最大扭矩: T_n N·m。

⑤ 转速输出信号: m 个脉冲/转。

⑥ 传感器信号输出:方波信号、幅值为 5V。

根据 DM4022/DM4028 的技术参数可知,DM4022/DM4028 只适应方波信号或直流脉动信号的频率测量;而根据 DT144N 的技术参数可知,DT144N 可以适应方波信号、直流脉动信号、电压信号及电流信号。使用时可以根据需求进行选择配置。

以常见的频率测试为例,WP4000 变频功率分析仪接受两路频率信号,要得到相应的转矩转速值必需根据一定的计算公式进行换算,两者计算公式如下:

$$Y = A(X - B) \tag{4.63}$$

式中: X 为频率; Y 为转矩或转速。

(1)转速变比。

当被试电机转速为 0 时,通常情况下,转矩转速传感器转速输出信号为 0(也就是说无脉冲信号输出),由此可以得出

$$0 = A(0 - B) \tag{4.64}$$

其中, $A \neq 0$。

从而得出

$$B = 0 \tag{4.65}$$

假设电机当前转速为每分钟 N 转,扭矩传感器转速输出信号为 M 个脉冲/

转,由此可以得出扭矩传感器输出脉冲信号的频率(即每秒输出多少个脉冲):

$$X = \frac{N \times M}{60} \tag{4.66}$$

从而得出

$$Y = \frac{A \times N \times M}{60} \tag{4.67}$$

其中,$Y = N$。

最后得出

$$A = \frac{60}{M} \tag{4.68}$$

(2)扭矩变比。

根据零扭矩频率输出参数可知

$$0 = A(F_0 - B) \tag{4.69}$$

其中,$A \neq 0$。

从而得出

$$B = F_0 \tag{4.70}$$

根据正向转矩满量程频率输出参数可知

$$T_n = A(F_{\max} - F_0) \tag{4.71}$$

从而得出

$$A = \frac{T_n}{F_{\max} - F_0} \tag{4.72}$$

(3)变比计算示例。

设备情况:HBM T40S4 + DM4028 + WP4000

HBM T40S4 转矩转速传感器具体参数:

零转矩频率输出:60kHz。

正向转矩满量程频率输出:90kHz。

反向转矩满量程频率输出:30kHz。

最大扭矩:3000 N·m。

转速输出信号:1024 个脉冲/转。

传感器信号输出:方波信号、幅值为5V。

根据这些已知信息以及上面转矩转速变比推算结果,WP4000 变频功率分析仪转矩转速变比应设置为:

转矩变比 $A=3000/30000=0.1$；$B=60000$。

转速变比 $A=60/1024=0.05859375$；$B=0$。

Q4-93	WP4000 变频功率分析仪是否可以显示瞬时功率和有功功率？ 更新周期能否调整？

WP4000 变频功率分析仪的更新周期可以自行设定，设定范围为 10～5500ms，这个在功率分析仪上的通过"更新周期"按键就可以调整。

WP4000 变频功率分析仪的算法：

计算点数=（更新周期/信号周期+1）·（信号周期·采样频率），从公式可以看出更新周期决定计算量以及计算数据的稳定，一般根据当前运行频率设置成整数倍周期点数为最佳，更新周期并不决定主界面的刷新速率。

另外，WP4000 变频功率分析仪主界面显示的是有功功率，瞬时功率是瞬时电压和瞬时电流的乘积，瞬时电压和瞬时电流可以通过波形反应，可以通过 WP4000 变频功率分析仪查看实时波形，也可以通过上位机软件采集原始数据进行分析，WP4000 变频功率分析仪可提供完整的原始数据。

Q4-94	如何解读 WP4000 变频功率分析仪的精度标称与常规功率分析仪标称不同？

WP4000 变频功率分析仪精度一共有 A、B、C 三种等级，A 级精度为最高，B 级次之，C 级最低，C 级精度可以满足变压器、整流器、逆变器、变频器等各类变流器及电机、电器产品的试验、能效评测、谐波分析，A 级主要用于高精度仪器仪表的计量检测。

WP4000 变频功率分析仪采用的是基于光纤的前端数字化技术，传输环节没有干扰和损耗，所以 WP4000 变频功率分析仪精度取决前端测量的功率单元，功率单元包括 SP 系列变频功率传感器和 DT 系列数字变送器，目前功率单元可以实现电流 $100\mu A\sim7000A$、电流 $1mV\sim15kV$ 的高精度测量。

WP4000 变频功率分析仪的功率单元电压有效测试范围为 0.5%～100% U_N，电流的有效测试范围为 0.5%～100% I_N。

精度等级定义如下。

A：电压、电流精度为读数的 0.05%，功率精度为读数的 0.1%；

B：电压、电流精度为读数的 0.1%，功率精度为读数的 0.2%；

C：电压、电流精度为读数的 0.2%，功率精度为读数的 0.5%。

WP4000 变频功率分析仪精度说明例程。

以型号 SP103202C 变频功率传感器和 DT212B 数字变送器为例来分别解读 WP4000 变频功率分析仪精度指标：

SP103202C 变频功率传感器的命名组成如图 4. 20 所示。

SP 为 AnyWay 变频功率传感器的识别符,103 和 202 分别表示传感器的额定电压 U_N 及额定电流 I_N,参照科学计数法,采用 10 的 n 次方的形式,其中前两位数字为底数,第三位为指数。即 103 表示 U_N 为 10kV,202 表示 I_N 为 2000A,C 表示精度等级,在电压为 50 ~ 10000V 的范围内精度为 0.2% ,在电流为 10 ~ 2000A 的范围内精度为 0.2% ,此电压电流量程内的功率精度为 0.5% 。

SP系列变频功率传感器命名规则

$$\underline{S \quad P} \quad \underline{1 \quad 0 \quad 3} \quad \underline{2 \quad 0 \quad 2} \quad \underline{C}$$

SP为变频功率传感器识别符;
103和202分别表示传感器的额定电压(U_N)及额定电流(I_N),参照科学计数法,采用10的n次幂形式,其中前两位数据为底数,第三位是指数。即103表示U_N=10×10³=10kV, 202表示I_N=20×10²=2000A。
SP变频功率传感器的电压有效测试范围为0.75%~150%U_N,电流有效测试范围为1%~200%I_N。
C表示传感器的测量准确度,SP系列变频功率传感器有3种精度等级(以A、B、C表示)可供选择:
A:电压、电流准确度为0.05%rd,功率准确度为0.1%rd;
B:电压、电流准确度为0.1%rd,功率准确度为0.2%rd;
C:电压、电流准确度为0.2%rd;功率准确度为0.5%rd。
即SP103202C表示该传感器的电压电流准确度为0.2%rd,功率准确度为0.5%rd,额定电压U_N为10kV,额定电流I_N为2000A,电压有效测试范围为75V~15kV,电流有效测试范围为20~4000A。

图 4. 20 SP 变频功率传感器命名组成

DT212B 数字变送器的命名组成如图 4. 21 所示。

DT:数字变送器标识符。

第一位数字:数字变送器标通道属性。

1:通道 1 为电压输入型,通道 2 为电压输入型;

2:通道 1 为电压输入型,通道 2 为电流输入型;

3:通道 1 为电流输入型,通道 2 为电流输入型。

DT212B 数字变送器的第一位数字为"2",表示本数字变送器的通道 1 为电压输入型,通道 2 为电流输入型。

第二位数字:通道 1 的量程信息。

依据第一位数字确定的通道属性查询表 1 或表 2 获取通道 1 的量程信息。

DT212B 数字变送器的通道 1 为电压型,其量程信息查询表 1,数字"1"对应 5 ~ 1280V。

第三位数字:通道 2 的量程信息。

依据第一位数字确定的通道属性查询表 1 或表 2 获取通道 2 的量程信息。

DT212B 数字变送器的通道 2 为电流型,其量程信息查询表 2,数字"2"对应 20mA ~ 6. 4A。

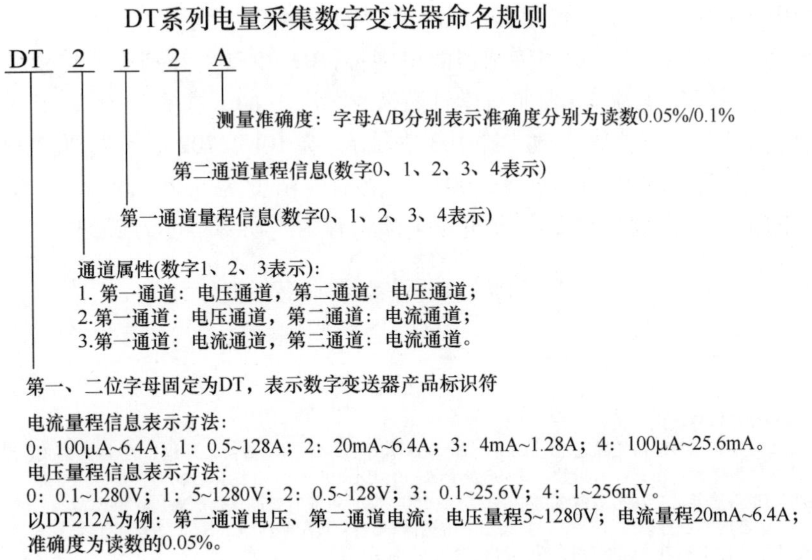

DT系列电量采集数字变送器命名规则

DT 2 1 2 A

测量准确度: 字母A/B分别表示准确度分别为读数0.05%/0.1%

第二通道量程信息(数字0、1、2、3、4表示)

第一通道量程信息(数字0、1、2、3、4表示)

通道属性(数字1、2、3表示):
1. 第一通道: 电压通道, 第二通道: 电压通道;
2. 第一通道: 电压通道, 第二通道: 电流通道;
3. 第一通道: 电流通道, 第二通道: 电流通道。

第一、二位字母固定为DT, 表示数字变送器产品标识符

电流量程信息表示方法:
0: 100μA~6.4A; 1: 0.5~128A; 2: 20mA~6.4A; 3: 4mA~1.28A; 4: 100μA~25.6mA。
电压量程信息表示方法:
0: 0.1~1280V; 1: 5~1280V; 2: 0.5~128V; 3: 0.1~25.6V; 4: 1~256mV。
以DT212A为例: 第一通道电压、第二通道电流; 电压量程5~1280V; 电流量程20mA~6.4A;
准确度为读数的0.05%。

图 4.21 DT 数字变送器命名组成

后缀字母:精度

A 表示 0.05% rd;

B 表示 0.1% rd。

DT212B 数字变送器的后缀字母为 B,表示精度为 0.1% rd。

WP4000 变频功率分析仪精度标称采用的是读数误差标称方法,即在满量程范围内,仪表测量的值与实际值的误差都是同一个精度。目前很多仪表商包括进口仪表都是采用读数误差+量程误差的标称方法,以此来掩盖精度的虚高问题,用户需要仔细明辨这种现象,以免买的仪表达不到所需精度要求。

Q4-95 WP4000 变频功率分析仪在叠频法温升试验中如何进行测试应用?

叠频法温升试验是电机温升试验的一种。受试验电机容量和型式的限制,很多电机不适合采用直接负载法做温升试验,同时为了降低试验成本和提高试验效率,在这样的背景产生下产生了叠频法温升试验。叠频法温升试验数据本身为波动的,对于电参数的测量一般测量其有效值。

叠频法温升试验不需要进行机械连接,可以节省对电机进行对耦的时间及试验时的能源消耗。GB/T 1032—2005《三相异步电动机试验方法》11.7.2.3 中对定子叠频法的描述如下(图 4.22):

主电源和副电源均为发电机。副电源发电机的额定电流应不小于被试电机的额定电流,电压等级应与被试电机相同。采用定子叠频法时,施于被试电机绕

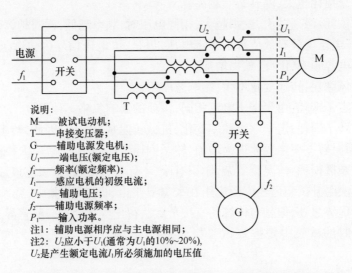

说明:
M——被试电动机;
T——串接变压器;
G——辅助电源发电机;
U_1——端电压(额定电压);
f_1——频率(额定频率);
I_1——感应电机的初级电流;
U_2——辅助电压;
f_2——辅助电源频率;
P_1——输入功率。
注1:辅助电源相序应与主电源相同;
注2:U_2应小于U_1(通常为U_1的10%~20%),
U_2是产生额定电流I_1所必须施加的电压值

图 4.22　三相异步电动机试验方法—叠频试验接线

组的主、副电源的相序应相同。可在接线前由主、副电源分别起动被试电机,若转向一致,即为同相序。

试验时,首先由主电源起动被试电机,使其在额定频率、额定电压下空载运行。随后,起动副电源机组,将其转速调节到对应于某一频率 f_2 的转速值。对额定频率为 50Hz 的电机,f_2 应在 38～42Hz 范围内选择。然后,将副发电机投入励磁,调节励磁电流,使被试电机的定于电流达到满载电流值。在加载过程中,要随时调节主电源电压,使被试电机的端电压保持定值,并同时保持频率 f_2 不变,被试电机在额定电压、满载电流下进行温升试验。在调节被试电机的负载时,如仪表指针摆动较大或被试电机和试验电源设备的振动较大。应先降低副电源电压,按另一个频率 f_2 的值调整副电源机组的转速,再行试验。

上述试验中,叠频电源由主电源、辅助电源、串接变压器构成。

叠频温升试验电压电流均波动较大,不可能获得稳定的数据,建议 WP4000 变频功率分析仪采用有效值模式下开启平均模式来获取较为稳定的数据。

频率测量以过零检测实现,异步电机叠频温升试验时,由于副电源幅值较小,一般为主电源的 10%～20%,无论采用电压或者是电流为个同步源信号,单一的频率显示并没有实际意义。因为叠频信号本身就是两个频率的叠加,关心的是电压、电流有效值及有功功率,频率不论是主频率,还是幅频率,都不能完整地反映信号特征。

叠频法温升与直接负载法相比,一般温升稍高。具体原因在于各项损耗有

229

所不同。总损耗越大,温升必然越高。

(1)铁耗:磁通越大,铁损越大,相同电压时,频率越低,磁通越大,叠频法试验时,定子电压全波有效值等于额定电压,但是,该电压信号中包含了比额定频率低的副电源频率,因此,铁损增加。

(2)风摩耗:转速变化不大,影响忽略不计。

(3)定子铜耗:由于定子电流相同,该项的影响忽略不计。

(4)转子铜耗:定子电流频率变化,机械转速基本恒定,因此,转子频率也必然变化,瞬时转差率主要体现为增加,转子铜耗增加。

(5)杂散损耗:情况较复杂,学识有限,不作展开分析,该项应该影响较小。

叠频法温升试验已经广泛应用在大型异步电机型式试验中,叠频法温升试验有它的优势之处,但是与传统的直接负载法得出数据会有一些差异,这个需要我们在平时的试验中把握好试验规律,总结试验结果,得出最为准确的试验结论。

Q4-96 WP4000 变频功率分析仪在电机空载试验中如何测试应用?

电机试验中,电机的空载试验是检验电机性能的重要环节,也是所有电机在出厂前必须进行的试验之一。三相异步电机的空载试验是给定子加额定频率的额定电压空载运行的试验,该试验的目的主要有三个:

(1)检查电机运转的灵活情况,初步判断噪声和振动是否符合要求。

(2)通过试验,求得电机额定电压时的铁芯损耗和在额定转速时的机械损耗。

(3)通过试验得出空载电流和空载电压之间的关系曲线,即为电机的磁化曲线,它可以反映出电机电磁设计和相关原材料质量及加工工艺的实际情况,例如,铁芯材料的性能和几何尺寸、定子绕组匝数及形式、定转子气隙的大小等参数选择的是否合理,对于批量生产中的电机是否有异常变化等。

电机空载试验线路如图 4.23 所示,其中试验电源可以是电源调压器或者变频数字电源,输出电压应在被试电机额定电压的 20% ~30% 以内可调,容量不小于被试电机的额定输出功率。

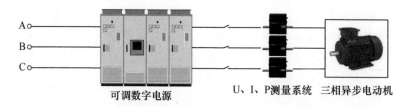

可调数字电源　　　U、I、P 测量系统　三相异步电动机

图 4.23　三相异步电动机试验方法——空载试验接线

在图 4.23 中,我们可以看到,U、I、P 测量系统(以下统称电量测量系统)对于整个空载试验的结果来说,起到至关重要的作用。那么从电量测量系统获得的数据,我们可以得到电机的哪些具体参数呢?

根据 GB/T 1032—2012 三相异步电动机试验方法中关于电动机效率 η 的计算方法描述:测量输入功率的损耗分析法(E 法),通过空载及负载试验得出电机的总损耗 $P_T = P_{fw} + P_{Fe} + P_{cu1s} + P_{cu2s} + P_s$,进而得到输出功率 $P_2 = P_1 - P_T$(P_1 为额定负载下输入功率),那么电机的效率 $\eta = P_2/P_1 \times 100\%$。其中电机的风摩耗 P_{fw} 及铁耗 P_{Fe} 由空载试验得出,转子铜耗 P_{cu1s}、定子铜耗 P_{cu2s} 及杂散耗 P_s 由负载试验得出。

由于电机空载试验时,定子与转子基本同步,转差率很小,输入功率基本上消耗于无功功率,因此功率因数很低。这样,低功率因数下的功率测量准确度,决定了电机空载损耗确定的准确性,进而影响电机效率的评定,可以这么说,这台电机是否合格,一半的概率取决于电量测量系统的准确性。

在某些长期进行电机试验的厂家或者试验员都知道,测量电机空载试验输入功率都应采用低功率因数表或者能使用功率因数为 0.2 以下的其他数字功率表,之所以要提出如此明确的要求,是因为他们从长期的试验经验中知道,普通的电量测量系统难以测量准确。

为何电机空载试验时电量测量系统会出现测量不准确的现象呢,这是因为目前大多数的功率表的功率测量准确级的参比条件是功率因数等于 1,不明示测量难度大的低功率因数下的准确度指标。且随着变频数字电源的引入,变频电量的测量难度更大。这样的标称方式,容易给试验人员造成误解,以为这样的功率表在所有条件下功率的标称精度都是一致的,因此虽然选择了标称精度很高的功率表,但是试验后得到的结果与设计值大相径庭,这样会产生两种不确定的结果:一是测量系统不准;二是电机不合格。如果是这样的结果,那么我们进行试验的目的是什么,这个试验还有什么意义?电量测量系统没有帮助判断问题,反而增添了新的问题,得不偿失。

针对电机空载试验功率因数低、输入功率难以测量准确的这一现状,WP4000 变频功率分析仪的功率单元(SP 系列变频功率传感器/DT 系列数字变送器)具有极小的角差,并采用独特的相位补偿技术,实现了在 0.05 ~ 1 功率因数范围内的高精度测量,是电机空载试验时功率表的理想选择对象。

试验原理图如图 4.24 所示。

Q4 – 97　WP4000 变频功率分析仪如何正确操作使用?

WP4000 变频功率分析仪是一款极具用户体验的仪表,WP4000 变频功率分

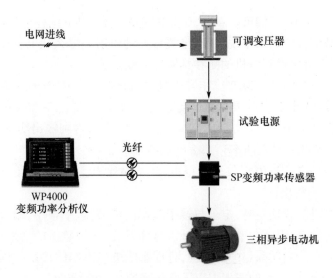

图 4.24 三相异步电动机试验原理图

析仪使用方法完全完全符合中国人的使用习惯,显示屏采用 12 寸高亮度工业液晶显示屏,全中文显示,共计 15 个操作按键。右侧的"F1~F8"8 个软按键及底部的"电源、帮助、菜单、截屏、采集、平均、保持"7 个按键。如图 4.25 所示为 WP4000 变频功率分析仪仪器操作界面。

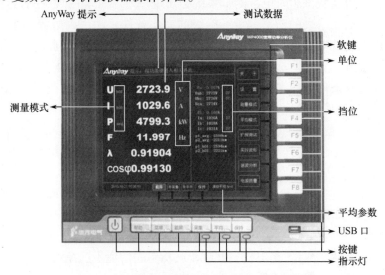

图 4.25 WP4000 变频功率分析仪仪器操作界面

WP4000 高精度功率分析仪使用方法_底部键

(1) 帮助键。在任何一个界面下,按下帮助键均可以获得当前界面的详细解释。

（2）电源键。关机状态下，按"电源"键，开启分析仪，启动时间约为 40 ~ 100s。开机状态下，按"电源"键，10 ~ 30s 后，自动关机。

注意：在关机完成前，请勿强制断开电源！

（3）截屏键。按下截屏键，WP4000 自动截取当前屏幕并保存至外部移动存储设备。

注意：操作前请务必连接好移动存储设备！

（4）采集键。按下采集键，开始瞬态数据采集，其下方指示灯亮，软键指示变为关采集；再次按下采集键，结束数据采集，指示灯灭，软键提示开采集。采集时所有瞬态数据写入内部缓存器，待结束时自动保存至外部移动存储设备。

注意：①操作前请务必连接好可移动存储设备。②每秒约产生 2 ~ 3M bit 的数据，采集时间不宜超过 15min。

（5）平均键。按下平均键，开启平均功能，其下方指示灯亮，软键指示关平均；再次按下平均键，关闭平均功能，指示灯灭，软键指示开平均。

（6）保持键。保持的主要作用是便于查看波形与读数。按下保持键，其下方指示灯亮，表示处于保持状态，所有数据波形停止更新；再次按下保持键，指示灯灭，恢复运行状态。

WP4000 高精度功率分析仪使用方法_右侧软键。

（1）关于键。关于键下共有：校准匹配、校准备份、校准更新三个键。

宽带功率测试系统出厂前，均经过严格的校准，相关校准信息保存在 WP4000 内部。使用时若发现校准信息与传感器不匹配，请使用该系列功能进行正确配置。其具体使用方法如下。

校准匹配：将分析仪内部的校准信息与传感器自动匹配。一般在更改传感器连接端口时需要此操作。

校准备份：备份内部的校准信息至 U 盘根目录 Sensor 文件夹内，操作前请连接好 U 盘。

校准更新：更新 U 盘中的校准信息至分析仪内部，操作前请连接好 U 盘并将用于更新的校准信息置于 U 盘根目录下 Sensor 文件夹内。

（2）设置键。包括线路选择、更新周期、自动调零、电压校准、电流校准、功率校准。

自动调零、电压校准、电流校准、功率校准为计量校准时使用，需要 usbkey 采用使用。

线路选择：WP4000 共 17 幅线路图，每幅线路图均注明了该线路图的主要应用、各参数间的运算关系及测量原理。测量时请务必保证所选择的线路图与实际传感器接线方式一致,否则有可能导致测量数据不正确。

（3）更新周期。WP4000 设定的更新周期为实际更新周期的下限值,其范围为 100~5500ms,在实际测量过程中更新周期会自动调整为信号周期的整数倍。当信号周期较大,单个周期大于更新周期 2 倍时,取更新周期设定值的 2 倍为实际更新周期。对于直流信号,不存在信号周期,实际更新周期按更新周期设定值的 2 倍取值。因此,对于直流测试,可将更新周期设为期望值的 0.5 倍。

注意:频率高于 1Hz 的交流信号建议取 500ms,直流信号建议取 250ms。

（4）测量模式。WP4000 测量模式有 rms、h01、avg、mean 四种。

对于直流回路,U、I 可选测量模式有 avg(算术平均值)、rms(真有效值),P 测量模式固定为 avg(有功功率)。

对于交流回路,U、I 可选测量模式有 h01(基波有效值)、rms(真有效值)、mean(校准平均值),P 可选测量模式有 h01(基波有功功率)、avg(总有功功率)。

注意:

① 为了简化操作,WP4000 测量模式以相组为单位进行设置。

② 在正弦供电的交流测试中,测量模式可任意选择。

③ 在变频器供电的交流电机测试中,除非特殊要求,一般 U、I、P 均取 h01 模式。

④ 叠频试验时,U、I 取 rms 模式,P 取 avg 模式。

（5）平均模式。平均的目的是消除数据波动,得到一个能反映一段时间内数据平均大小的相对稳定的数值。一般而言,平均点数越大,平均时间越长,读数越稳定。另外,平均时间与信号周期越吻合,读数越稳定。WP4000 除了常用的滑动平均和指数平均方式外,在研究电机试验信号变化规律的基础上,增加了独有的智能平均模式。

（6）变比设置。变比设置功能主要应用于使用宽带功率调理模块的测试系统,当调理模块外部连接互感器时,为了使 WP4000 读数无须经过换算直接给出互感器原边信号测量值,可使用该功能将互感器的实际变比设置于 WP4000 内,可设置范围为(0,500000)。系统默认变比为 1。使用宽带功率传感器的测试系统无须设置变比,保持系统默认值即可。

注意:通道编号 0~11 分别表示 Port1~6 的输入信号。通道编号 0 和 1 表示 Port1 的电流和电压信号,通道编号 2 和 3 表示 Port2 的电流和电压信号,依此类推。

（7）实时波形。实时波形主要用于信号波形的查看与分析,包括输入信号的波形、真有效值、频率以及基波相位差。WP4000 实时波形界面分为两个通道显示,第一通道为实际可操作通道,若需操作第二通道可按"通道切换"键,将第一通道输入信号与第二通道信号互换。

（8）谐波分析。谐波分析结果按数值表格和柱形图两种方式显示，最大显示 99 次谐波。

数值表格分两页显示，第一页显示 0 ~ 49 次谐波，第二页显示 50 ~ 99 次谐波，表格中 No 表示谐波次数（例如：No = 0 表示 0 次谐波，也就是直流分量；No = 1 表示 1 次谐波，也称基波），Mag 表示谐波幅值，Phase 表示谐波相位。

柱形图显示有四种选择类型，分别是全部谐波、奇次谐波、偶次谐波和 $6K \pm 1$ 次谐波。

（9）电源质量。电源质量提供三相对称分析和谐波运算相关参数。

Q4 – 98 | **WP4000 变频功率分析仪采用何种通信接口与上位机通信，采用什么通信协议？**

WP4000 变频功率分析仪采用以太网接口与上位机通信，可以提供所有测试稳态数据及瞬态波形数据，采用通用 TCP/IP 通信协议，可满足大数据高速通信需求。

Q4 – 99 | **WP4000 变频功率分析仪如何应用于风力发电机测试？**

如图 4.26 所示为 WP4000 变频功率分析仪应用于风力发电机测试，风力发电机与并网变频器侧配置 6 台 SP 变频功率传感器，并网变频器与网侧配置 3 台 SP 变频功率传感器，可有效对风力发电机、风电变流器设备电参数精准测试，准确考核其性能指标。

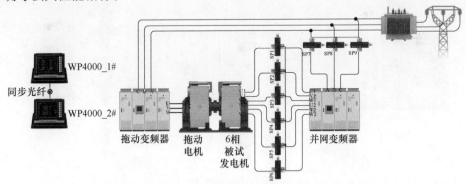

图 4.26　WP4000 变频功率分析仪应用于风力发电机测试

Q4 – 100 | **WP4000 变频功率分析仪如何应用于变频电机测试？**

如图 4.27 所示为 WP4000 变频功率分析仪应用于变频电机测试，被试电机及陪试电机侧分别配置 3 台 SP 变频功率传感器，可实现被试电机、陪试电机电参量同步测试，精准测试其电压、电流、功率、效率等参数。

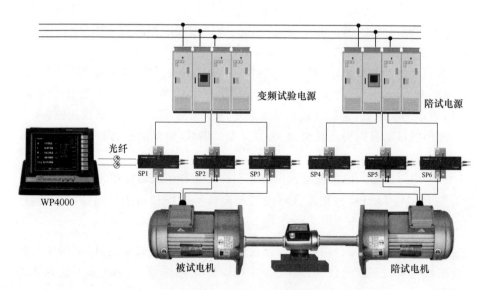

图 4.27 WP4000 变频功率分析仪应用于变频电机测试

Q4-101 WP4000 变频功率分析仪如何应用于变频器测试？

如图 4.28 所示为 WP4000 变频功率分析仪应用于变频器测试,配置 6 台 SP 变频功率传感器,实现输入端及输出三相电压、电流、频率、功率等参数同步测量,满足宽频率范围内高精度测试需求。

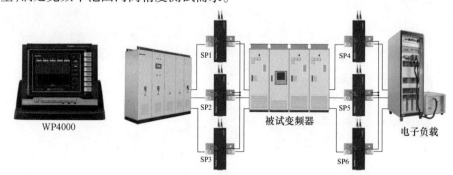

图 4.28 WP4000 变频功率分析仪应用于变频器测试

Q4-102 WP4000 变频功率分析仪如何应用于轨道牵引系统测试？

如图 4.29 所示为 WP4000 变频功率分析仪应用于轨道牵引系统测试,配置 9 台 SP 变频功率传感器分别满足 2 台被试电机、1 台陪试电机测试需求,多台 WP4000 变频功率分析仪通过同步光纤连接,保障牵引系统各部分参量同步集测试,对牵引系统性能准确考核。

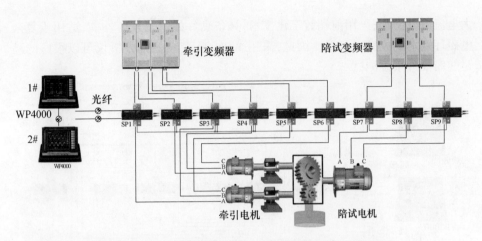

图 4.29　WP4000 变频功率分析仪应用于轨道牵引系统测试

Q4－103　WP4000 变频功率分析仪如何应用于变压器测试？

如图 4.30 所示为 WP4000 变频功率分析仪应用于变压器测试,配置 6 台 SP 变频功率传感器有可效满足其短路、空载等试验需求,特别是低功率因数下可实现功率的高精度测试。

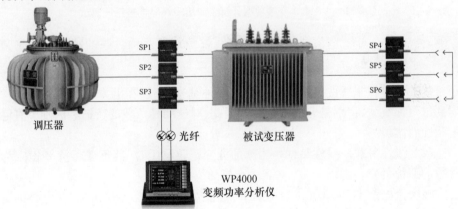

图 4.30　WP4000 变频功率分析仪应用于变压器测试

Q4－104　WP4000 变频功率分析仪如何应用于舰船电力推进系统测试？

如图 4.31 所示为 WP4000 变频功率分析仪应用于舰船推进系统测试,舰船电力推进系统具有被试相组多、高电压大电流、现场电磁环境复杂等特点。而 WP4000 变频功率分析仪同步连接可实现多通道同步测量,满足多相组测试需求;配置 SP 变频功率分析仪可实现 15000V、5000A 电量直接测试,满足高电压

237

大电流测试需求;采用前端数字化技术,具备良好的电磁兼容性能,适用于复杂电磁环境下的高精度测量。因此,采用 WP4000 变频功率分析仪可以很好的满足舰船推进系统测试。

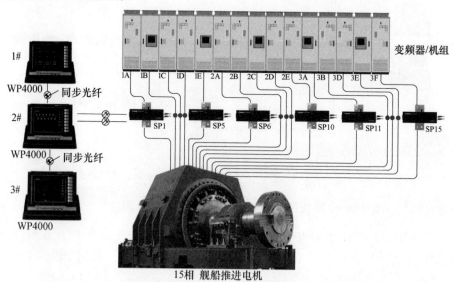

图 4.31　WP4000 变频功率分析仪应用于舰船推进系统测试

Q4-105　**什么是线性负载? 什么是非线性负载? 两种负载的特征和区别是什么?**

线性负载和非线性负载是电路中的两种基本负载,在电力设备和电路中常遇到这两种负载,特别是非线性负载。因此,对这两种负载的特征和区别应有清晰明确的认识。

(1) 线性负载。线性负载是当施加可变正弦电压时,其负载阻抗 Z 恒定为常数的那种负载。

在交流电路中,负载元件有电阻 R、电感 L 和电容 C 三种,它们在电路中所造成的结果是不相同的。在纯电阻电路中,正弦电压 U 施加在一个电阻 R 上,则产生电流 I 也是正弦性的,电流 I 与电压 U 相位是相同的;在纯电感电路中,正弦电压施加在一个电感线圈上,因电流是交变的,造成在线圈中产生感应电势,使得电流虽然仍然是正弦的,但相位上却滞后电压 90°(电角度为 π/2);在纯电容电路中,正弦电压施加在一个电容器上,因电流携带电荷积累在电容的极板上产生电容电压,使得电流虽然仍然是正弦的,但相位上却超前电压 90°(电角度为 π/2)。在 RLC 线性负载电路上,施加正弦性电压,则电流仍然是正弦性的,但是电流与电压之间的相位关系,既不是同相也不是相差 90°,而是相差一

个 φ 角。φ 角是由负载中的 R、L、C 参数决定的,感性时 φ 为正,容性时 φ 为负,阻性时 φ 为零。

在 RLC 线性负载电路中,视在功率 $S = UI$,有功功率 $P = UI\cos\varphi$,无功功率 $Q = UI\sin\varphi$,$S^2 = P^2 + Q^2$,三者构成功率三角形。

(2) 非线性负载。非线性负载是负载阻抗 Z 不总为恒定常数,随诸如电压或时间等其他参数而变化的那种负载。非线性负载的一个重要特点就是当对负载施加正弦电压时,电流并不是正弦的。

公用电网中的非线性负载主要是各种电力电子装置(包括各种整流器、变频调速装置、家用电器、计算机等的电源部分)、变压器、电弧炉和荧光灯等,感应电动机在某些情况下也可看作是非线性负载。其中,对于荧光设备,伏安特性在适当的励磁范围内基本为线性关系;对于变压器,考虑磁体的磁滞现象,磁密和励磁电流的变化呈非线性关系,即使励磁电流是正弦波,相应的磁通并非正弦变化;而对于电弧炉,其伏安特性曲线在熔断的不同阶段随时间变化,其电流不规则地急剧变化,使电流波形严重畸变,引起电网电压波形严重畸变。

含非线性负载的电路中,电流与功率的分析和计算方法,在接下来的问题中具体阐述。

Q4 - 106 非线性负载消耗的谐波功率为什么是负值? 这部分能量是从哪来的?

采用图 4.32 所示的电力系统等值电路,电源为工频正弦电压 $u(t)$;Z_s、Z_1、Z_L 分别为电源内阻抗、线路等值阻抗和线性负载等值阻抗;Z_{NL} 为非线性负载;$i(t)$、$i_L(t)$、$i_{NL}(t)$ 分别为线路、线性负载支路和非线性负载支路上的电流;$u_{NL}(t)$ 为负载两端的电压。为书写方便,令

$$A(t) = A_1(t) + \sum_{k=2}^{\infty} A_k(t) \tag{4.73}$$

式中:A 代表 i 或 i_L 或 i_{NL} 或 u_{NL}。

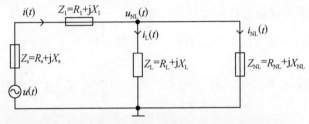

图 4.32 含线性负载和非线性负载的等值电路

根据正交性原理可知:

（1）电源发出的功率为

$$P_s = \frac{1}{T}\int_0^T u(t)i(t)\,\mathrm{d}t = \frac{1}{T}\int_0^T u(t)i_1(t)\,\mathrm{d}t = P_{s-1} \tag{4.74}$$

（2）电源内阻及线路吸收的功率为

$$P_{loss} = \frac{1}{T}\int_0^T (R_s + R_1)i^2(t)\,\mathrm{d}t = P_{loss-1} + \sum_{k=2}^{\infty} P_{loss-k} \tag{4.75}$$

其中

$$P_{loss-1} = \frac{1}{T}\int_0^T (R_s + R_1)i_1^2(t)\,\mathrm{d}t > 0 \tag{4.76}$$

$$P_{loss-k} = \frac{1}{T}\int_0^T (R_s + R_1)i_k^2(t)\,\mathrm{d}t > 0 \tag{4.77}$$

（3）线性负载吸收的功率为

$$P_{L-1} = \frac{1}{T}\int_0^T R_L i_{L1}^2(t)\,\mathrm{d}t > 0 \tag{4.78}$$

$$P_{L-k} = \frac{1}{T}\int_0^T R_L i_{Lk}^2(t)\,\mathrm{d}t > 0 \tag{4.79}$$

（4）非线性负载吸收的功率为

$$P_{NL} = \frac{1}{T}\int_0^T u_{NL}(t)i_{NL}(t)\,\mathrm{d}t = P_{NL-1} + \sum_{k=2}^{\infty} P_{NL-k} \tag{4.80}$$

对于基波有功功率：$P_{s-1} = P_{loss-1} + P_{L-1} + P_{NL-1}$

对于谐波有功功率：$0 = P_{loss-k} + P_{L-k} + P_{NL-k}$

从而 $P_{NL-k} = -(P_{loss-k} + P_{L-k}) < 0$

根据上述分析计算过程，可以得到如下结论：非线性负载消耗的谐波功率是负值，即作为非线性负载从电网吸收的基波电能的一部分转化而来。对于常见的电子式电能表所显示的读数 P，有

线性用户：$P_{L-1} < P < P_L$

非线性用户：$P < P_{NL} < P_{NL-1}$

Q4-107 感应电动机是什么性质的负载？

感应电动机一般情况下被认为是一个阻感线性负载，但在某些情况下也可看做是非线性负载。

（1）与变压器类似，感应电动机会因为铁芯饱和而产生不规则的磁化电流，从而在低压电网中产生谐波电流和谐波功率。

（2）感应电机的线圈被嵌入线槽中，由于这些线槽不可能严格按正弦形分布，从而使得产生的磁动势是畸变的，因此感应电机也被认为是谐波源。感应电机的磁场磁路是由定子磁轭—定子齿—空气隙—转子—空气隙—定子齿—定子

磁轭组成的闭合回路,当铁芯未饱和时,可认为磁通势是集中在两个空气隙。若气隙是均匀的,则磁通势也是沿定、转子表面均匀分布但并不是正弦分布,将它分解可以得到它的谐波分量,在电压、电流中会有相应分量产生。另外,由于定子开槽,则气隙磁导不是沿表面均匀变化,而是以槽距作周期变化,所以会有相应的齿(槽)谐波产生。

(3)感应电动机电气不对称也会产生谐波。假设定子绕组对称而转子绕组不对称,对称的定子绕组会产生频率为 f_1 的旋转磁场,其中 f_1 为供电系统频率。该磁场在转子绕组中感应出频率为 sf_1 的电动势,其中,s 为转差率。由于转子绕组的不对称,转子电流引起两个反向旋转的磁场,其频率分别为 $\pm sf_1$,这两个旋转磁场分别感应出频率为 f_1 和 $(1-2s)f_1$ 的定子电动势。此处,后一个频率为谐波频率。该谐波会进一步导致定子磁通中出现频率为 $(1\pm2s)f_1$ 的分量,从而引起频率为 $(1\pm2s)f_1$ 的定子电动势,且这两个电动势幅值相同。采用相同的方法还可推导出频率为 $(1\pm2ns)f_1$ 的定子电动势,其中 $n=2,3,\cdots,\infty$。但这些分量的幅值较小,可忽略不计。因此,当转子绕组不对称时,感应电动机会向电网注入频率为 $(1\pm2ns)f_1$ 的谐波。

Q4 – 108 **WP4000 功率分析仪在电机功率测试中有时出现了基波有功功率大于总有功功率现象,如何解读?**

(1)现象描述。

图 4.33 所示为脉宽调制(PWM)变频器供电时感应电动机的运行和测量原理图,图中 SP 系列变频功率传感器接线图采用图 4.8 所示的虚拟中性点三瓦计法。u_A、u_B、u_C 与 i_A、i_B、i_C 分别为电机的三相电压和三相电流。根据有功功率的定义,在电机输入端 WP4000 功率分析仪测量得到的总有功功率为

$$P_\Sigma = \frac{1}{T}\int_0^T (u_A i_A + u_B i_B + u_C i_C)\,\mathrm{d}t \tag{4.81}$$

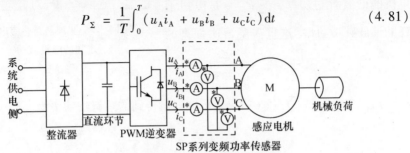

图 4.33 电压源型变频调速系统原理图

将 u_A、u_B、u_C 与 i_A、i_B、i_C 分别做傅里叶分解,求得三相电压的基波分量有效值分别为 U_A、U_B 与 U_C,三相电流的基波分量有效值分别为 I_A、I_B 与 I_C,基波电压与

基波电流的相角差分别为 $\cos\varphi_A$、$\cos\varphi_B$ 与 $\cos\varphi_C$,则电机输入端的基波有功功率为

$$P_1 = U_A I_A \cos\varphi_A + U_B I_B \cos\varphi_B + U_C I_C \cos\varphi_C \qquad (4.82)$$

在电机运行试验过程中,有时出现了 $P_1 > P_\Sigma$ 的现象,电机试验工程师或功率分析仪的使用人员根据能量守恒定律,就会怀疑是否是仪器测量结果有误?

(2)现象解读。

由于以 SP 变频功率传感器为核心的 WP4000 变频功率分析仪是变频电量测量仪器国家计量基准的原型,为全世界首台变频电量测量仪器国家基准(ATITAN 变频功率标准源)提供测量基准,其所有精度指标均可溯源,是目前最高带宽和最高精度的变频高电压传感器。故我们可以排除仪器的测量结果有误这个观点。

既然仪器的测量结果准确可信,那难道能量守恒定律错了吗?肯定不是。错误的根源在于应用能量守恒定律时,没有考虑到感应电机在某些工况下应被看作是非线性负载,没有全面准确分析变频器和感应电机之间的能量流动。在本章的 106 问中,我们已经知道非线性负载消耗的谐波功率是负值,即式 (4.80) 中,$\displaystyle\sum_{k=2}^{\infty} P_{NL-k} < 0$,故 $P_{NL} = P_{NL-1} + \displaystyle\sum_{k=2}^{\infty} P_{NL-k} < P_{NL-1}$。也就是说,对于非线性负载,基波功率总是大于平均功率的。这里要强调的是,基波功率大于平均功率的部分正是非线性负载向外电路输出的谐波功率。

将感应电机看作是非线性负载,图 4.34 给出了变频器与感应电机之间的能量流动过程,其中 P_{s1} 是变频器提供给电机的基波有功功率,$\displaystyle\sum_{h=2}^{\infty} P_{sh}$ 是变频器提供给电机的谐波有功功率,$\displaystyle\sum_{k=2}^{\infty} P_{NL-k}$ 是电机消耗的谐波有功功率。这里需要再次强调的是 $\displaystyle\sum_{k=2}^{\infty} P_{NL-k}$ 来源于 P_{s1} 和 $\displaystyle\sum_{h=2}^{\infty} P_{sh}$,即

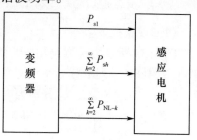

图 4.34　变频器与感应电机之间的能量流动

$\left| \displaystyle\sum_{k=2}^{\infty} P_{NL-k} \right| < P_{s1} + \displaystyle\sum_{h=2}^{\infty} P_{sh}$。功率分析仪测量得到的总有功功率为

$$P_\Sigma = P_{s1} + \sum_{h=2}^{\infty} P_{sh} - \left| \sum_{k=2}^{\infty} P_{NL-k} \right| \qquad (4.83)$$

若出现 $\displaystyle\sum_{h=2}^{\infty} P_{sh} - \left| \displaystyle\sum_{k=2}^{\infty} P_{NL-k} \right| < 0$ 这种工况,则必有 $P_\Sigma < P_{s1}$,也就是说基波有功功率大于总有功功率了。

第五章　变频电量测量仪器的计量

本章变频电量测量仪器的计量主要回答了变频电量测量仪器即变频电量变送器和变频电量分析仪的计量校准问题。测量用变送器是用于变频试验中电量测量的一种变送器，其在实际应用中测量的电压、电流信号通常为复杂波形，其输出可以为直流、交流和数字信号。变频电量分析仪是以变频交流电信号为测量与分析对象的仪器。其对两者特定频率下的电压、电流、延时相移的计量校准工作直接影响变频电量的准确测量。

本章第一节回答有关计量校准装置方面的问题，第二节回答有关计量标准方面的问题。

第一节　计量校准装置

一、计量装置基础知识

Q5 - 1　计法制管理对制造计量器具企业的要求是什么？

（1）未经国务院计量行政部门批准，不得制造非法定计量单位的计量器具和国务院计量行政部门禁止使用的计量器具。

（2）与产品有关的技术文件、资料，应按国家有关规定采用法定计量单位。

（3）产品的准确度等级应符合国家计量检定系统表和检定规程的要求，并且取得企业计量标准器具考核合格证书。

（4）许可证的标志和编号的使用应符合要求。

（5）出厂产品必须有合格印证。

（6）必须取得型式批准证书或样机试验合格证书。

银河电气率先发起了开展变频电量量值溯源体系建设的号召，在 ATITAN 天涛变频功率标准源研究的基础上，于 2013 年 3 月前，完成了变频电量变送器、变频电量分析仪的产品标准起草；完成了变频电量变送器检定规程、变频电量分析仪检定规程的编制工作；并于 2013 年 5 月，按照国家质检总局的批示，与湖南省计量检测研究院、国防科技大学一起筹建国家变频电量测量仪器计量站。

Q5-2 计量器具的符合性评定是什么？

计量器具(测量仪器)的合格评定又称符合性评定,就是评定仪器的示值误差是否在最大允许误差范围内,也就是测量仪器是否符合其技术指标的要求,凡符合要求的判为合格。评定的方法就是将被检计量器具与相应的计量标准进行技术比较,在检定的量值点上得到被检计量器具的示值误差,再将示值误差与被检仪器的最大允许误差相比较确定被检仪器是否合格。

Q5-3 计量器具检定时测量仪器示值误差符合性评定的基本要求是什么？

按照 JJF 1094—2002《测量仪器特性评定》的规定,对测量仪器特性进行符合性评定时,若评定示值误差的不确定度满足下面要求:

评定示值误差的测量不确定度(U_{95}或 $k=2$ 时的 U)与被评定测量仪器的最大允许误差的绝对值(MPEV)之比小于或等于1:3,即满足

$$U_{95} \leqslant 3\text{MPEV} \tag{5.1}$$

时,示值误差评定的测量不确定度对符合性评定的影响可忽略不计(也就是合格评定误判概率很小),此时合格判据为

$$|\Delta| \leqslant \text{MPEV} \tag{5.2}$$

判为合格。

不合格判据为

$$|\Delta| > \text{MPEV} \tag{5.3}$$

判为不合格。

式中:$|\Delta|$表示被检仪器示值误差的绝对值;MPEV 表示被检仪器示值的最大允许误差的绝对值。

Q5-4 测量仪器的计量性能的局限性有哪些？

通常情况下,测量仪器的不准(最大允许误差)是影响测量结果的主要不确定度来源,例如用天平测量物体的质量时,测量结果的不确定度必须包括所用天平和砝码引入的不确定度。测量仪器的其他计量特性如仪器的分辨力、灵敏度、鉴别阈、死区及稳定性等的影响也应根据情况加以考虑。

例如:对于较小差别的两个输入信号,由于测量仪器的分辨力不够,使仪器的示值差为零,这个零值就存在着分辨力不够引入的测量不确定度。

又如:用频谱分析仪测量信号的相位噪声时,当被测量小到低于相位噪声测试仪的噪声门限(鉴别阀)时,就测不出来了,此时要考虑噪声门限引入的不确定度。

Q5-5　计量器具示值误差的评定方法有哪几种?

计量器具的示值误差是指计量器具(即测量仪器)的示值与相应测量标准提供的量值之差。在计量检定时,用高一级计量标准所提供的量值作为约定值,也称为标准值,被检仪器的指示值或标称值也称为示值。则示值误差可以用下式表示:

$$示值误差 = 示值 - 标准值$$

根据被检仪器的情况不同,示值误差的评定方法有比较法、分部法和组合法几种。变频电量测量仪器示值误差采用的评定方法为比较法。

(1)比较法。例如:电子计数式转速表的示值误差是由转速表对一定转速输出的标准转速装置多次测量,由转速表示值的平均值与标准转速装置转速的标准值之差得出。又如:三坐标测量机的示值误差是采用双频激光干涉仪对其产生的一定位移进行2次测量,由三坐标测量机的示值减去双频激光干涉仪测得值的平均值得到。

(2)分部法。例如:静重式力标准机是通过对加荷的各个砝码和吊挂部分质量的测量,分析当地的重力加速度和空气浮力等因素,得出力标准机的示值误差。又如:邵氏橡胶硬度计的检定,由于尚不存在邵氏橡胶硬度基准计和标准硬度块,因此是通过测量其试验力、压针几何尺寸和伸出量、压入量的测量指示机构等指标,从而评定硬度计示值误差是否处于规定的控制范围内。

(3)组合法。例如,用组合法检定标准电阻,被检定的一组电阻和已知标准电阻具有同一标称值将被检定的一组电阻与已知标准电阻进行相互比较,被检定的组电阻间也相互比较,列出一组方程,用最小二乘法计算出各个被检电阻的示值误差。与此类同的还有量块和砝码等实物量具的检定可以采用组合法。又如,正多面体棱体和多齿分度台的检定,采用的是全组合常角法,即利用圆周角准确地等于2π弧度的原理,得出正多面体棱体和多齿分度台的示值误差。

Q5-6　计量器具相对误差是怎么计算的?

相对误差是测量仪器的示值误差除以相应示值之商。相对误差用符号δ表示,按下式计算

$$\delta = \Delta / X_S \times 100\% \tag{5.4}$$

在误差的绝对值较小情况下,示值相对误差也可用下式计算:

$$\delta = \Delta / X \times 100\% \tag{5.5}$$

Q5 - 7 试验变送器时所用的测量仪器等级指数要求及允许的测量误差有什么规定?

试验变送器时所用的试验装置等级指数及试验装置在规定的参比条件下对被检变送器的测量误差(以被检变送器测量上限的表示),应不超过表5.1中的规定,测量误差应由试验确定。

表5.1 试验装置的等级指数和允许的测量误差

被检变送器的等级指数	试验装置的等级指数	试验装置允许的测量误差
0.05	0.02	0.02
0.1	0.05	0.05
0.2	0.05	0.05
0.5	0.1	±0.1
1.0	0.2	±0.2
2.0	0.5	±0.5

Q5 - 8 试验变送器时所用的测量仪器允许的标准偏差估计值的标准是多少?

评定试验装置测量准确度(重复性)的标准偏差估计值应有试验确定,其值应不超过表5.2中的规定。

表5.2 试验装置允许的标准偏差估计值

试验装置等级	电压、电流(%) 允许的标准偏差估计值	相位(′) 允许的标准偏差估计值
0.02	0.006	0.3
0.05	0.01	0.4
0.1	0.02	1
0.2	0.04	2
0.5	0.05	6

Q5 - 9 试验变送器时所用的测量仪器幅值、相位该怎么调节?

试验装置的电流、电压调节器应能平稳地从零值调节到标称值的120%,其调节细度应能保证试验装置输出的分辨力优于其基本误差限值的1/5。

各相电压与电流之间的相位差应能在0°~360°范围内调节,其调节细度应不大于30′。对于具有测量相位变送器功能的试验装置,其调节细度应不大于其相位测量误差(绝对误差)限值的1/5。移相引起的电流、电压变化应不超过±1.5%。

Q5 - 10 试验变送器时所用的测量仪器稳定度要求?

试验装置输出电流电压功率的稳定度应不超过表5.3中的规定,其频率稳定度应不超过1%(非频敏变送器试验时)或0.05%(频敏变送器试验时)。但装置具有测量频率功能时,其频率稳定度应参照表5.3要求。

表5.3 试验装置输出稳定度

试验装置等级指数	电压电流功率输出稳定度 (比较法)	电压电流功率输出稳定度 (微差法)
0.02	0.01	0.05
0.05	0.02	0.1
0.1	0.05	0.1
0.2	0.05	0.2
0.5	0.1	0.5

Q5-11 变频电量分析仪电压、电流校准点的选择?

根据JJF 1559—2016《变频电量分析仪校准规范》对变频电量分析仪电压校准方法的规范,在分析仪电压量程范围内(包括量程上限值在内)均匀选取不少于5个电压校准点,多电压量程分析仪的各量程不少于2个点,优先选择满量程、1/2量程、1/3量程;电压信号频率选择不少于3个点,优先选择上限频率、下限频率和参考频率或者典型频率。

根据JJF 1559—2016《变频电量分析仪校准规范》对变频电量分析仪电流校准方法的规范,在分析仪电流量程范围内(包括量程上限值在内)均匀选取不少于5个电流校准点,多电流量程分析仪的各量程不少于2个点,优先选择满量程、1/2量程、1/3量程;电流信号频率选择不少于3个点,优先选择上限频率、下限频率和参考频率或者典型频率。

Q5-12 变频电量电压变送器校准点的选择?

根据JJF 1558—2016《测量用变频电量变送器校准规范》对变频电量电压变送器校准方法的规范,电压校准点按表5.4选取,频率选取包括工作频率范围上下限在内的不少于5个频率点;延时相移的校准可在工作频率范围内的40% U_b 点同步进行,也可按用户要求选取。

表5.4 电压校准点

电压校准点					
100% U_b	80% U_b	60% U_b	40% U_b	20% U_b	0

注:U_b 为电压变送器标准电压;校准点0仅适用于直流输出变送器

Q5-13 变频电量电流变送器校准点的选择？

根据 JJF 1558—2016《测量用变频电量变送器校准规范》对变频电量电流变送器校准方法的规范，电流校准点按表 5.5 选取，频率选取包括工作频率范围上下限在内的不少于 5 个频率点；延时相移的校准可在工作频率范围内的 40% I_b 点同步进行，也可按用户要求选取。

表 5.5　电流校准点

电压校准点					
100% I_b	80% I_b	60% I_b	40% I_b	20% I_b	0

注：I_b 为电流变送器标准电流；校准点 0 仅适用于直流输出变送器

Q5-14 变频电量分析仪电压校准标准源法的使用？

校准接线如图 5.1 所示。

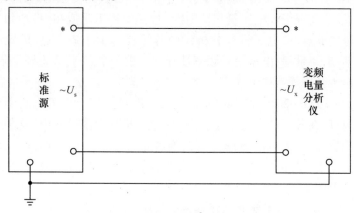

图 5.1　标准源法电压校准接线图

变频电量分析仪电压校准标准源法接线图如图 5.1 所示，调节标准源的电压、频率输出至校准点，读取标准源的电压输出值 U_s 和被校分析仪电压显示值 U_x，则被校分析仪电压示值绝对误差 Δu 按下式计算：

$$\Delta u = U_x - U_s \tag{5.6}$$

相对误差 y_u 按下式计算：

$$y_u = \frac{U_x - U_s}{U_s} \times 100\% \tag{5.7}$$

式中：U_x 为分析仪电压测量显示值（V）；U_s 为电压标准值（V）。

Q5－15 变频电量分析仪电压校准标准表法的使用？

校准点电压在标准电压表量程范围内时，校准接线如图 5.2 所示。调节电压信号源的电压、频率输出至校准点，读取标准电压表示值 U_s 和被校分析仪示值 U_x，则被校分析仪电压示值误差按式(5.6)、式(5.7)进行计算。

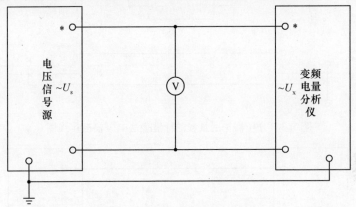

图 5.2 标准表法电压校准接线图

校准点电压超出标准电压表量程时，采用分压器或电压互感器扩展标准电压表量程的接线如图 5.3 所示。调节信号源的电压、频率输出至校准点，读取标准电压表示值 U_s 和被校分析仪示值 U_x，则被校分析仪电压示值绝对误差 Δu 按下式计算：

$$\Delta u = U_x - K_u U_x \tag{5.8}$$

相对误差 y_u 按下式计算：

$$y_u = \frac{U_x - K_u U_s}{K_u U_s} \times 100\% \tag{5.9}$$

式中：U_x 为分析仪电压测量显示值(V)；K_u 为标准分压器的分压比(V/V)；U_s 为标准电压表读数(V)。

Q5－16 变频电量分析仪电流校准标准源法的使用？

校准接线图如图 5.4 所示。

调节标准源的电流、频率输出至校准点，读取标准源输出电流值 I_s 和被校分析仪电流示值 I_x，则被校分析仪电流示值绝对误差 ΔI 按下式计算：

$$\Delta I = I_x - I_s \tag{5.10}$$

相对误差 y_i 按下式计算：

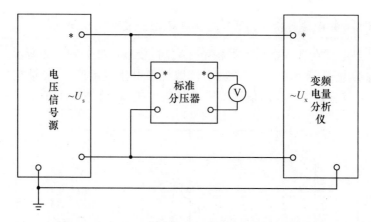

图 5.3 分压器扩展量程的标准表法电压校准接线图

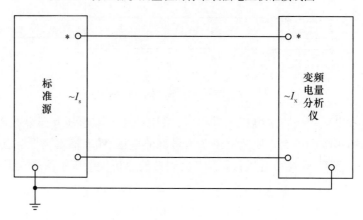

图 5.4 标准源法电流校准接线图

$$y_i = \frac{I_x I_s}{I_s} \times 100\% \tag{5.11}$$

式中:I_x 为分析仪电流测量显示值(A);I_s 为电流标准值(A)。

Q5-17 变频电量分析仪电流校准标准表法的使用?

校准点电流在标准电流表量程范围内,校准接线如图 5.5 所示。调节信号源的电流、频率输出至校准点,读取标准电流表示值 I_s 和被校分析仪电流示值 I_x,则被校分析仪电流示值误差按式(5.10)、式(5.11)进行计算。

校准点超出标准表量程时,采用分流器或电流互感器扩展标准电流表量程的校准接线如图 5.6、图 5.7 所示。调节信号源的电流、频率输出至校准点,读取标准表示值为 A_s 和被校分析仪电流示值 I_x,则被校分析仪电流示值绝对误差按下式计算:

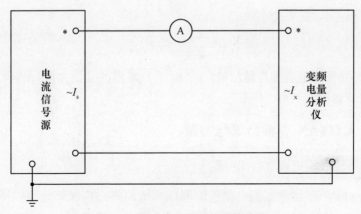

图 5.5　标准表法电流校准接线图

$$\Delta I = I_x - K_1 A_s \qquad (5.12)$$

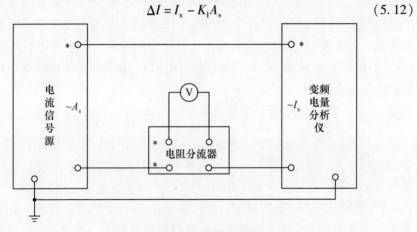

图 5.6　电阻分流器扩展量程

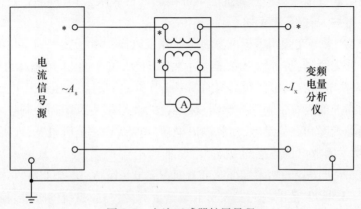

图 5.7　电流互感器扩展量程

251

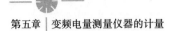

相对误差 y_1 按下式计算:

$$y_1 = \frac{I_x - K_I A_x}{K_I A_x} \times 100\% \qquad (5.13)$$

式中:I_x 为分析仪电流测量显示值(A);K_I 为分流器的分流比值(A/V、A/A);A_s 为标准分流器输出值(V、A)。

二、ATITAN 变频功率标准源

Q5-18 **什么是变频功率标准源?**

变频功率标准源是变频电量量值溯源系统的核心构成部分,是一种输出频率可变的电压、电流信号发生装置。该装置可独立调节电压、电流的幅值及两者的相位差。该装置还包括一个可准确测量电压、电流、频率及电压电流合成虚功率的标准表,标准表的示值作为比较参考标准,实现以变频电量为主要测量对象的各种测量装置/系统的量值溯源。变频功率标准源是一种输出频率可变的电压、电流信号发生装置。作为一种计量标准器具,其计量学特性须满足相关计量法规的要求。

Q5-19 **ATITAN 变频功率标准源有什么特性?**

ATITAN 天涛变频功率标准源是湖南银河电气有限公司联合国防科技大学、湖南省计量检测研究院,在多年从事以变频电量的特性、应用与测量为主要研究对象的科研与实践探索中,融合当今世界最先进的测量与控制理论,顺应迫在眉睫的社会应用需求,以最前沿的技术和工艺手段研制而成的一种变频电量量值溯源系统核心装置。通过了国家级科技成果鉴定。国家变频电量计量测量仪器计量站获得国家质检总局批准落户银河电气有限公司,产品检定规程与制造标准即将纳入省标、国标体系。

ATITAN 天涛变频功率标准源完全摒弃了以模拟电子技术为主导的传统标准源的设计理念,突破了输出变压器对源输出能力的限制;采用先进的复合型电流源、串联型电压源以串并联结构的功率拓扑方式实现高电压和大电流的输出;以特制的高准确度宽带功率传感器、数字化的波形发生及闭环控制技术保障源输出的高准确度和高稳定性,使源输出电压、电流、频率范围更宽,准确度、稳定性更高;功率因数可调节范围更宽、更灵活。

ATITAN 天涛变频功率标准源可全面覆盖 0~10kV、0~1000A、1~1000Hz、相位角 0~359.99°范围内的变频及工频电量测量仪器/系统的校准、检定需求,其基本准确度为 0.05%。

Q5 – 20　ATITAN 变频功率标准源构成原理？

ATITAN 变频功率标准源原理图如图 5.8 所示。变频功率标准源采用模块化组合方式，对于电压源采用模块串联、对于电流源采用模块并联的方式。

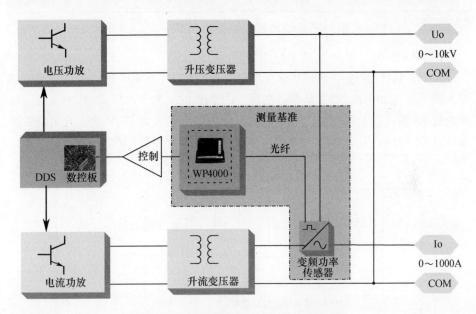

图 5.8　ATITAN 变频功率标准源原理图

Q5 – 21　变频功率测试系统整体校准方法？

由湖南银河电气有限公司自主研发的天涛变频功率标准源将过去需要分解成几部分进行分别校验的高压、大电流变频功率测试系统，通过向其输出满足计量学特性的高压、大电流信号直接进行系统整体误差的校验，从而得到测试系统的整体误差，这不仅大大地简化了计量工作，也使得评定结果更加可靠和准确。

变频功率测试系统校准主要包括电压、电流、频率、功率这四个参数，都是通过比较法测量技术来实现的。给被检测试系统提供被校参数的一个已知量，已知量值的参数信号同时提供给参考测试系统和被检测试系统，然后将参考测试系统的读数与被测系统的读数相比较计算出误差。

Q5 – 22　ATITAN 系列变频功率标准源运行要求？

ATITAN 系列变频功率标准源运动要求如表 5.6 所列。

表 5.6　ATITAN 系列变频功率标准源运行要求

工作电源	工作温度	推荐工作温度	预热时间	安全工作的最大相对湿度	存储时的最大相对湿度	工作海拔高度
AC220V ± 10%	5 ~ 40℃	16 ~ 30℃	15min	80%	95%	2000m

Q5 – 23　ATITAN 系列变频功率标准源命名规则?

以 AT103501 – W 变频功率标准源为例(图 5.9):

AT 为 ATITAN 系列变频功率标准源标识符。103 和 501 分别表示标准源的最大输出电压和电流,参照科学计数法,采用 10 的 n 次方的形式,其中前两位数字为底数,第三位数为指数。即 103 表示最大输出电压为 10kV,501 表示最大输出电流为 500A。W 表示宽频系列。变频功率标准源型号如表 5.7 所列。

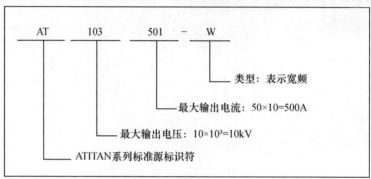

图 5.9　变频功率标准源命名规则

表 5.7　变频功率标准源型号

型号	电压范围/V	电流范围/A	频率范围/Hz	准确度/%
AT102101	10 ~ 1000	1 ~ 100	40 ~ 65	0.05
AT102501	10 ~ 1000	5 ~ 500	40 ~ 65	0.05
AT102102	10 ~ 1000	10 ~ 1000	40 ~ 65	0.05
AT103101	100 ~ 10000	1 ~ 100	40 ~ 65	0.05
AT103501	100 ~ 10000	5 ~ 500	40 ~ 65	0.05
AT103102	100 ~ 10000	10 ~ 1000	40 ~ 65	0.05
AT102101 – W	10 ~ 1000	1 ~ 100	5 ~ 400	0.05
AT102501 – W	10 ~ 1000	5 ~ 500	5 ~ 400	0.05
AT102102 – W	10 ~ 1000	10 ~ 1000	5 ~ 400	0.05
AT103101 – W	100 ~ 10000	1 ~ 100	5 ~ 400	0.05
AT103501 – W	100 ~ 10000	5 ~ 500	5 ~ 400	0.05
AT103102 – W	100 ~ 10000	10 ~ 1000	5 ~ 400	0.05

Q5-24　ATITAN 变频功率标准源的特点有哪些?

（1）卓越的输出能力。ATITAN 系列变频功率标准源采用了以数字电子技术为主导的设计理念,突破了传统标准源输出能力的限制,能够提供高达 10kV 和 1000A 的电压和电流输出,其基本准确度为 0.05% ,且电压和电流的幅值、频率以及两者之间的相位角均独立可调。其构建的变频电量量值溯源系统可实现高电压、大电流的变频电量变送器/传感器的直接量值溯源。除了正弦波电压和电流外,还可以提供准确的、有谐波失真的电压输出和电流输出。所有的前 100 次谐波都可以由用户单独设定,每一谐波的幅值和相位都可以由用户单独控制。

（2）周到的安全防护措施。检定/校准过程中,ATITAN 变频功率标准源输出高电压信号,产品通过下述方式确保您安全操作:ATITAN 变频功率标准源壳体需要严格接地,高压输出端子附近印有显眼的警示标志。源表分离,源包括产生高压信号及大电流的信号源与测量用变频功率传感器安装在一起,表为操作端,通过光纤接受来自变频功率传感器及控制板的数字信号,操作端与源之间不存在电气连接。

（3）优异的电压电流驱动能力。ATITAN 系列变频功率标准源能够保证在重负荷情况下依然给出您需要的输出电压、电流。电压通道输出容量可达 500VA,电流通道输出容量可达 3000VA,可满足各类电量传感器/变送器或仪表的量值溯源需要。

（4）支持单相到多相系统的量值溯源。ATITAN 系列变频功率标准源为单相系统,当您的校准通道需求发生变化时,可以采用多台 ATITAN 系列变频功率标准源通过同步主从控制方式增加输出相数,最多可扩展至六相。ATITAN 系列变频功率标准源的基本技术指标不会因为输出相数的增加而发生变化,是构建多相变频电量测量仪器量值溯源系统的理想选择。

（5）优良的电磁兼容能力。ATITAN 系列变频功率标准源始终贯彻电磁兼容理念,采用优良的屏蔽接地工艺、合理的滤波措施、基于光纤传输的数字化闭环控制等消除外部干扰的影响,为整个标准源的输出稳定性和 EMC 性能提供了可靠保障。

Q5-25　ATITAN 变频功率标准源有哪些应用?

可用于变频电量测量仪器、变频电量变送器及变频电量测试系统的量值溯源。

（1）变频电量测量仪器的量值溯源系统。变频电量测量仪器(涵盖工频电量测量仪器)主要指:数字电压表、数字电流表、功率计、功率分析仪、电能表、谐波分析仪等。

（2）变频电量变送器的量值溯源系统。变频电量变送器（涵盖工频电量变送器）主要指各种电压、电流传感器及变送器，包括数字量输出的变频电量变送器和模拟量输出的变频电量变送器，如 AnyWay 的 SP 系列变频功率传感器、霍耳电压传感器、霍耳电流传感器、电磁式电压互感器、电磁式电流互感器、电容式电压互感器、分压器、分流器、罗氏线圈等。

（3）变频电量测试系统的量值溯源系统（图 5.10）。变频电量测试系统（涵盖工频电量测试系统）主要指由变频电量变送器和变频电量测量仪器构成的系统。

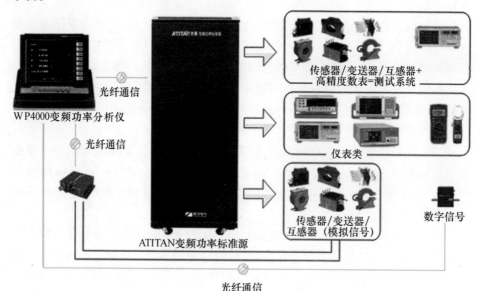

图 5.10　ATITAN 天涛变频功率标准源构成的变频电量量值溯源系统

第二节　相关计量标准解读

一、计量技术法规基础知识

Q5 - 26　建立计量标准的依据和条件是什么？

建立计量标准的法律法规依据是：

（1）《计量法》第六条、第七条、第八条及第九条。

（2）《计量法实施细则》第七条、第八条、第九条及第十条。

（3）《计量标准考核办法》（国家质检总局令第 72 号）。

建立计量标准的技术依据是：

（1）国家计量技术规范 JJF 1033—2016《计量标准考核规范》。

（2）国家计量检定系统表以及相应的计量检定规程或计量技术规范。

计量标准的使用条件是：

《计量法实施细则》第七条规定了计量标准器具的使用，必须具备下列条件：

（1）经计量检定合格。

（2）具有正常工作所需要的环境条件。

（3）具有称职的保存维护、使用人员。

（4）具有完善的管理制度。

Q5－27　计量标准如何进行定期溯源？

计量标准应当定期溯源。"定期溯源"的含义是指计量标准器及主要配套设备如果是通过检定溯源，检定周期不得超过计量检定规程规定的周期；如果是通过校准溯源，复校时间间隔应当执行国家计量校准规范的规定的建议复校时间间隔；如果国家计量校准规范或者其他技术规范没有明确规定复校时间间隔，当由校准机构给出复校时间间隔，应当按照校准机构给出的复校时间间隔定期校准；当校准机构没有给出复校时间间隔，申请考核单位应当按照 JJF 1139—2005《计量器具检定周期确定原则和方法》的要求制定合理的复校时间间隔并定期校准；当不可能采用计量检定或校准方式溯源时，则应当定期参加实验室之间的比对，以确保计量标准量值的可靠性和一致性。

Q5－28　什么是计量技术规范？

计量技术规范由国务院计量行政部门组织制定。包括通用计量技术规范和专用计量技术规范。通用计量技术规范含通用计量名词术语以及各计量专业的名词术语、国家计量检定规程和国家计量检定系统表及国家校准规范的编写规则、计量保证方案、测量不确定度评定与表示、计量检测体系确认、测量仪器特性评定、计量比对等；专用计量技术规范，含各专业的计量校准规范、某些特定计量特性的测量方法、测量装置试验方法等。

湖南银河电气参与编写的 JJF 1558—2016《测量用变频电量变送器校准规范》，JJF 1559—2016《变频电量分析仪校准规范》属于专用技术规范。

Q5－29　计量技术法规的范围是什么？

计量技术法规包括国家计量检定系统表、计量检定规程和计量技术规范。

国家计量检定系统表采用框图结合文字的形式,规定了国家计量基准的主要计量特性、从计量基准通过计量标准向工作计量器具进行量值传递的程序和方法、计量标准复现和保存量值的不确定度以及工作计量器具的最大允许误差等。

制定国家计量检定系统表的目的在于把实际用于测量工作的计量器具的量值和国家计量基准所复现的单位量值联系起来,以保证工作计量器具应具备的准确度。国家计量检定系统表所提供的检定途径应是科学、合理、经济的。

计量检定规程是为评定计量器具特性,规定了计量性能、法制计量控制要求、检定条件和检定方法以及检定周期等内容,并对计量器具做出合格与否判定的计量技术法规。

计量技术规范是指国家计量检定系统表、计量检定规程所不能包含的,计量工作中具有综合性、基础性并涉及计量管理的技术文件和用于计量校准的技术规范。它在科学计量发展、计量技术管理、实现溯源性等方面提供了统一的指导性的规范和方法,也是计量技术法规体系的组成部分。

Q5-30 计量技术法规的作用是什么?

建立和完善计量技术法规体系是实现单位制的统一和量值准确可靠的重要保障。它们是正确进行量值传递、量值溯源,确保计量基准、计量标准所测出的量值准确可靠,以及实施计量法制管理的重要手段和条件。

Q5-31 计量检定规程分哪几类?

计量检定规程分为三类:国家计量检定规程、部门计量检定规程和地方计量检定规程。国家计量检定规程由国务院计量行政部门组织制定。内容主要包括适用范围、计量性能要求、通用技术要求、检定条件、检定项目、检定方法、检定结果处理以及检定周期等。专业分类一般为长度、力学、声学、热学、电磁、无线电、时间频率、电离辐射、化学、光学等。

国务院有关部门根据《中华人民共和国依法管理的计量器具目录》和《中华人民共和国强制检定的工作计量器具目录》,对尚没有国家计量检定规程的计量器具,可以制定适用于本部门的部门计量检定规程。在相关的国家计量检定规程颁布实施后,部门计量检定规程即行废止。

省级质量技术监督部门根据《中华人民共和国依法管理的计量器具目录》和《中华人民共和国强制检定的工作计量器具目录》,对尚没有国家计量检定规程的计量器具,可以制定适应于本地区的地方计量检定规程。在相应的国家计量检定规程实施后,地方计量检定规程即行废止。

Q5 –32　计量技术法规的编号该怎么编写？

如图 5.11 所示，计量技术法规的编号采用"××××–××××"的表示方法，分别为法规的"顺序号"和"年份号"，均用阿拉伯数字表示，年份号为批准的年份。

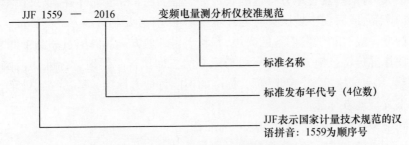

图 5.11　计量技术法规的编号示例图

国家计量技术法规的编号分别为以下三种形式：

国家计量检定规程用汉语拼音缩写 JJG 表示，编号为 JJG×××× ××××，

国家计量检定系统表用汉语拼音缩写 JJG 表示，编号为 JJG2×××× ××××，顺序号为 2000 号，作技术规范顺序号为 1200 号以上。

例如：JJG 1016—2006 心电监护仪检定仪；

JJG 2001—1987 线纹计量器具检定系统；

JJG 2094—2010 密度计量器具检定系统表；

JJF 1558—2016 测量用变频电量变送器校准规范；

JJF 1559—2016 变频电量分析仪校准规范。

地方和部门计量检定规程编号为 JJG（　）××××—××××，（　）里用中文字，代表该检定规程的批准单位和施行范围，××××为顺序号，—××××为年份号。例如，JJG（　）39—2006《智能冷水表》，代表北京市质量技术监督局 2006 年批准的顺序号为第 39 号的地方计量检定规程，在北京市范围内施行。又如，JJG（铁道）1322005《列车测速仪》，代表铁道部 2005 年批准的顺序号为第 132 号的部门计量检定规程，在当时的铁道部范围内施行。

Q5 –33　地方标准的定义是什么？

地方标准是由地方（省、自治区、直辖市）标准化主管机构或专业主管部门批准、发布，在某一地区范围内统一的标准。在 1988 年以前，我国标准化体系中还没有地方标准这一级标准。但其客观上已经存在，如在环境保护、工程建设、医药卫生等方面，由有关部门制订了一批地方一级的标准。它们分别由城乡建

设环境保护部、国家计委、卫生部管理。另外,在全国现有的将近 10 万个地方企业标准中,有一部分属于地方性质的标准,如地域性强的农艺操作规程,一部分具有地方特色的产品标准(如工艺品、食品、名酒标准)等。我国地域辽阔,各省、市、自治区和一些跨省市的地理区域,其自然条件、技术水平和经济发展程度差别很大,对某些具有地方特色的农产品、土特产品和建筑材料,或只在本地区使用的产品,或只在本地区具有的环境要素等,有必要制订地方性的标准。制订地方标准一般有利于发挥地区优势,有利于提高地方产品的质量和竞争能力,同时也使标准更符合地方实际,有利于标准的贯彻执行。但地方标准的范围要从严控制,凡有国家标准、专业(部)标准的不能订地方标准,军工产品、机车、船舶等也不宜订地方标准。

湖南银河电气参与制定的地方标准有:

DB43/T 879.1—2014《变频电量测量仪器测量用变送器》;

DB43/T 879.2—2014《变频电量测量仪器分析仪》。

Q5-34 地方标准如何编号?

如图 5.12 所示,地方标准编号由四部分组成:"DB(地方标准代号)"+"省、自治区、直辖市行政区代码前两位"+"/"+"顺序号"+"年号"。例:

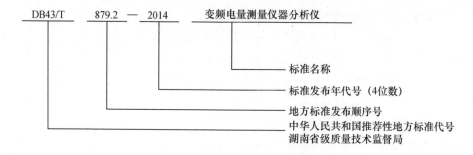

图 5.12 地方标准编号示例图

Q5-35 型式评价的目的是什么?

型式评价是指"根据文件要求对测量仪器指定型式的一个或多个样品性能所进行的系统检查和试验,并将其结果写入型式评价报告中,以确定是否可对该型式予以批准"。型式评价是型式批准的技术基础,是根据型式评价大纲的要求,对一个或多个样品性能进行的系统检查和试验,并将结果写入型式评价报告中的一系列作业的组合。型式评价报告将作为做出型式的批准决定的依据。

计量器具的型式指某型号或系列计量器具的样机及其技术文件(图纸、设计资料、软件文档等)。通过型式评价,确定该计量器具的型式符合型式评价大纲的规定,其性能满足法制计量管理的要求,即可给予该计量器具型式颁发型式批准证书。

在银河电气参与编写的地方标准:DB43/T 879.1—2014《变频电量测量仪器测量用变送器》,DB43/T 879.2—2014《变频电量测量仪器分析仪》,均有型式试验的要求。

Q5-36 型式评价在计量器具管理中的作用是什么?

型式评价是指"根据文件要求对测量仪器指定型式的一个或多个样品性能所进行的系统检查和试验,并将其结果写入型式评价报告中,以确定是否可对该型式予以批准"。型式评价是法制计量领域中的计量技术活动之一,其目的是为型式批准提供技术数据和技术评价,作为给予或拒绝给予所申请的计量器具型式批准的依据。型式评价作为计量技术活动,要求科学严谨。无论什么机构承担型式评价工作,应执行统一的标准和要求。

Q5-37 DB43/T 879.2—2014《变频电量测量仪器分析仪》中型式试验有什么要求?

(1)分析仪在设计定型和生产定型时均应进行型式试验。

(2)型式试验由指定或委托的质量检验单位负责进行。

(3)型式试验中可靠性鉴定的受试样品数根据产品批量、试验时间和成本确定,其余检验项目的样品数量为2台。

(4)型式试验中的可靠性试验故障判据和计算方法由试验承担机构与制造商共同商定,其他项目均按以下规定进行:检验中出现故障或某项通不过时,应停止试验。查明故障原因,提出故障分析报告,排除故障,重新进行该项试验。若在以后的试验中再次出现故障或某项通不过时,在查明故障原因,提出故障分析报告,排除故障,重新进行型式试验。试验项目如表5.8所列。

(5)检验后应提交型式试验报告。

表5.8 试验项目

序号	试验项目	型式试验	例行试验
1	外观和结构	●	●
2	功能	●	●
3	安全性能	●	●
4	准确度	●	●

（续）

序号	试验项目	型式试验	例行试验
5	影响量	●	○
6	传输系统和输出链接	●	○
7	数字量输入二次仪表运算正确性	●	○
8	频率特性	●	○
9	上升时间	●	○
10	电磁兼容要求	●	○
11	环境适应性	●	○
12	可靠性	●	○
注："●"表示在该类检验中应进行的试验项目；"○"表示在该类检验中不进行的试验项目			

Q5-38 **DB43/T 879.1—2014《变频电量测量仪器测量用变送器》中型式试验有什么要求？**

对每种变送器所进行的试验,用以验证按同一技术规范制造的变送器均应满足,且在例行试验中包括的要求。在具有较小差别的变送器上所做的型式试验,或在改动的分组部件上所做的型式试验,其有效性应经制造方和用户协商同意。试验项目如表5.9所列。

表5.9 试验项目

序号	试验项目	型式试验	例行试验
1	外观	●	●
2	工频耐受电压	●	●
3	温升	●	○
4	准确度	●	●
5	影响量	●	○
6	频率特性	●	○
7	上升时间	●	○
8	输出延时	●	○
9	电磁兼容发射	●	○
10	电磁兼容抗扰度	●	○
11	储存环境条件	●	○
12	振动	●	○
注："●"表示在该类检验中应进行的试验项目；"○"表示在该类检验中不进行的试验项目			

二、相关地方和国家计量标准

Q5-39　国家计量校准规范包含哪些内容？

如图5.13所示，凡有下划线的部分为必备章节。其中必须包含扉页、目录、引言、范围、计量特性、校准条件、校准项目和校准方法、校准结果表达以及附录等章节。而引用文件、术语和计量单位、概述、复校时间间隔、附加说明等章节为可选部分。

封面

<u>扉页</u>

<u>目录</u>

<u>引言</u>

<u>范围</u>

引用文件

术语和计量单位

概述

<u>计量特性</u>

<u>校准条件</u>

<u>校准项目和校准方法</u>

<u>校准结果表达</u>

复校时间间隔

<u>附录</u>

附加说明

图5.13　国家计量标准规范内容图

Q5-40　计量校准规范引言的主要内容有哪些？

规范编制所依据的原则；

采用国际建议、国际文件或国际标准的程度或情况。

如对规范进行修订，还应包括以下的内容：

规范代替的全部或部分其他文件的说明；

给出被代替的规范或其他文件的编号和名称；

列出与前一版本相比的主要技术变化；

所替代规范的历次版本发布情况。

例 JJF 1558—2016《测量用变频电量变送器校准规范》中引言的内容。本规范依据国家计量技术规范 JJF 1071—2010《国家计量校准规范编写规则》、JJF 1001—2017《通用计量术语及定义》和 JJF 1059.1—2012《测量不确定度评定与表示》编制。

本规范所述测量用变频电量变送器是用于变频试验中电量测量的一种变送器,其在实际应用中测量的电压、电流信号通常为复杂波形,其输出可以为直流、交流和数字信号。此类变送器具有较宽频带的测量范围,交流输出的变送器输出还保留了输入信号在变送器测量带宽内的波形、幅值、相位等信息;数字信号输出的通常保留了时间信息。仅限工频或者点频率测量的变送器不属于本规范所规定变送器。

本规范为首次制定。

Q5-41 计量校准规范范围的主要内容有哪些?

范围部分主要叙述规范的适用范围,以明确规定规范的主题。

如 JJF 1558—2016《测量用变频电量变送器校准规范》适用于输入信号为交流电压信号、电流信号,输出为模拟量信号或数字信号的测量用变频电量变送器在(5~1500)Hz 内特定频率下电压、电流、延时相移的校准。

Q5-42 计量校准规范引用文件的主要内容有哪些?

引用文件是编制规范时必不可少的文件,如不引用,规范则无法实施。引用文件应为正式出版物。引用文件时,应给出文件的编号(引用标准时,给出标准代号、顺序号)以及完整的文件名称。凡是注日期的引用文件,仅注日期的版本适用于该规范;凡是不注日期的引用文件,应注明"其最新版本(包括所有的修改单)适用于本规范"。

引用国际文件时,应在编(年)号后给出中文译名,并在其后的圆括号中给出原文名称。

引用文件清单的排列顺序依次为国家计量技术法规、国家标准、行业标准、国际建议、国际文件、国际标准,以上文件按顺序号排列。

例如:JJF 1558—2016《测量用变频电量变送器校准规范》中引用了下列文件:

JJG 126—1995 交流电量变为直流电量电工测量变送器;

GB/T 13850 交流电量转换为模拟或数字信号的电测量变送器。

凡是注日期的引用文件,仅注日期的版本适用于该规范;凡是不注日期的引用文件,其最新版本(包括所有的修改单)适用于本规范。

例如,JJF 1559—2016《变频电量分析仪校准规范》中引用了下列文件:
JJG 780—1992 交流数字功率表 GB/T 13978—2008 数字多用表。

凡是注日期的引用文件,仅注日期的版本适用于该规范;凡是不注日期的引用文件,其最新版本(包括所有的修改单)适用于本规范。

Q5-43　计量校准规范术语和计量单位的主要内容有哪些?

当规范涉及国家尚未做出规定的术语时,应在本章给出必要的定义。

术语条目应包括以下内容:条目编码、术语、英文对应词(除专用名词外,英文对应词全部使用小写字母,名词为单数、动词为原形)、定义。编写方式应符合 GB/T 20001.1 的要求。

为了使规范更易于理解,也可引用已定义的术语。

内容应为:引导语及术语条目(清单)。引导语为给出具体的术语和定义之前的说明。

如果术语引用其他文件的,应在括号内给出此文件的编号。

计量单位使用国家法定计量单位。

计量单位指规范中所描述的测量仪器的主要计量特性的单位名称和符号,必要时可列出同类计量单位的换算关系。

Q5-44　计量校准规范中概述的主要内容有哪些?

概述部分主要简述被校对象的用途、原理和结构(包括必要的结构示意图)。如被校对象的原理和结构比较简单,该要素可省略。

概述部分应简要叙述该计量器具的原理、构造,但应避免叙述仪器的外观组成甚至颜色,这些对于不同生产商可能是不同的,也是允许的。

计量器具原理的核心是仪器的标准量值如何产生,如何将仪器的标准量值变成仪器的外特性,以便与测量对象进行比较。当然,量具不具备比较的功能,量仪两种功能均具备。

构造是指仪器的标准量值变成仪器的外特性的原理。

应用场合在概述中概括性的提及。

Q5-45　计量规范中计量特性的主要内容有哪些?

计量性能是计量器具进行测量所具备的能力。计量性能通过计量特性进行定量评价。

计量特性是能影响测量结果的可区分的特性。测量设备通常有若干个计量特性。计量特性可作为校准的对象。

一台测量设备具有许多计量特性,在校准规范的编写过程中,需要确定哪些计量特性与预期的使用有关,通过哪些计量特性的组合,可以对测量设备的性能进行全面地评价。在校准规范中规定的校准的计量特性包含两个部分:

在标准条件下评价计量器具性能的计量特性;

在使用条件下评估最终测量结果不确定度需要的计量特性。

所有校准的计量特性均通过计量标准获得评价,确定"关系"。针对不同的计量器具,需要校准的计量特性组合不同。校准规范的起草人必须了解被校计量器具的原理和使用,以便进行计量特性的选择。

例如,JJF 1558—2016《测量用变频电量变送器校准规范》计量特性:

(1)电压。

测量范围:100mV ~ 10kV。

最大允许误差:±(0.05% ~5%)。

延时相移最大允许误差:±(0.01° ~5°)。

(2)电流。

测量范围:5mA ~ 1000A。

最大允许误差:±(0.05% ~5%)。

延时相移最大允许误差:±(0.01° ~5°)。

注:以上指标不是用于合格性判别,仅供参考。

Q5 –46 计量规范中校准条件的主要内容有哪些?

环境条件:

指校准活动中对测量结果有影响的环境条件。可能时,应给出确保校准活动中(测量)标准、被校对象正常工作所必需的环境条件,如温度、相对湿度、气压、振动、电磁干扰等。

例如,JJF 1558—2016《测量用变频电量变送器校准规范》中校准条件下的环境条件:

影响量、参比值及允许偏差值。

环境温度:20℃ ±2℃。

相对湿度:55% ±20%。

直流稳压电源电压:额定值(1 ±5%)。

直流稳压电源纹波:≤0.5%。

交流电源电压:220V ±22V。

交流电源频率:50Hz ±0.5Hz。

机械振动及磁场:无影响。

测量标准及其他设备:

应描述使用的测量标准和其他设备及其必须具备的计量特性。

在编制校准规范时,无法界定所有被校仪器预期的应用,以及未来技术发展提出的所有可能的要求,因此规定校准结果的目标不确定度。

在起草校准规范时,规定环境条件和设备条件的具体数据很难找到明确的依据。起草人应该根据规定的校准方法,指出环境条件和设备条件中影响校准结果不确定度的主要因素。校准实验室建立计量校准标准时,可以根据面临的校准市场需求确定本实验室的校准结果目标不确定度。

例如,JJF 1558—2016《测量用变频电量变送器校准规范》中测量标准及配套设备选取表 5.10。

表 5.10 测量标准及配套设备选取表

校准参数	标准源法	标准表法
电压	标准电压源、负载箱、数字多用表	电压信号源、标准电压互感器、标准分压器、标准电压表、负载箱、数字多用表
电流	标准电流源、负载箱、数字多用表	电流信号源、标准电流互感器、标准分流器、标准电流表、负载箱、数字多用表
延时相移	—	信号源、负载箱、标准相位计

Q5-47 校准规范中校准项目的主要内容有哪些?

校准规范中列出的校准项目应针对规定的每个计量特性。实施的校准项目可根据被校仪器的预期用途选择使用。对校准规范的偏离,应在校准证书中注明。

例如,JJF 1558—2016《测量用变频电量变送器校准规范》中校准项目,如表 5.11 所列。

表 5.11 校准项目

序号	电压变送器	电流变送器
1	电压	电流
2	延时相移	延时相移

延时相移项目仅对交流模拟量输出的电压(电流)变送器适用。

Q5-48 校准规范中校准方法的主要内容有哪些?

校准规范中的校准方法应优先采用国家计量技术法规、国际的、地区的、国家的或行业的标准或技术规范中规定的方法。

必要时,应规定检查影响量的检查项目和方法。

必要时,应提供校准原理示意图、公式及公式所含的常数或系数等。

对带有调校器的仪器,应规定经校准后需要采取的保护措施,如封印、漆封等,以防使用不当导致数据发生变化。

Q5-49　校准规范中校准结果的处理主要内容有哪些?

校准结果应在校准证书上反映。校准证书应至少包括以下信息:

(1)标题"校准证书"。

(2)实验室名称和地址。

(3)进行校准的地点(如果与实验室的地址不同)。

(4)证书的唯一性标识(如编号),每页及总页数的标识。

(5)客户的名称和地址。

(6)被校对象的描述和明确标识。

(7)进行校准的日期,如果与校准结果的有效性和应用有关时,应说明被校对象的可接收日期。

(8)如果与校准结果的有效性应用有关时,应对被校样品的抽样程序进行说明。

(9)校准所依据的技术规范的标识,包括名称及代号。

(10)本次校准所用测量标准的溯源性及有效性说明。

(11)校准环境的描述。

(12)校准结果及其测量不确定度的说明。

(13)对校准规范的偏离的说明。

(14)校准证书或校准报告签发人的签名职务或等效标识。

(15)校准结果仅对被校对象有效的声明。

(16)未经实验室书面批度,不得部分复制证书的声明。

Q5-50　校准规范中复校时间间隔的主要内容有哪些?

校准规范时做出有一定科学依据的复校时间间隔的建议供参考,并应注明:由于复校时间间隔的长短是由仪器的使用情况、使用者、仪器本身质量等诸因素所决定的。因此,送校单位可根据实际使用情况自主决定复校时间间隔。

例如,湖南银河电气参与编写的 JJF 1558—2016《测量用变频电量变送器校准规范》,JJF 1559—2016《变频电量分析仪校准规范》。

建议复校时间间隔为 1 年,客户也可根据实际使用情况自主决定复校时间间隔。

Q5-51　校准规范中附录的主要内容有哪些?

附录是校准规范的重要组成部分。附录可包括校准记录内容、校准证书内页内容及其他表格、推荐的校准方法、有关程序或图表以及相关的参考数据等。

在附录中应给出测量不确定度评定示例。

测量不确定度评定示例应符合 JJF 1059.1《测量不确定度评定与表示》的要求,包括不确定度的来源及其分类、不确定度合成的公式和表示形式等。

三、相关报告出具

Q5 - 52   什么是检定证书?

机构进行检定工作,必须按照《计量检定印证管理办法》的规定,出具检定证书或加盖检定合格印。当被检定的仪器已被调整或修理时,如果可获得,应保留调整或修理前后的检定记录,并报告调整或修理前后的检定结果。

Q5 - 53   什么是校准证书?

机构进行校准工作,应出具校准证书,并应符合相关的技术规范的规定。校准证书应仅与量和功能性检测的结果有关,校准证书中给出校准值或修正值时,应同时给出它们的不确定度。校准证书中,如欲做出符合某规范的说明时,应指明符合或不符合该规范的那些条款。如符合某规范的声明中略去了测量结果和相关的不确定度时,机构应记录并保持这些结果,以备日后查阅。做出符合性声明时,应考虑测量不确定度。

当被校准的仪器已被调整或修理时,如果可获得,应报告调整或修理前后的校准结果。

被依据的校准规范包含复校时间间隔的建议或与顾客达成协议时,校准证书可给出复校时间间隔,除此之外校准证书不包含复校时间间隔。

Q5 - 54   什么是检测报告?

机构进行计量器具型式评价、商品量及商品包装计量检验和能源效率标识计量检测等计量检测,必须按政府计量部门要求和相应计量技术规范的规定出具相应的型式评价报告、检验报告和检测报告。

Q5 - 55   检定、校准和检测结果的报告的基本要求是什么?

机构应准确、清晰、明确和客观地报告每一项的检定、校准和检测结果,并符合检定规程、校准规范、型式评价大纲和检验、检测规则中规定的要求。

结果通常是以检定证书(或检定结果通知书)、校准证书型式评价报告或检验、检测报告的型式出具,并应包括顾客要求的,说明检定、校准和检测结果所必需的和所用方法要求的全部信息。只有在与顾客签订书面协议的情况下,可用简化的方式报告结果。

Q5-56 证书和报告的格式该怎么确定?

证书和报告的格式应设计成适用于所进行的各种检定、校准或检测类型,并尽量减小产生误解或误用的可能性。检定证书的格式应按《计量检定印证管理办法》和计量检定规程的要求设计。校准证书和检测报告的格式应按照有关的规定执行。

Q5-57 完整的测量结果的报告内容有哪些?

(1)完整的测量结果:

① 被测量的最佳估计值,通常是多次测量的算术平均值或由函数式计算得到的输出量的估计值。

② 测量不确定度,说明该被测量值的分散性或所在的具有一定概率的包含区间的半宽度。例如:测量结果表示为 $Y = y \pm U(k = 2)$。其中 Y 是被测量,y 是被测量的最佳估计值,U 是测量的扩展不确定度,k 是包含因子,$k = 2$ 说明被测量的值在 $y \pm U$ 区间内的概率为 95% 左右,U 是包含区间的半宽度。

(2)在报告测量结果的测量不确定度时,应对测量不确定度有充分详细的说明,以便人们可以正确利用该测量结果。不确定度的优点是具有可传播性,就是如果第二次测量中使用了第一次测量的测量结果,那么,第一次测量的不确定度可以作为第二次测量的一个不确定度分量。因此给出不确定度时,要求具有充分的信息,以便下一次测量能够评定出其标准不确定度分量。

Q5-58 证书和报告怎么修改?

对已发布的检定证书、校准证书和检验、检测报告的实质性修改,应仅以追加文件或信息变更的形式,并包括如下声明:

"对序号为……(或其他标识)的检定证书(或校准证书,检验、检测报告)的补充文件",或其他等效的文字形式。

当有必要发布全新的检定证书、校准证书或检验检测报告时,应注以唯一性标识,并注明所代替的原件。

Q5-59 报告中测量不确定度取几位有效数字?

最终报告时,测量不确定度有效位数究竟取一位还是两位? 这主要取决于修约误差限的绝对值占测量不确定度的比例大小。经修约后近似值的误差限称修约误差限,有时简称修约误差。

例如:$U = 0.1$mm,则修约误差限为 ± 0.05mm,修约误差限的绝对值占不确定度的比例为 50%;而取两位有效数字 $U = 0.13$mm,则修约误差限为

±0.0050mm,修约误差的绝对值占不确定度的比例为3.8%。

所以,当第1位有效数字是1或2时,应保留两位有效数字。除此之外,对测量要求不高的情况可以保留一位有效数字。测量要求较高时,一般取两位有效数字。

Q5-60　报告中的意见和解释怎么体现?

当证书中包含意见和解释时,机构应把意见和解释的依据制定成文件。意见和解释应被清晰标注。检测报告中包含的意见和解释可以包括(但不限于)下列内容:

(1)关于结果符合或不符合要求的说明。

(2)合同的履行情况。

(3)如何使用结果的建议。

(4)用于改进的指导意见。

参 考 文 献

[1] 费业泰. 差理论与数据处理[M]. 6 版. 北京:机械工业出版社, 2010.

[2] 何国伟. 计量与测试的分析方法[M]. 北京: 国防工业出版社, 1985.

[3] 王大珩. 现代仪器仪表技术与设计[M]. 北京: 科学出版社, 2002.

[4] 李慎安. 扩展不确定度的概念与类别[M]. 北京: 中国质检出版社, 2009.

[5] 詹惠琴. 电子测量原理[M]. 北京: 机械工业出版社, 2015.

[6] 古天祥, 王厚军, 习友宝. 电子测量原理[M]. 5 版. 北京: 机械工业出版社, 2006.

[7] 田书林, 王厚军, 叶芃, 等. 电子测量技术[M]. 北京: 机械工业出版社, 2012.

[8] 陆绮荣, 张永生, 吴有恩, 等. 电子测量技术[M]. 4 版. 北京: 电子工业出版社, 2016.

[9] 张永瑞. 电子测量技术[M]. 3 版. 西安: 西安电子科技大学出版社, 2014.

[10] 林占江. 电子测量技术[M]. 3 版. 北京: 电子工业出版, 2012.

[11] 高原. 量子电压基准—现代计量科学专题之六[J]. 物理通报, 2002(1): 3 – 6.

[12] 邱昌荣, 曹晓珑. 电气绝缘测试技术[M]. 3 版. 北京: 机械工业出版社, 2013.

[13] 王兆安, 刘进军. 电力电子技术[M]. 5 版. 北京: 机械工业出版社, 2009.

[14] 王兆安, 刘进军, 王跃, 等. 谐波抑制和无功功率补偿[M]. 3 版. 北京: 机械工业出版社, 2017.

[15] 董艳阳. 自动阻抗测量仪工作原理及阻抗测量方法[J]. 现代电子技术, 2002 (5): 24 – 26.

[16] 林凌, 李刚. 信号处理与信号变换 500 问[M]. 北京: 电子工业出版社, 2017.

[17] 林玉池. 测量控制与仪器仪表前沿技术及发展趋势[M]. 天津: 天津大学出版社, 2005.

[18] 程佩青. 数字信号处理教程[M]. 5 版. 北京: 清华大学出版社, 2017.

[19] 陈帅, 沈晓波. 数字信号处理与 DSP 实现技术[M]. 北京: 人民邮电出版社, 2015.

[20] 陈绍容, 刘郁林, 雷斌, 等. 数字信号处理[M]. 北京: 国防工业出版社, 2016.

[21] 胡向东. 传感器与检测技术[M]. 3 版. 北京: 机械工业出版社, 2018.

[22] 吴建平, 彭颖, 覃章健. 传感器原理及应用[M]. 北京: 机械工业出版社, 2016.

[23] 何希才, 薛永义. 传感器及其应用实例[M]. 北京: 机械工业出版社, 2004.

[24] 童诗白, 华成英. 模拟电子技术基础[M]. 5 版. 北京: 高等教育出版社, 2006.

[25] [美]罗纳德. N. 布雷斯韦尔. 傅里叶变换及其应用[M]. 3 版. 殷勤业, 张建国, 译. 西安: 西安交通大学出版社, 2005.

[26] 卡米赛提. 拉函莫汉. 饶. 快速傅里叶变换: 算法与应用[M]. 北京: 机械工业出版社, 2016.

[27] 冷建华. 傅里叶变换[M]. 北京: 清华大学出版社, 2004.

[28] 孙荣富, 刁婷婷, 舒乃秋, 等. 电力系统非线性负荷谐波源的仿真分析[J]. 继电器, 2005, 33(4): 45 – 48.

[29] 林海雪, 孙树勤. 电力网中的谐波[M]. 北京: 中国电力出版社, 1998.

[30] 肖湘宁. 电能质量分析与控制[M]. 北京: 中国电力出版社, 2005.

[31] 付丽华, 边家文, 李志明, 等. 谐波信号分析与处理[M]. 武汉: 中国地质大学出版社, 2013.

[32] [美]B. A. 谢诺依. 数字信号处理与滤波器设计[M]. 白文乐，王月海，胡越，译. 北京：机械工业出版社，2018.

[33] 杜勇. 数字滤波器的 MATLAB 与 FPGA 实现[M]. 2 版. 北京：电子工业出版社，2014.

[34] JJF 1558—2016 - 测量用变频电量变送器校准规范.

[35] JJF 1559—2016 - 变频电量分析仪校准规范.

[36] DB43/T 879. 1—2014 - 变频电量测量仪器测量用变送器.

[37] DB43/T 879. 2—2014 - 变频电量测量仪器分析仪.

[38] JJF 1071—2010 - 国家计量校准规范编写规则.

[39] JJF 1001—2011 - 通用计量术语及定义.

[40] JJF 1059. 1—2012 - 测量不确定度评定与表示.

[41] 范巧成，田静，宋韬，等. 计量基础知识[M]. 3 版. 北京：中国质检出版社，2014.

[42] 李东升，郭天太. 量值传递与溯源[M]. 浙江：浙江大学出版社，2009.

[43] 李德明，王傲胜. 计量学基础[M]. 上海：同济大学出版社，2010.

[44] 孙续，吴北玲. 电子测量基础[M]. 北京：电子工业出版社，2011.

[45] 叶湘滨，熊飞丽，张文娜传感器与测试技术[M]. 北京：机械工业出版社，2007.

[46] 叶德培. 测量不确定度[M]. 北京：国防工业出版社，1996.

[47] 樊尚春，周浩敏. 信号与测试技术[M]. 北京：北京航空航天大学出版社，2002.

[48] 刘迎春，叶湘滨. 传感器原理设计与应用[M]. 4 版. 长沙：国防科技大学出版社，2002.

[49] 刘迎春，叶湘滨. 现代新型传感器原理与应用[M]. 北京：国防工业出版社，1998.

[50] 王跃科，叶湘滨，黄芝平，等. 现代动态测试技术[M]. 北京：国防工业出版社，2003.

[51] 孔德仁，朱蕴璞，狄长安. 工程测试技术[M]. 北京：科学出版社，2004.

[52] 丁振良. 误差理论与数据处理[M]. 哈尔滨：哈尔滨工业大学出版社，1997.

[53] 刘地利. 非电量电测技术[M]. 长沙：国防科技大学出版社，1990.

[54] 王化祥，张淑英. 传感器原理及应用[M]. 2 版. 天津：天津大学出版社，1999.

[55] 张琳娜，刘武发. 传感检测技术及应用[M]. 北京：中国计量出版社，1999.

[56] 贾民平，张洪亭，周剑英. 测试技术[M]. 北京：高等教育出版社，2001.

[57] 孙传友，孙晓斌. 感测技术及基础[M]. 北京：电子工业出版社，2001.

[58] 侯国章. 测试与传感技术[M]. 哈尔滨：哈尔滨工业大学出版社，1998.

[59] 黄长艺，严普强. 机械工程测试技术基础[M]. 北京：机械工业出版社，1995.

[60] 何勇，王生泽. 光电传感器及其应用[M]. 北京：化学工业出版社，2004.

[61] 郁有文，常健. 传感器原理及工程应用[M]. 2 版. 西安：西安电子科技大学出版社，2003.

[62] 刘笃仁，韩保君. 传感器原理及应用技术[M]. 西安：西安电子科技大学出版社，2003.

[63] 黄贤武，郑筱霞. 传感器原理与应用[M]. 2 版. 成都：成都电子科技大学出版社，2004.

[64] 朱蕴璞，孔德仁，王芳. 传感器原理及应用[M]. 北京：国防工业出版社，2005.

[65] 宋文绪，杨帆. 传感器与检测技术[M]. 北京：高等教育出版社，2004.

[66] 唐贤远，刘岐山. 传感器原理与应用[M]. 成都：成都电子科技大学出版社，2000.

[67] 樊尚春. 传感器技术及应用[M]. 北京：北京航空航天大学出版社，2004.

[68] 孟立凡，郑宾. 传感器原理及技术[M]. 北京：国防工业出版社，2005.

[69] 董永贵. 传感技术与系统[M]. 北京：清华大学出版社，2006.

[70] 贺伯年，俞朴. 传感器技术[M]. 修订版. 南京：东南大学出版社，2000.

［71］李科杰. 现代传感技术［M］. 北京:电子工业出版社, 2005.

［72］彭军. 传感器与检测技术［M］. 西安:西安电子科技大学出版社, 2003.

［73］卢文祥, 杜润生. 机械工程测试·信息·信号分析［M］. 武汉:华中理工大学出版社, 1990.

［74］黄长艺, 卢文祥. 机械制造中的测试技术［M］. 北京:机械工业出版社, 1981.

［75］严普强, 黄长艺. 机械工程测试技术基础［M］. 北京:机械工业出版社, 1985.

［76］钟义信. 现代信息技术［M］. 北京:人民邮电出版社, 1986.

［77］杨叔子, 杨克冲. 机械工程控制基础［M］. 武汉:华中理工大学出版社, 1984.

［78］徐同举. 新型传感器［M］. 北京:机械工业出版社, 1987.

［79］郑君里, 杨为理, 应启珩. 信号与系统［M］. 北京:人民教育出版社, 1981.

［80］何振亚. 数字信号处理及应用［M］. 北京:人民邮电出版社, 1983.

［81］吴兆雄,等. 数字信号处理. 北京:国防工业出版社, 1985.

［82］吴湘琪. 数字信号处理技术及应用［M］. 北京:中国铁道出版社, 1986.

［83］黄顺吉, 黄振兴, 刘醒凡,等. 数字信号处理及其应用［M］. 北京:国防工业出版社, 1982.

［84］傅祖芸. 信息论基础［M］. 北京:电子工业出版社, 1986.

［85］周炯槃. 信息理论基础［M］. 北京:人民邮电出版社, 1983.

［86］程乾生. 信号数字处理的数学原理［M］. 北京:石油工业出版社, 1979.